黄河三角洲地区地基处理技术与工程实践

李春忠　高向阳　主编

山东大学出版社
SHANDONG UNIVERSITY PRESS
·济南·

图书在版编目（CIP）数据

黄河三角洲地区地基处理技术与工程实践/李春忠，高向阳主编. —济南：山东大学出版社，2021.7

ISBN 978-7-5607-7089-5

Ⅰ.①黄… Ⅱ.①李… ②高… Ⅲ.①黄河—三角洲—地基处理—研究 Ⅳ.①TU472

中国版本图书馆 CIP 数据核字（2021）第 190631 号

责任编辑 李 港
封面设计 杜 婕

出版发行 山东大学出版社
社　　址 山东省济南市山大南路 20 号
邮政编码 250100
发行热线 (0531)88363008
经　　销 新华书店
印　　刷 济南巨丰印刷有限公司
规　　格 787 毫米×1092 毫米 1/16
　　　　 13.75 印张 2 插页 322 千字
版　　次 2021 年 7 月第 1 版
印　　次 2021 年 7 月第 1 次印刷
定　　价 79.00 元

《黄河三角洲地区地基处理技术与工程实践》编委会

前言

为了更好地交流黄河三角洲地区地基处理工程设计和施工方面的经验，提高广大设计和施工人员的技术水平，推动该地区地基处理技术发展，在东营市住房和城乡建设管理局组织下，东营市勘察测绘院牵头组织多名一线工程技术人员，历时两年编写完成本书。

本书对黄河三角洲地区常见的各类地基处理方法进行了系统分类和归纳总结，包括八个章节及一个附录。第 1 章重点介绍了黄河三角洲地区的地质情况和地基处理发展现状；第 2 章概述了地基处理常用方法；第 3～8 章分门别类地介绍了各类地基的处理方法，并辅以具体的工程实例，进一步阐述各类方法的应用情况及经验得失；附录为工程实景照片的彩印版，以便于清晰地反映实际状况。

本书提供了 16 个工程实例，均为近年来在黄河三角洲地区实施的、有代表性的工程，具有鲜明的地区特点及较高的技术水准，如机械振密排水固结处理吹填土地基的效果非常好，实用性强，应用前景广阔。本书内容翔实，图文并茂，立足工程实践，突出经验总结，能为国内岩土工程条件类似地区的地基处理工程设计、施工、管理方面提供有益的启发和借鉴。

由于时间仓促，对机械振密固结排水理论的分析未作进一步深入分析，有待后续完善；部分项目鉴于检测数据不完整，未予以提供。

本书由李春忠、高向阳任主编。第 1 章由李春忠、谢光武编写；第 2 章由范锦民、孙胜编写；第 3 章由李朔、申阔生编写；第 4 章由赵衍杰、项国峰编写；第 5 章由王桂林、苏艳红编写；第 6 章由李朔、李春忠编写；第 7 章由吕玉勇、张志超编写；第 8 章由高辉辉、杨姗姗编写。全书由李春忠、高向阳、高照祥、范锦民汇总及统稿。

在编写过程中，本书得到了东营市住房和城乡建设管理局、东营市勘察设计协会的大力支持，东营市建筑设计研究院杨洪涛，东营筑城建筑设计有限公司李永才，胜利油田正大工程开发设计有限公司孙启军，滨州市建筑设计研究院有限公司路来华、孟立波为书中部分案例提供了相关资料，在此对以上参编单位和个人一并表示感谢。

由于水平有限，书中难免存在错漏和不足之处，恳请读者批评指正，以便后续更改。

《黄河三角洲地区地基处理技术与工程实践》编委会

2021年7月

目 录

第1章 概 况

黄河三角洲，是黄河携带泥沙在渤海凹陷处入海所沉积形成的冲（淤）积平原，为我国最大的三角洲，也是我国最广阔、最完整、最年轻的湿地。由于历史上黄河入海口发生过多次变迁，一般所称的“黄河三角洲”多指近代黄河三角洲，即以垦利区宁海为顶点，北起套尔河口，南至支脉沟口的扇形地带，占地面积约 5400 km^2，其中 5200 km^2 在东营市境内；以垦利渔洼为顶点，北起挑河口，南至宋春荣沟之间的扇形地带为现代黄河三角洲，面积约 2800 km^2。21 世纪初，在三角洲基础上，山东省把其周边滨州、潍坊、德州、淄博及烟台的部分地区规划为“黄河三角洲高效生态经济区”，成为山东省新的经济增长点。

近二十年来，随着城市化进程的逐步推进，黄河三角洲地区的城市建设步入了快速发展期，尤其是自 2009 年“黄蓝”两大区域协调发展战略实施以来，城市建设发生了翻天覆地的变化，大型住宅小区、办公综合楼、工业厂房、产业新区等蓬勃发展。在用地日益紧张的条件下，沿海地区大规模的陆域吹填、沟塘改造项目也越来越多。这些工程建设都离不开地基工程，由此带动了地基处理、桩基工程、基坑工程技术的不断创新与发展。

由于黄河三角洲地区地层为黄河三角洲冲（淤）积和海陆交互相沉积，地下水位高，土体含水量丰富，土质较差，承载力偏低，受地区岩土工程地质条件的复杂性、环境条件的复杂性、对岩土工程认识相对薄弱、施工管理落后、岩土工程技术发展相对缓慢等因素影响，地基基础工程的复杂性、不确定性及环境保护的严峻性等一系列理论与实际问题日益突出地摆在了广大工程技术人员、工程管理人员面前，亟须解决。

本书以此为背景，对多年工程的实践经验进行总结、分析与提升，并对黄河三角洲地区的地基处理技术与实践进行了系统研究与分析，以为各具特色的沿河、沿江、沿海经济带及各大城市圈在进入“十四五”后的高质量发展提供一定的技术指导。

1.1　地形地貌概况

黄河三角洲平原地区地处华北坳陷区之济阳坳陷东端，地层自老至新有太古界泰山岩群，古生界寒武系、奥陶系、石炭系和二叠系，中生界侏罗系、白垩系，新生界第三系、第四系；缺失元古界，古生界上奥陶统、志留系、泥盆系、下古炭统及中生界三叠系。凹陷和凸起自北向南主要有埕子口凸起（东端）、车镇凹陷（东部）、义和庄凸起（东部）、沾化凹陷（东部）、陈家庄凸起、东营凹陷（东半部）、广饶凸起（部分）等。

地势沿黄河走向自西南向东北倾斜，西部最高高程为 14 m，东部最低高程为 0.0 m，自然比降为 1/7000。黄河穿境而过，背河方向近河高、远河低，背河自然比降为 1/7000，河滩地高于背河地 2～4 m，形成"地上悬河"。微地貌有五种类型：古河滩高地，占东营市总面积的 4.15%，主要分布于黄河决口扇面上游；河滩高地，占全市总面积的 3.58%，主要分布于黄河河道至大堤之间；微斜平地，占全市总面积的 54.54%，是岗、洼过渡地带；浅平洼地，占全市总面积的 10.68%，在小清河以南主要分布于古河滩高地之间，在小清河以北主要分布于微斜平地之中、缓岗之间和黄河故道低洼处；海滩地，占全市总面积的 27.05%，与海岸线平行，呈带状分布。

城市建设活动大部分区域内的地貌以黄河三角洲下游冲（淤）积平原为主。该区域内地势总体平缓，以平原地貌为主。由于受黄河影响，地表受洪水的反复冲切和淤积重叠，形成复杂的微地貌，下部为海陆交互相沉积。地势沿黄河走向自西南向东北，由高向低缓慢过渡，至海平面；黄河两侧呈现近河高、远河低的趋势，总体呈扇状由西南向东北微倾。

1.2　工程地质概况

黄河三角洲冲（淤）积平原地区地层主要为第四系冲积成因的黏性土、粉土和砂土，上覆一定厚度杂填土，基岩埋藏较深，通常在数百米以下。所揭露的地表 30 m 深度所能涉及范围内的地层通常为黄河三角洲冲（淤）积和海陆交互相沉积。此外，随着城市港口码头、工业厂房建设用地需要，临海地区出现大面积的陆域吹填场地，临沟、塘、养殖池等场地上部出现换填场地。

1.2.1　城区常见场地工程地质情况

以东营市东城区某场地为例，地层自上而下的基本概况如下：

①层：人工填土层，素填土、杂填土等，具有松散、土质不均匀、强度低、湿陷性、不稳定性等特点，含水量较高，透水性较好。该层受原始地貌影响，厚度不一。

②层：粉土，黄褐色，湿，稍密—中密；摇振反应迅速，无光泽反应，干强度低，韧性低；土质分布不均匀，夹粉质黏土或粉砂薄层；厚度范围为 0.5～1.5 m。该层分布不均匀，厚度不一，某些区域有缺失。

③层：粉质黏土，黄褐色—灰褐色，软塑为主；土质不均匀，夹多层粉土薄层，呈交互相沉积，韵律明显，和黄河丰水期改道有直接关系；该层在河口大部地区呈淤泥质土的特性；层顶埋深为 1.0～3.5 m，厚度范围为 0.5～2.5 m。

④层：粉土，灰褐色—浅灰色，湿，中密—密实；摇振反应迅速，无光泽反应，干强度低，韧性低；土质不均匀，夹粉质黏土薄层，含少量贝壳碎片；层顶埋深为 3.0～4.0 m，厚度范围为 1.5～3.0 m。

⑤层：粉质黏土，灰褐色，软塑；土质较均匀；层顶埋深为 7.0～9.0 m，厚度范围为 1.0～2.5 m。

⑥层：粉土，浅灰色，含贝壳碎片及少量有机质，土质较均匀，湿，密实；摇振反应迅速，无光泽反应，干强度低，韧性低；层顶埋深为 8.0～10.0 m，厚度范围为 3.0～7.0 m。

⑦层：粉质黏土，灰褐色，含少量有机质，软塑～可塑；层顶埋深为 12.0～17.0 m，厚度范围为 1.0～4.0 m。

⑧层：粉土，浅黄色，黏粒含量较高，土质较均匀，含少量贝壳碎片及钙质结核，湿，密实；层顶埋深为 13.0～20.0 m，厚度范围为 2.0～4.5 m。

⑨层：粉质黏土，黄褐色，夹粉土微薄层，土质较均匀，粉粒含量较高，可塑；层顶埋深为 18.0～26.0 m，厚度范围为 4.0～7.0 m。

⑩层：粉土，黄褐色，含有机质及少量贝壳碎片，湿，密实，摇振反应迅速，无光泽反应，干强度低，韧性低；层顶埋深为 21.5～28.0 m，厚度范围为 2.0～4.5 m。

⑪层：粉质黏土，黄褐色，含有机质，可塑；层顶埋深为 25.0～30.0 m，厚度范围为 3.0～6.0 m。

典型地质剖面如图 1-1 所示。

1.2.2 临海吹填场地地质情况

以东营某临海项目为例，场地地质情况如下：该场地地形较为平坦，地貌为港池航道疏浚土冲填而成，其中表层土层经过真空降水预压处理，上覆素填土，成分以粉土、粉质黏土及淤泥质土为主。勘探孔孔口高程为 4.77～5.72 m，平均 5.08 m。

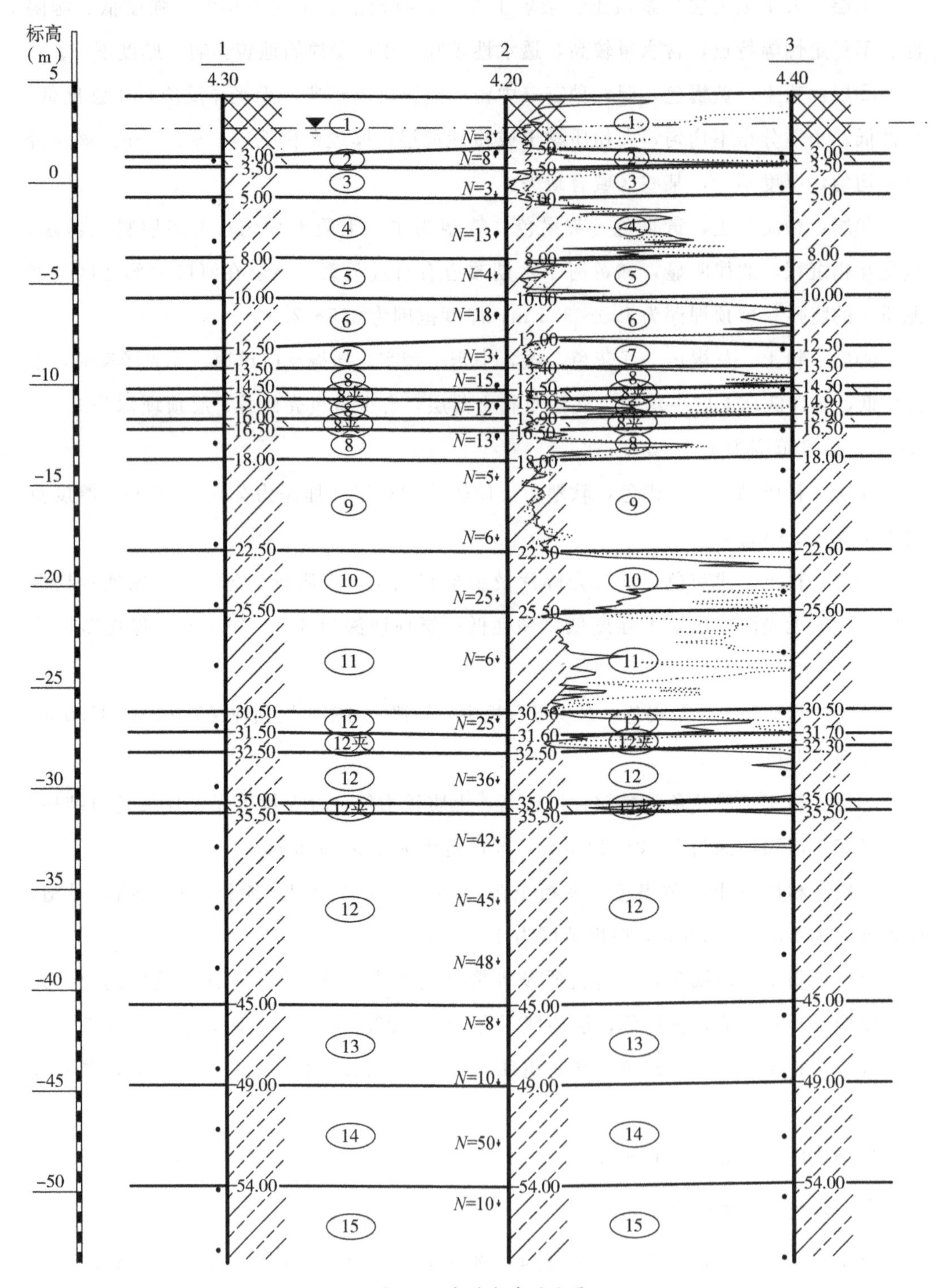

图 1-1　典型地质剖面图

①层：素填土（Q_4^{ml}），灰黄色，以粉土为主，含少量建筑垃圾及贝壳碎片，土质不均匀，结构松散，由场地南侧港池航道疏浚土冲填沉积、机械搬运而成，其中表层经过机械碾压处理，堆积时间约半年。场区普遍分布，厚度为 1.50～2.70 m，平均 2.08 m。

②层：淤泥质粉质黏土（Q_4^{al}），灰褐色，流塑，土质不均匀，为海相自然沉积而成，含少量粉土团块及黑褐色有机质。有光泽，味臭，干燥后体积明显收缩。场区普遍分布，厚度为 4.70～4.90 m，平均 4.76 m；层底标高为－1.95～－1.63 m，平均－1.75 m；层底埋深为 6.40～7.40 m，平均 6.83 m。

③层：粉土（Q_4^{al}），灰黄色，湿，中密，土质不均匀，局部含少量粉细砂，摇振反应迅速，无光泽反应，干强度低，韧性低。场区普遍分布，厚度为 3.40～3.90 m，平均 3.59 m；层底标高为－5.53～－5.16 m，平均－5.34 m；层底埋深为 10.10～11.00 m，平均 10.42 m。

④层：粉质黏土（Q_4^{al}），褐灰色，软塑，摇振无反应，稍有光泽，干强度中等，韧性中等，土质不均匀。场区普遍分布，厚度为 4.40～5.10 m，平均 4.84 m；层底标高为－10.31～－9.93 m，平均－10.19 m；层底埋深为 14.70～16.00 m，平均 15.27 m。

⑤层：粉土（Q_4^{al}），灰黄—灰色，湿，密实，含少量贝壳碎片，土质不均匀，局部夹粉质黏土薄层。摇振反应迅速，无光泽反应，干强度低，韧性低。场区普遍分布，厚度为 3.90～4.40 m，平均 4.08 m；层底标高为－14.37～－14.15 m，平均－14.26 m；层底埋深为 19.00～20.00 m，平均 19.34 m。

⑥层：粉质黏土（Q_4^{al}），灰黄色，可塑，摇振无反应，有光泽，干强度中等，韧性中等，局部夹黑色泥岩层，含少量贝壳碎片及钙质结核。场区普遍分布，厚度为 7.80～8.00 m，平均 7.92 m；层底标高为－22.28～－22.11 m，平均－22.19 m；层底埋深为 26.90～28.00 m，平均 27.27 m。

⑦层：粉土（Q_4^{al}），灰黄—黄褐色，湿，密实，摇振反应迅速，无光泽反应，干强度低，韧性低，土质不均匀，局部黏粒含量较高。场区普遍分布，厚度为 5.00～5.50 m，平均 5.27 m；层底标高为－27.67～－27.26 m，平均－27.45 m；层底埋深为 32.30～33.00 m，平均 32.53 m。

⑧层：粉质黏土（Q_4^{al}），灰黄—黄褐色，可塑，摇振无反应，有光泽，韧性中等，干强度中等，含少量钙质结核，土质不均匀，夹粉土薄层。在最大勘探深度 40.00 m 范围内，未穿透该层。

典型地质剖面如图 1-2 所示。

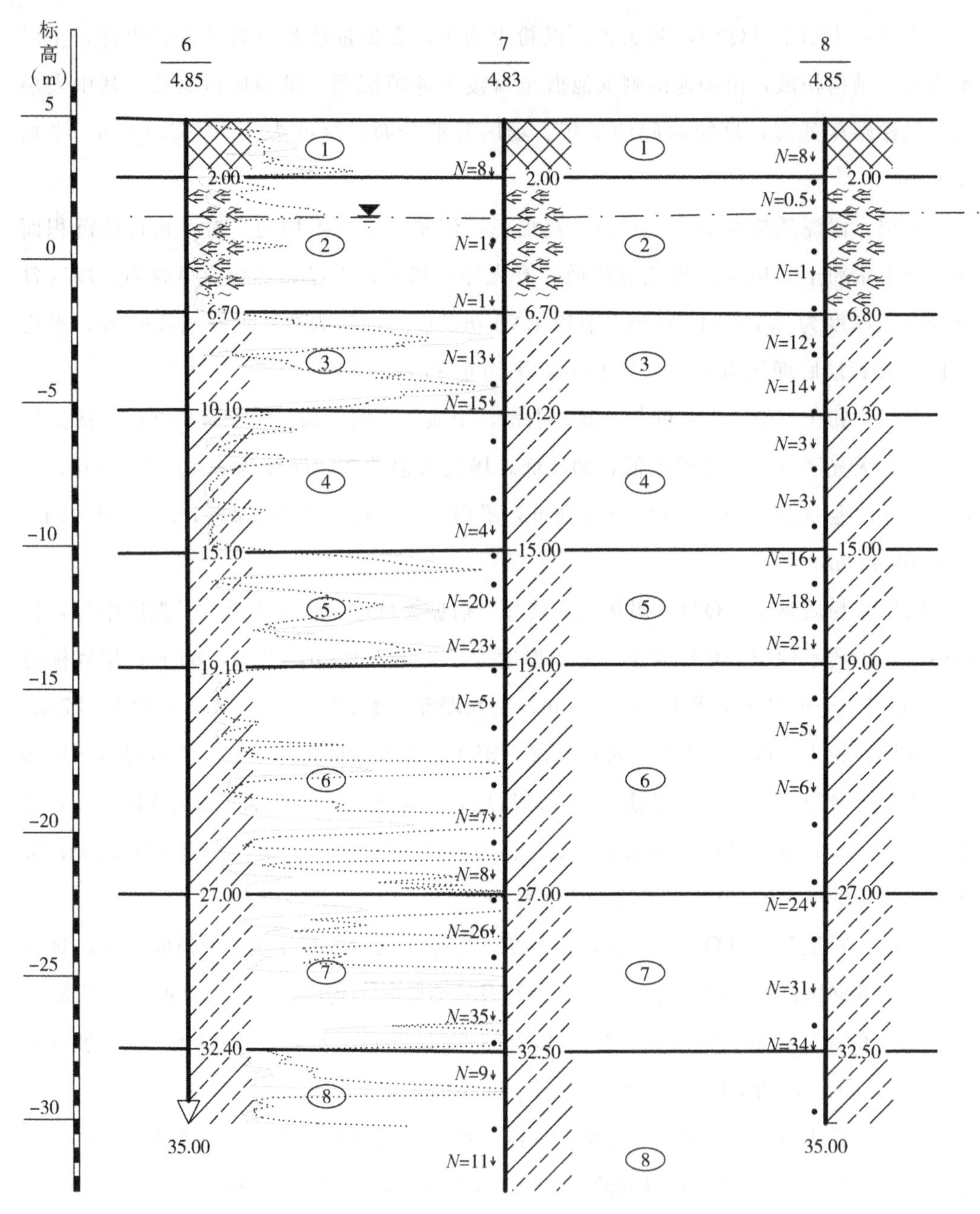

图 1-2　典型地质剖面图（吹填场地）

1.3　水文地质概况

由于黄河多次改道，黄河三角洲地带地面略有起伏，多见岗地、坡地、洼地及河滩高地等微地貌景观。区内水系发育，为马颊河、徒骇河、黄河、小清河、弥河、白浪河、潍河等河流下游入海处。除黄河常年侧渗补给地下水外，其余河流仅汛期补给地下水。

土性为以海积及冲积为主的黏性土夹薄层砂，除沿黄故道主流带分布厚度不大的浅层淡水透镜体外，均无淡水。该区域深度在1000 m内，地下水矿化度皆大于3 g/L。

黄河三角洲地带的地表沉积物颗粒细小，地下水水平运动条件极差，南部冲积层地下水对该区地下水的补给微弱，垂直蒸发作用又强烈，海水影响明显，所以地下水基本处于逐渐浓缩状态，形成与海水水化学特征基本相似的氯化钠型水为主的高矿化水，矿化度可高达50 g/L。在垂直方向上，地下水水化学也有一定的变化规律。关于土层的渗透性，总体而言，粉土层为主要透水层，渗透系数一般为（3～5）$\times 10^{-4}$ cm/s，透水性中等；粉质黏土层为弱透水层，渗透系数一般为（1～5）$\times 10^{-5}$ cm/s。

该区浅层地下水埋深普遍较浅，属潜水类型，含盐量较高。据地下水观测资料显示，近十年地下水平均埋深为0.1～2.5 m。地下水除受降水补给外，还受到引黄补给的影响。最低水位发生在1～2月，春灌后水位缓慢上升，至8月达到最高值。近十年来，地下水位呈下降趋势，地下水位累计下降0.50～0.90 m。地下水位年变化幅度为1.0～2.0 m。

1.4 土体工程特性

纵观黄河三角洲冲（淤）积平原地区土体的工程地质及水文地质概况，结合多年工程实践积累及室内外试验数据，总结出该地区土体特有的工程特性。

该地区土体特有的工程特性有四点。

第一，地下水位高，水量丰富，且补给快，大部分区域下挖1 m即见地下水，因此本地区绝大多数基础工程建设均涉及地下水的处理。

第二，土层总体分为粉土与黏性土“两层土”，一个是透水层，一个是相对不透水层，且两层间夹层、互层较多。浅层粉土多为黄河冲淤积细颗粒物，摇振反应迅速，扰动后极易出现“液化”——水流出，土散架，呈流砂状态（见图1-3）。同时，土质不均匀，夹黏土薄层，加之厚度不均，导致承载力不均衡，稳定性一般。而黏性土为新近沉积土，饱和，欠固结，含水量高，压缩性高，揭露后在荷载反复作用下呈现“橡皮土”，强度大幅降低，工程性能较差，浅层黏性土在沉降计算中一般为相对软弱下卧层。

第三，上部填土情况较复杂，成因方式、填筑时间及组成不同，性状往往差别较大。有大面积低洼地整平回填的，也有局部沟塘回填（见图1-4）的，有填筑时间五年以上的，也有刚填筑不足一年的。另外，土的组成也十分复杂，有黏土为主的、有粉土为主的、有掺杂建筑垃圾的、有淤泥质土的等。这些导致填土层一个场地一个性状，需进行针对性分析、研究，慎重处理。

第四，吹填土情况十分复杂，大多为用挖泥船和泥浆泵把江河、港口或浅海底部的泥沙通过水力吹填而形成。在吹填过程中，泥沙结构遭到破坏，以细小颗粒的形式缓慢沉积，因而具有塑性指数大、天然含水量和孔隙比大、高压缩性、低渗透性等特点。由吹填土构成的地基，其工程性质与吹填料的颗粒组成和沉积条件密切相关，一般情况下的地基强度很差，不能直接用于工程建设，需要进行地基处理（见图 1-5 和图 1-6）。

图 1-3　淤泥质粉质黏土层夹层出水图

图 1-4　沟塘回填土（松散，植物根系）

图 1-5　吹填土场地（不足一年）

图 1-6　吹填三年以上场地（开挖 1 m 见水）

本地区土体的上述特性导致了地基基础工程的复杂性、多样性、高风险性，增加了工程建设的难度。

1.5　地基处理的现状及存在问题

尽管近二十年来城市建设取得了飞速发展，但涉及地基、基础、岩土工程相关的技术研究及技术发展仍落后于实际工程的需求，而且黄河三角洲地区本地的科研院所较少，总体技术水平的滞后问题便更加突出，在理论研究、设计、施工方面仍存在较多问题。

1.5.1 地基勘察问题

黄河三角洲地区上层粉土较松散，扰动后易“液化”，而淤泥质土呈流塑状态，因此勘察的难度主要在于如何取原状土样。除了应选取适宜的薄壁取土器，并对土样细心保存及运输外，尚应注重通过静力触探、十字板剪切试验等原位测试方法获取土层信息。

本地区对于浅层土体工程性质的理论研究较薄弱，缺少系统完整地反映本地区浅层地基土基本力学性能、承载力、变形指标等的研究成果，目前的勘察、设计单位大多盲目套用规范查表法获得相关工程数据，如浅层粉土承载力一般按60～80 kPa给定，不能全面真实地反映地区土层的性状，常出现与工程实际不符的情况。

1.5.2 地基沉降问题

本地区上层填土、粉土较松散，由于工程施工降水或工业与民用抽取地下水导致的地下水水位下降，引起地面显著的沉降。在陆域吹填场区，如果没有进行软基处理或处理不当，也会引起地面持续的、大面积的沉降。一些小区室外地坪、道路、管线经常由于差异沉降引起开裂，给居民生活造成很大影响，甚至引发工程质量纠纷。这是需引起我们岩土工程师重视的问题。

1.5.3 地基处理方法选择问题

地基处理方法众多，对于不同地区、不同地质、不同工程而言，方法选择具有多样性，如何选择一种合理可行、经济适用、方便快捷的方法，不仅考验工程师的技术水平，更需要充足的地区设计、施工经验作为支撑。若对地区浅层填土、粉土及黏性土的真实工程特性掌握不准、吃不透，对于一些多层、低层建（构）筑物，在基础设计时，往往舍弃地基处理方法而采用造价偏高的桩基础，造成一定的经济浪费与地下空间资源浪费。另外，处理方法的选择脱离本地区行业技术设备状况，造成好的方案打了折扣，甚至达不到设计预期。

1.5.4 施工技术及管理问题

黄河三角洲地区经济发展起步较晚，涉及地基处理方面的工程实例不多，技术水平相对滞后，因地质情况、水文情况差异，经常出现盲目套用其他地区施工方法的情况，不仅不能达到设计预期处理效果，耽误了工期，造成了经济浪费，更间接制约了地区技术的推广与进步。

上述问题是本地区在地基处理方面出现的一些典型突出问题，也是摆在行业从业人员面前亟须解决的实际问题。本书以此为出发点，抛砖引玉，希望能吸引更多专家学者关注地基处理技术的研究与创新，推动本地区地基处理技术水平取得更大进步。

第2章　地基处理

2.1　地基处理的目的及对象

2.1.1　建筑地基面临的问题

地基是支撑基础的土体或岩体。凡天然土层具有足够的承载力，不需经过人工加固，可直接在其上建造房屋的称为“天然地基”。天然地基是由岩石风化破碎成松散颗粒的土层或呈连续整体状的岩层。

若天然地基很软弱，不能满足地基和强度变形等要求，需事先经过人工处理后再建造基础，这种为提高地基承载力、改善其变形性质或渗透性质而采取的工程措施称为“地基处理”。

在软弱不良地基上建造工程可能发生的问题如表 2-1 所示。

表 2-1　软弱不良地基上建造工程可能发生的问题

工程性质	地基承载力及稳定	地基沉降	其他
加载工程	1. 地基剪切破坏 2. 建筑物地基承载力不足 3. 由于偏心荷载及压力作用，使结构物产生变形或破坏 4. 由于填土或建筑物荷载，使邻近地基产生隆起	1. 沉降或差异沉降特大 2. 作用于建筑物基础的负摩擦 3. 由于填土或建筑物荷载，邻近地基产生固结沉降 4. 大范围地基沉降	1. 由于交通荷载等原因，对邻近地基产生振动下沉 2. 地震时地基产生液化 3. 堤坝等地基产生地基渗漏
开挖工程	1. 开挖时边坡破坏 2. 开挖时基坑底部隆起 3. 开挖时的应力降低或松弛，引起基坑侧壁破坏	1. 开挖引起邻近地基沉降 2. 由于降水产生地基固结沉降	1. 渗水 2. 管涌

加拿大特朗斯康谷仓建于1913年，高31 m，宽23 m，片筏基础。由于事前未探明有厚达16 m的软土层，建成储存谷物后，西侧突然陷入土中8.8 m，东侧抬高1.5 m，仓身倾斜27°，如图 2-1 所示。

在土木工程建设领域中，与上部结构比较，地基领域中的不确定因素多、问题复杂、难度大。地基问题处理不好，后果严重。据调查统计，在世界各国发生的土木工程建设中的工程事故，源自地基问题的工程事故占多数。因此，处理好地基问题，不仅关系所建工程是否安全可靠，而且关系所建工程投资大小。处理好地基问题具有较好的社会和经济效益。

图 2-1　加拿大特朗斯康谷仓

2.1.2　地基处理的目的

地基处理的目的是利用换填、夯实、挤密、排水、胶结、加筋和热学等方法对地基土进行加固，用以改良地基土的工程特性。

第一，提高地基的抗剪强度，增加其稳定性。地基的剪切破坏表现为建筑物的地基承载力不够，使结构失稳或土方开挖时边坡失稳，使临近地基产生隆起或基坑开挖时坑底隆起。因此，为了防止剪切破坏，就需要采取增加地基土抗剪强度的措施。

第二，降低地基土的压缩性，减少地基的沉降变形。地基的高压缩性表现为建筑物的沉降和差异沉降大，因此，需要采取措施提高地基土的压缩模量。

第三，改善地基土的渗透特性，减少地基渗漏或加强其渗透稳定。地基的透水性表现为堤坝、房屋等基础产生的地基渗漏，基坑开挖过程中产生流沙和管涌。因此，需要研究和采取使地基土变成不透水或减少其水压力的措施。

第四，改善地基土的动力特性，提高地基的抗振性能。地基的动力特性表现为地震时粉、砂土将会产生液化，由于交通荷载或打桩等原因，使邻近地基产生振动下沉。因此，需要研究和采取使地基土防止液化，并改善振动特性以提高地基抗震性能的措施。

第五，改善特殊土地基的不良特性，满足工程设计要求，主要是指消除或减少黄土的湿陷性和膨胀土的胀缩性等地基处理的措施。

2.1.3　地基处理的对象

地基处理的对象主要是软弱地基和特殊性岩土。

软弱地基是指主要由淤泥、淤泥质土、冲填土、杂填土或其他高压缩性土层构成的地基。

特殊性岩土是指在特定的地理环境或人为条件下形成的、具有特殊的物理力学性质和工程特殊性的岩土，以及特殊的物质组成、结构构造的岩土。特殊土地基带有地区性的特点，包括软土、填土、盐渍土、湿陷性土、膨胀土、红黏土、多年冻土和污染土等地基。

黄河三角洲地区地基土常见软土（淤泥、淤泥质土）、人工填土（冲填土、杂填土、素填土）、高压缩性黏土或粉质黏土、盐渍土、垃圾土等。

2.1.3.1 软　土

软土是在静水或非常缓慢的流水环境中沉积、经生物化学作用形成的，其天然含水量大于液限，孔隙比大于1.0。当天然孔隙比大于1.5时，称为“淤泥”；当天然孔隙比大于1.0而小于1.5时，称为“淤泥质土”。软土的特点是天然含水量高、天然孔隙比大、抗剪强度低、压缩系数高、渗透系数小。在荷载作用下，软土地基由于地基承载力低、沉降大，可能产生的不均匀沉降也大，而且沉降稳定历时比较长，一般需几年甚至几十年。

黄河三角洲地区的软土主要分布在河口区、刁口乡、东营港经济开发区、仙河镇、孤岛镇、黄河口自然保护区、红光渔港、广利港等沿海地区。

2.1.3.2 人工填土

人工填土按照物质组成和堆填方式可以分为素填土、杂填土、冲填土三类。

素填土是由碎石、砂或粉土、黏性土等一种或几种组成的填土，其中不含杂质或含杂质较少。若经分层压实，则称为“压实填土”。近年开山填沟筑地、围海筑地工程较多，填土常用开山石料，大小不一，有的直径达数米，填筑厚度有的达数十米，极不均匀。人工填土地基的性质取决于填土性质、压实程度以及堆填时间。

杂填土是由人类活动而任意堆填的建筑垃圾、工业废料和生活垃圾形成的填土。杂填土的成因很不规律，组成的物质杂乱，分布极不均匀，结构松散。杂填土的主要特性是强度低、压缩性高、均匀性差，一般还具有浸水湿陷性。

冲填土是由水力冲填泥砂形成的填土。冲填土的物质成分是比较复杂的，如以黏性土为主，因土中含有大量水分且难以排出，土体在形成初期常处于流动状态，强度要经过一定时间的固结才能逐渐提高，因而这类土属于强度较低和压缩性较高的欠固结土。另外，主要是以砂或其他粗颗粒土所组成的冲填土就不属于软弱土，因而冲填土的工程性质主要取决于颗粒组成、均匀性和排水固结条件。

黄河三角洲地区的冲填土主要分布在滨州港及北海新区、东营港经济开发区、广利港、黄河沿线等地区。

2.1.3.3 高压缩性黏土或粉质黏土

黄河三角洲地区第一海侵层（层底标高为－20～－15 m）及以上部分主要是第四

纪全新世中近期沉积的土，部分新近沉积的黏土或粉质黏土为高压缩性土。

2.1.3.4 盐渍土

土中含盐量超过一定数量的土称为“盐渍土”。盐渍土地基浸水后，土中的盐溶解可能产生溶陷。某些盐渍土在环境温度和湿度变化时，可能产生体积膨胀，即盐胀。盐渍土还会产生腐蚀性。因此，溶陷性、盐胀性、腐蚀性是盐渍土的主要特性。

黄河三角洲地区土中易溶盐含量大于0.3%的区域分布较广，但是该区域大部分粉土盐渍土的湿度为饱和，黏性土盐渍土状态为软塑—流塑，且硫酸钠的含量不高于0.5%，可判定为非盐胀和非溶陷性盐渍土。对于非盐胀和非溶陷性盐渍土地基，除应采用防腐措施外，可按非盐渍土地基对待。

2.1.3.5 垃圾土

垃圾土是指由城市废弃的工业垃圾和生活垃圾形成的地基土。垃圾土的性质在很大程度上取决于垃圾的类别和堆积时间。

2.2 地基处理方法的分类、原理及适用范围

2.2.1 地基处理方法的分类

地基处理的分类方法多种多样，具体如下：

(1) 按时间分为临时处理和永久处理。

(2) 按处理深度分为浅层处理和深层处理。

(3) 按处理土性对象分为砂性土处理和黏性土处理、饱和土处理和非饱和土处理。

(4) 按地基处理的加固机理进行分类。

因为现有的地基处理方法很多，新的地基处理方法也还在不断发展，所以要对各种地基处理方法进行精确分类是困难的，而且不少地基处理方法具有几种不同的作用，如碎石桩具有置换、挤密、排水和加筋的多重作用，土桩和灰土桩既有挤密作用又有置换作用。

常见的分类方法主要是按照地基处理的加固机理进行分类。

2.2.2 地基处理方法的原理及适用范围

2.2.2.1 地基处理方法的原理

按地基处理的作用机理进行分类，如表2-2所示，体现了各种地基处理方法的主要特点。

表 2-2 地基处理方法的分类及简要原理

类别	方法	简要原理
置换	换土垫层法	将软弱土或不良土开挖至一定深度，回填抗剪强度较大、压缩性较小的土，如砂、砾、石渣、灰土等，并分层夯实，形成双层地基。垫层能有效扩散基底压力，提高地基承载力，减少沉降
	挤淤置换法	通过抛石或夯击回填碎石置换淤泥达到加固地基的目的
	褥垫层法	当建（构）筑物的地基一部分压缩性很小，而另一部分压缩性较大时，为了避免不均匀沉降，在压缩性很小的部分通过换填法铺设一定厚度可压缩性的土料形成褥垫，以减少沉降差
	振冲置换法	利用振冲器在高压水流作用下边振边冲在地基中成孔，在孔内填入碎石、卵石等粗粒料且振密成碎石桩。碎石桩与桩间土形成复合地基，以提高承载力，减少沉降
	强夯置换法	采用边填碎石、边强夯的强夯置换法在地基中形成碎石墩体，由碎石墩、墩间土以及碎石垫层形成复合地基，以提高承载力，减少沉降
	砂石桩（置换）法	在软黏土地基中采用沉管法或其他方法设置密实的砂桩或碎石桩，置换同体积的黏性土形成砂石桩复合地基，以提高地基承载力。同时，砂石桩还可以同砂井一样起排水作用，加速地基土固结
	石灰桩法	通过机械或人工成孔，在软弱地基中填入生石灰块或生石灰块加其他掺和料，通过石灰的吸水膨胀、放热及离子交换作用改善桩周土的物理力学性质，并形成石灰桩复合地基，可提高地基承载力，减少沉降
	CFG 桩法	采用机械或人工成孔，通过振动、泵送、人工灌入等方式在地基中形成 CFG 桩体，桩与桩间土、垫层形成 CFG 桩复合地基，可提高地基承载力，减少沉降
	EPS 超轻质料填土法	发泡聚苯乙烯（EPS）密度只有土的 1/100～1/50，并具有较好的强度和压缩性能，用于填土料可有效减少沉降作用在地基上的荷载，需要时也可置换部分地基土，以达到更好的效果
排水固结	加载预压法	在建造建（构）筑物以前，天然地基在预压荷载作用下压密、固结，地基产生变形，地基土强度提高，卸去预压荷载后再建造建（构）筑物，完工后沉降小，地基承载力也得到提高。堆载预压有时也利用建筑物自重进行。当天然地基土渗透性较小时，为了缩短排水距离，加速土体固结，在地基中设置竖向排水通道。
	超载预压法	基本上与堆载预压法相同，不同之处是预压荷载大于建（构）筑物的实际荷载。超载预压不仅可减少建（构）筑物完工后的固结沉降，还可消除部分完工后的次固结沉降
	真空预压法	在饱和软黏土地基中设置竖向排水通道（砂井或竖向排水带等）和砂垫层，在其上覆盖不透气密封膜。通过埋设于砂垫层的抽水管进行长时间的不断抽气和水，使砂垫层和砂井中形成负气压，从而使软黏土层排水固结。负气压形成的当量预压荷载一般可达 85 kPa
	真空预压与堆载联合预压法	当真空预压达不到要求的预压荷载时，可与堆载预压联合使用，其堆载预压荷载和真空预压荷载可叠加计算

续表

类别	方法	简要原理
排水固结	降低地下水位法	通过降低地下水位，改变地基土受力状态，其效果如堆载预压，使地基土固结。在基坑开挖围护设计中可减小作用在围护结构上的土压力
	电渗法	在地基中设置阴极、阳极，通以直流电，形成电场。土中水流向阴极。采用抽水设备将水抽走，达到地基土体排水固结效果
灌入固化物	深层搅拌法	利用深层搅拌机将水泥或石灰和地基土原位搅拌形成圆柱状、格栅状或连续墙水泥土增强体，形成复合地基以提高地基承载力，减小沉降。深层搅拌法分喷浆搅拌法和粉喷搅拌法两种，也可用它形成防渗帷幕
	高压喷射注浆法	利用钻机将带有喷嘴的注浆管钻进预定位置，然后用 20 MPa 左右的浆液或水的高压流冲切土体，用浆液置换部分土体，形成水泥土增强体。高压喷射注浆法有单管法、二重管法、三重管法。在喷射浆液的同时通过旋转提升，可形成定喷、摆喷和旋喷。高压喷射注浆法可形成复合地基以提高承载力，减少沉降。也常用它形成防渗帷幕
	渗入性灌浆法	在灌浆压力作用下，将浆液灌入土中原有孔隙，改善土体的物理力学性质
	劈裂灌浆法	在灌浆压力作用下，浆液克服地基土中初始应力和抗拉强度，使地基中原有的孔隙或裂隙扩张，或形成新的裂缝和孔隙，用浆液填充，改善土体的物理力学性质。与渗入性灌浆相比，其所需灌浆压力较高
	压密灌浆法	通过钻孔向土层中压入浓浆液，随着土体压密将在压浆点周围形成浆泡。通过压密和置换改善地基性能。在灌浆过程中因浆液的挤压作用可产生辐射状上抬力，可引起地面局部隆起。利用这一原理可以纠正建筑物不均匀沉降和建筑物纠倾
	电动化学灌浆法	当在黏性土中插入金属电极并通以直流电后，在土中引起电渗、电泳和离子交换等作用，在通电区含水量降低，从而在土中形成浆液“通道”。若在通电同时向土中灌注化学浆液，就能达到改善土体物理力学性质的目的
振密、挤密	表层原位压实法	采用人工或机械夯实、碾压或振动，使土密实，但密实范围较浅
	强夯法	采用质量为 10～40 t 的夯锤从高处自由落下，地基土在强夯的冲击力和振动力的作用下密实，可提高承载力，减少沉降
	振冲密实法	依靠振冲器的强力振动使饱和砂层发生液化，砂颗粒重新排列，孔隙减小，另外依靠振冲器的水平振动力，加回填料使砂层，从而提高地基承载力，减小沉降，并提高地基土体抗液化能力
	挤密砂石桩法	采用沉管法或其他方法在地基中设置砂桩、碎石桩，在成桩过程中对周围土层产生挤密，被挤密的桩间土和砂石形成复合地基，达到提高地基承载力和减小沉降的目的
	土桩、灰土桩法	采用沉管法、爆扩法和冲击法在地基中设置土桩或灰土桩，在成桩过程中挤密桩间土，由挤密的桩间土和土桩或灰土桩形成复合地基

续表

类别	方法	简要原理
振密、挤密	夯实水泥土桩法	通过人工成孔或其他成孔方法成孔，回填水泥和土拌和料，分层夯实，形成水泥土桩并挤密桩间土桩，桩与桩间土形成复合地基，可提高承载力，减小沉降
	CFG 桩法	通过振动沉管成孔，灌注水泥、粉煤灰、碎石、中粗砂混合料，形成CFG桩，振动沉管对桩间土有挤密作用，桩与桩间土、垫层形成CFG桩复合地基，可提高地基承载力，减少沉降
	柱锤冲扩桩法	通过人工成孔或螺旋钻成孔或振动沉管成孔或柱锤冲击成孔，填入碎石或矿渣或灰土或水泥加土或渣土或CFG料等，分层夯实，夯扩桩体，挤密桩间土，形成复合地基以提高承载力、减小沉降

2.2.2.2　地基处理方法的适用范围及加固效果

地基处理的基本方法无非是采用置换、夯实、挤密、排水、胶结、加筋和热学等方法提高地基强度，以较小的变形改善渗透性能及在动力荷载作用下的地基稳定性。各种地基处理方法的主要适用范围和加固效果如表 2-3 所示。

表 2-3　各种地基处理方法的主要适用范围和加固效果

按处理深浅分类	序号	处理方法	适用情况						加固效果				最大有效处理深度(m)
			淤泥质土	人工填土	黏性土		无黏性土	湿陷性黄土	降低压缩性	提高抗剪强度	形成不透水性	改善动力特性	
					饱和	非饱和							
浅层加固	1	换土垫层法	*	*	*	*		*	*	*		*	3
	2	机械碾压法		*		*	*	*	*	*			3
	3	平板振动法		*		*	*	*	*	*			1.5
	4	重锤夯实法		*		*	*	*	*	*			1.5
	5	土工聚合物法	*		*				*	*			
深层加固	6	强夯法		*		*	*	*	*	*		*	20
	7	砂桩挤密法		*	*	*	*		*	*		*	20
	8	振动水冲法		*	*	*	*		*	*		*	18
	9	灰土桩挤密法		*		*		*	*	*		*	20
	10	石灰桩挤密法	*		*	*			*	*			20
	11	堆载预压法	*		*				*	*			15
	12	真空预压法	*		*				*	*			15
	13	降水预压法	*		*				*	*			30
	14	电渗排水法	*		*				*	*			20

续表

按处理深浅分类	序号	处理方法	适用情况						加固效果				最大有效处理深度(m)
			淤泥质土	人工填土	黏性土		无黏性土	湿陷性黄土	降低压缩性	提高抗剪强度	形成不透水性	改善动力特性	
					饱和	非饱和							
深层加固	15	水泥灌浆法	*		*	*	*	*	*	*	*	*	20
	16	硅化法			*	*	*	*	*	*	*	*	20
	17	电动硅化法	*		*				*	*	*		
	18	高压喷射注浆法	*	*	*	*	*		*	*	*		50
	19	深层搅拌法	*		*	*			*	*	*		20
	20	粉体喷射搅拌法	*		*	*			*	*	*		15
	21	热加固法				*		*	*	*			15
	22	冻结法	*	*	*	*	*	*		*	*		

注：* 表示适用。

值得注意的是，很多地基处理方法具有多重处理效果，如碎石桩具有置换、挤密、排水和加筋的多重作用，石灰桩又挤密又吸水，吸水后又进一步挤密等。

2.3　地基处理方案的确定

2.3.1　地基处理方案确定需要考虑的因素

地基处理的效果能否达到预期的目的，首先有赖于地基处理方案选择得是否得当、各种加固参数设计得是否合理。地基处理方法虽然很多，但任何一种方法都不是万能的，都有其各自的适用范围和优缺点。除具体工程条件和要求各不相同，地质条件和环境条件不相同，施工机械设备、所需的材料也会因提供部门的不同而产生很大差异外，施工队伍的技术素质状况、施工技术条件和经济指标比较状况都会对地基处理的最终效果产生很大的影响。一般来说，在选择确定地基处理方案以前应充分地综合考虑以下几个方面的因素：

（1）地质条件。勘察时应查明地形及地质成因、土层及软弱土层情况，地基土层在水平方向和垂直方向上的变化，提供地基土的物理力学性质指标，判别饱和粉土、粉细砂的液化可能性及地下水的腐蚀性。

（2）结构物条件。建筑物的体形、刚度、结构受力体系、建筑材料和使用要求，荷载大小、分布和种类，基础类型、布置和埋深，基底压力、天然地基承载力和变形容许值等，这些因素决定了地基处理方案制定的目标。

(3) 环境条件。随着社会的发展，环境污染问题日益严重，公民环境保护的意识也逐步提高，常见的与地基处理有关的环境污染主要有扬尘、噪声、地下水污染、振动及现场泥浆排放等。在地基处理方案确定过程中，应根据保护环境要求选择合适的地基处理施工方案。

(4) 施工条件。施工条件主要包括用地条件、工程用料、施工机械及施工难易程度等因素。

(5) 工程费用。经济技术指标的高低是衡量地基处理方案选择得是否合理的关键指标。在地基处理中，一定要综合比较能满足加固要求的各种地基处理方案，选择技术先进、质量保证、经济合理的方案。

(6) 工期要求。应保证地基加固工期不会拖延整个工程的进展。另外，如地基工期缩短，也可利用这段时间使地基加固后的强度得到提高。

2.3.2 地基处理方案确定步骤

由于地基处理问题具有各自的情况，所以在选择和设计地基处理方案时，不能简单地依靠以往的经验，也不能依靠复杂的理论计算，还应结合工程实际，通过现场试验、检测和分析反馈不断地修正设计参数。尤其是对于一些较为重要或缺乏经验的工程，在尚未施工前，应先利用室内外试验参数按一定方法设计计算，然后利用施工第一阶段的观测结果反分析基本参数，采用修正后的参数进行第二阶段的设计，而后再利用第二阶段施工观测结果的反馈参数进行第三阶段的设计，以此类推，使设计的取值比较符合现场实际情况。

在确定地基处理方案时，应根据工程的具体情况对若干种地基处理方法进行技术、经济效益以及施工进度等方面的比较，选择经济合理、技术可靠、施工进度较快的地基处理方案。

地基处理方案的确定可按以下步骤进行：

(1) 搜集详细的工程地基、水文地质及地基基础设计资料。

(2) 根据结构类型、荷载大小及适用要求，结合地形地貌、地层结构、土质条件、地下水特性、周围环境和相邻建筑物等因素，初步选定几种可供考虑的地基处理方案。

(3) 对初步选定的几种地基处理方案分别从处理效果、材料来源和消耗、施工机械和进度、环境影响、经济效益等各种因素进行技术经济分析和对比，从中选择最佳的地基处理方案。

(4) 对已选定的地基处理方案，根据建筑物的安全等级和场地复杂程度，可在有代表性的场地上进行相应的现场试验性施工，其目的是检验设计参数、选择确定合理的施工方法，并检验处理效果。如地基处理效果达不到设计要求时，应查找原因并调整设计方案和施工方法。

地基处理设计施工程序框图如图 2-2 所示。

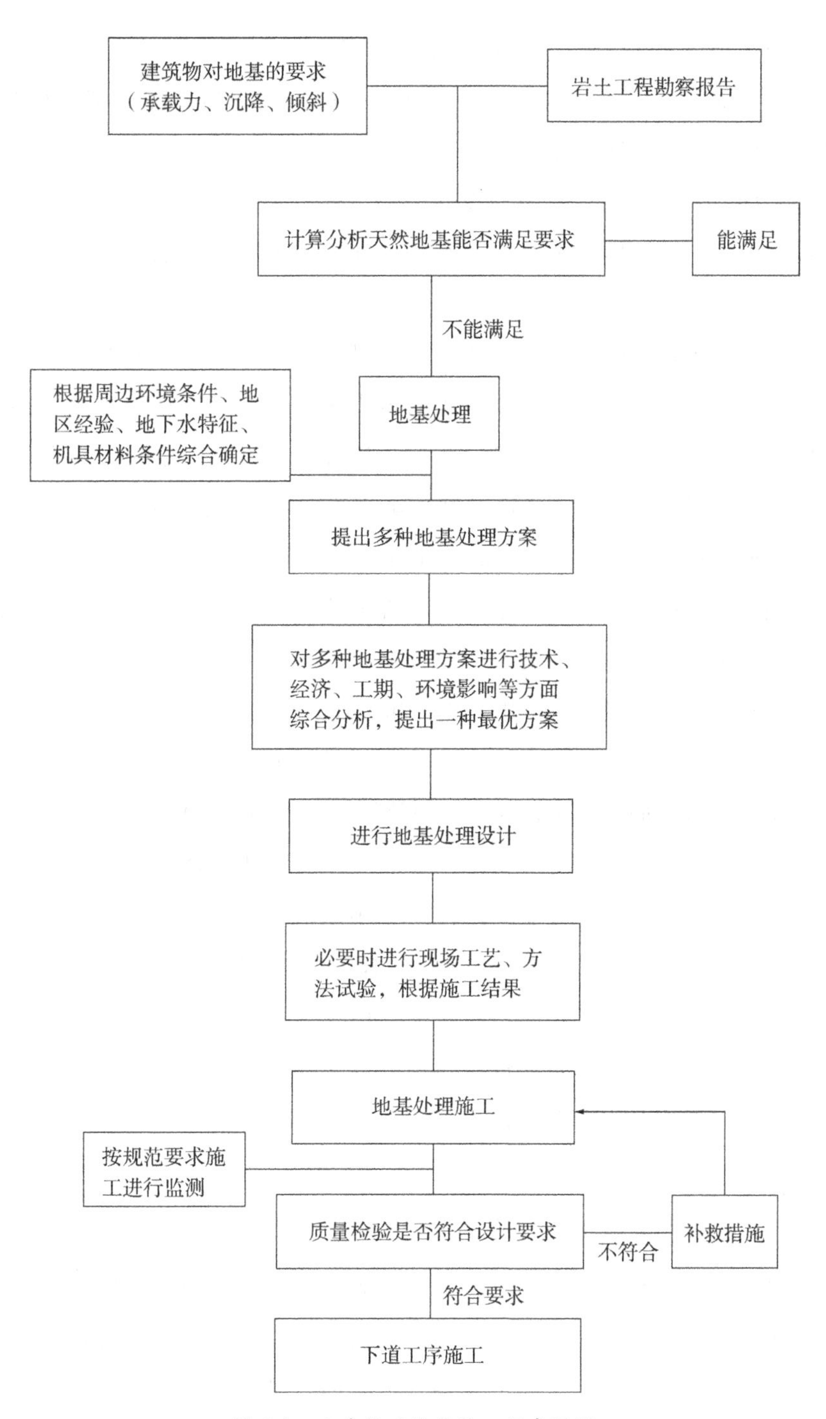

图 2-2　地基处理设计施工程序框图

2.4 地基处理的施工、监测与检验

2.4.1 地基处理的施工管理

地基处理工程与其他建筑工程的不同之处如下：

(1) 大部分地基处理方法的加固效果并不是施工结束后就能全部发挥和体现的，一般需经过一段时间才能逐步体现。

(2) 每一项地基处理都有它的特殊性。同一种方法在不同地区应用，其施工工艺也不尽相同，对每一个具体的工程往往有些特殊的要求。而且地基处理大多是隐蔽工程，很难直接检验其施工质量。

在地基处理施工过程中要对各个环节的质量标准严格掌握。如换填垫层压实时的最大干密度和最优含水量要求，堆载预压的填土速率和边桩位移的控制，碎石桩的填料量、密实电流和留振时间的掌握等。在施工过程中，施工单位应有专人负责质量控制，并作好施工记录。当出现异常情况时，须及时会同有关部门妥善解决。

地基处理施工过程中和施工完成后的注意事项如下：

(1) 在地基处理施工过程中，不仅要让现场施工人员了解如何施工，而且还必须使他们很好地了解所采用的地基处理方法的原理、技术标准和质量要求，所进行的施工是否符合工程要求，要经常进行施工质量和处理效果的检验，以保证施工质量。

(2) 在地基处理施工过程中和施工完成后要做好监测工作，尤其是在处理工作结束后，应尽量采用可能的手段来检验处理的效果。这是施工工作的重要一环。

(3) 对于重要工程的地基处理工作，或开发、引用新的地基处理方法，在进行地基处理方案时，最好是在大规模施工之前进行小型现场试验，以检验地基处理方案的可靠性，并可获得设计计算的参数值和施工的控制指标，以及施工经验。

(4) 通过反分析可获得必要的参考数据，用于验证设计、监测工程安全，便于进行下一阶段的设计计算。根据实测资料的反分析而得出的参考数据要比前一阶段的设计较为接近实际，必要时可据此修改设计。此外，通过反分析可使人们获得许多宝贵的经验。

2.4.2 地基处理的施工监测与检验

在地基处理施工过程中，为了了解和控制施工对周围环境的影响，或保护临近的建筑物和地下管线，常常需要进行一些必要的监测工作，以及时了解地基土的加固效果、检验地基处理方案和施工工艺的合理性，从而达到信息化施工的目的。监测方案根据地基处理施工方法和周围环境的复杂程度确定。如当施工场地临近有重要地下管

线时，需要进行管线位移检测。

在地基处理施工完成后，对地基处理效果进行检测，检测包括加固地基的承载力和加固体的变化特征，采用的检测手段根据地基处理方法不同而有所选择，常采用的方法有载荷试验、标准贯入试验、动力触探试验、静力触探试验、十字板剪切试验、土工试验等，有时需要采用多种手段进行检验，以便综合评价地基处理效果。其选用方法如表 2-4 所示。

表 2-4　地基处理效果检测方法

地基处理方法	承载力检测	其他方法
换填垫层法	载荷试验	环刀法、贯入仪、标准贯入试验、动力触探试验、静力触探试验
预压法	载荷试验	十字板剪切试验、土工试验
强夯法	载荷试验	标准贯入试验、动力触探试验、静力触探试验、土工试验、波速测试
振冲法	载荷试验	标准贯入试验、动力触探试验
砂石桩法	载荷试验	标准贯入试验、动力触探试验、静力触探试验
CFG 桩法	载荷试验	低应变动力试验
夯实水泥土桩法	载荷试验	轻型动力触探试验
水泥土搅拌法	载荷试验	轻型动力触探试验、钻土取芯
高压喷射注浆法	载荷试验	标准贯入试验、钻土取芯
灰土挤密桩法	载荷试验	轻型动力触探试验、土工试验
柱锤冲扩桩法	载荷试验	标准贯入试验、动力触探试验
单液硅化法和碱液法	动力触探试验	土工试验、沉降观测

2.5　地基处理的发展与展望

近年来，地基处理发展的一个典型趋势就是在既有的地基处理方法基础上，不断发展新的地基处理方法，特别是将多种地基处理方法进行综合使用，形成了极富特色的复合加固技术。这些复合加固技术的发展特点主要体现在如下五个方面：由单一加固技术向复合加固技术发展；复合地基的加固体由单一材料向复合加固体发展；复合地基加固技术与非复合地基加固技术结合；静力加固与动力加固技术结合；机械加固与非机械加固结合。

第3章　换填垫层法

3.1 概　述

在我国，作为广大中、低层建筑物的支持土层——浅埋土层由于地域不同、历史成因不同、地质年代不同和上覆荷载历史不同等情况而呈现出极其复杂的特性。除了那些能直接支承建筑物重量、能满足变形与使用要求的土层外，还存在着大量必须经过人工处理才能利用的土层，如分布于我国中部和西北部地区的湿陷性黄土、分布于我国中部与南部地区的膨胀土、分布于我国北方的冻胀土等，这些土层的自然特性往往给建筑物带来危害，必须经过人工处理才能利用。换填法就是将基础底面以下不太深的、一定范围内的软弱土层挖去，然后以质地坚硬、强度较高、性能稳定、具有抗侵蚀性的砂、碎石、卵石、素土、灰土、粉煤灰、矿渣等材料以及土工合成材料分层充填，并同时以人工或机械方法分层压、夯、振动，使之达到要求的密实度，成为良好的人工地基。当地基软弱土层较薄而且上部荷载不大时，也可直接以人工或机械方法（填料或不填料）进行表层压、夯、振动等密实处理，同样可取得换填加固地基的效果。

采用换填垫层全部置换厚度不大的软弱土层，可取得良好的效果。对于轻型建筑、地坪、道路或堆场，采用换填垫层处理上层部分软弱土时，由于传递到下卧层顶面的附加应力很小，也可取得较好的效果。但对于结构刚度差、体形复杂、荷重较大的建筑，由于附加荷载对下卧层的影响较大，如仅换填软弱土层的上部，地基仍将产生较大的变形及不均匀变形，仍有可能对建筑造成破坏。在我国东南沿海软土地区，许多工程实践经验或教训表明，采用换填垫层时必须考虑建筑体形、荷载分布、结构刚度等因素对建筑物的影响。对于深厚软弱土层，不应采用局部换填垫层法处理地基。对于不同特点的工程，还应分别考虑换填材料的强度、稳定性、压力扩散能力、密度、渗透性、耐久性、对环境的影响、价格、来源与消耗等。当换填量大时，首先应考虑当地材料的性能及使用条件。此外，还应考虑所能获得的施工机械和设备类型、适用条件等综合因素，从而合理地进行换填垫层设计及选择施工方法。

3.2　换填垫层的作用机理

换填法就是将基础底面以下浅层的软弱土层挖去，然后以质地坚硬、强度较高、性能稳定、具有抗侵蚀性的砂、碎石、卵石、素土、灰土、粉煤灰、矿渣等材料以及土工合成材料分层充填，并同时以人工或机械方法分层压、振动，使之达到要求的密实度，成为良好的人工地基。当地基软弱土层较薄，而且上部荷载不大时，也可直接以人工或机械方法（填料或不填料）进行表层压、振动等密实处理，同样可取得换填加固地基的效果。

经过换填法处理的人工地基或垫层，可以把上部荷载扩散传至下面的下卧层，以满足上部建筑所需的地基承载力和减少沉降量的要求。当垫层下面有较软土层时，也可以加速软弱土层的排水固结和强度的提高。

3.2.1　垫层的作用

(1) 置换作用。将基底以下软弱土全部或部分挖出，换填为较密实材料，可提高地基承载力，增强地基稳定。

(2) 应力扩散作用。基础底面下一定厚度垫层的应力扩散作用，可减小垫层下天然土层所受的压力和附加压力，从而减小基础沉降量，并使下卧层满足承载力的要求。

(3) 加速固结作用。用透水性大的材料作垫层时，软土中的水分可部分通过它排除，在建筑物施工过程中可加速软土的固结，减小建筑物建成后的工后沉降。

(4) 防止冻胀作用。由于垫层材料是不冻胀材料，采用换土垫层对基础地面以下可冻胀土层全部或部分置换后，可防止土的冻胀作用。

(5) 均匀地基反力与沉降作用。对石芽出露的山区地基，将石芽间软弱土层挖出，换填压缩性低的土料，并在石芽以上也设置垫层，或对于建筑物范围内局部存在松填土、暗沟、暗塘、古井、古墓或拆除旧基础后的坑穴可进行局部换填，保证基础底面范围内土层的压缩性和反力趋于均匀。

因此，换填的目的就是：提高承载力，增加地基强度，减少基础沉降，垫层采用透水材料可加速地基的排水固结。

3.2.2　土的压实原理

换土或填土垫层应具有较高的承载能力与较低的压缩性。这一目的通常通过外界压（振）实机械做功来实现。土的压实与以下三个主要影响因素有关：土的特性、土的含水量和压（振）实能量。

试验表明，在一定压（振）实能量作用下，不论是黏性土类还是砂性土类，其压

(振）实结果都与含水量有关，通常用土的干密度与含水量的关系曲线来表达。在黏性土中，水以结合水、吸附水与自由水的形式存在于土的孔隙中，随着含水量的增加逐渐从结合水形式发展到自由水状态。而在砂性土中，主要以自由水形式存在。

在一定的压（振）实能量作用下，对于黏性土，当含水量很小时土粒表面仅存在结合水膜，土粒相互间的引力很大，此时土粒间相对移动困难，土的干密度（土层密实程度的评估指标）增加很少。随着含水量的增加，土粒表面水膜逐渐增厚，粒间引力迅速减小，土粒相互间在外力作用下容易改变位置而移动，达到更紧密的程度。此时干密度增加，但当含水量达到某一程度（如最优含水量值）后，土粒孔隙中几乎充满了水，饱和度达到85%～90%后，孔隙中的气体大多只能以微小封闭气泡形式存在，它们完全被水包围并由表面张力而固定，外界的外力越来越难以挤出这些气体，因而压实效果越来越差，再继续增加含水量，在外力作用下仅使孔隙水压增加并阻止土粒的移动，土体反而得不到压实，干密度下降。

对于砂性土，粒间水的存在主要起到减少粒间摩阻的润滑作用。在含水量递增的初期，随含水量的增加粒间摩阻力减小，土粒容易移动，因而在外界压（振）实能量作用下土体压实，干密度增加。但含水量增至某一值后，水的减阻作用不再明显，而是像黏性土一样，粒间水的存在阻止了颗粒的进一步挤密，并有可能在外力作用下（如振动）使砂粒处于悬浮状态，因而干密度值下降。

黏性土与砂性土的干密度—含水量关系曲线如图3-1所示。

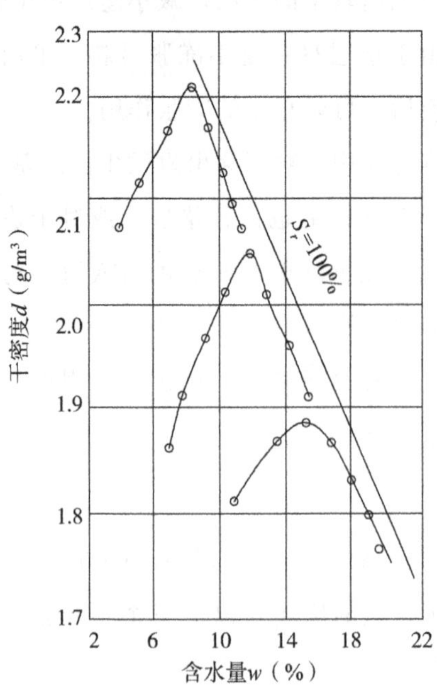

图3-1　土的干密度—含水量关系曲线

从图中可看出，由于砂土不存在粒间引力与结合水膜，在较小含水量条件下干密度就达到了最大值。

图中曲线的峰值所对应的干密度，即土体在一定外界能量作用下所能得到的最大密实度，称为“最大干密”，与此相对应的含水量称为“最优含水量”。

3.3　换填垫层的设计计算

垫层的设计不但要求满足建筑物对地基变形及稳定的要求，而且也应符合经济合理性原则。垫层设计的主要内容是确定断面的合理厚度和宽度。对于垫层来说，既要求有足够的厚度来置换可能被剪切破坏的软弱土层，又要有足够的宽度以防止垫层向两侧挤出。对于排水垫层来说，除要求有一定的厚度和满足上述要求的密度外，还要求形成一个排水面，促进软弱土层的固结，提高其强度，以满足上部荷载的要求。

3.3.1　垫层厚度的确定

垫层厚度一般根据需置换软弱土的深度或下卧土层的承载力确定，如图 3-2 所示，并符合式（3-1）的要求。

$$p_z + p_{cz} \leqslant f_{az} \tag{3-1}$$

式中：f_{az}——垫层底面处经深度修正后的地基承载力特征值（kPa）。

p_{cz}——垫层底面处土的自重压力（kPa）。

p_z——垫层底面处土的附加压力（kPa）。

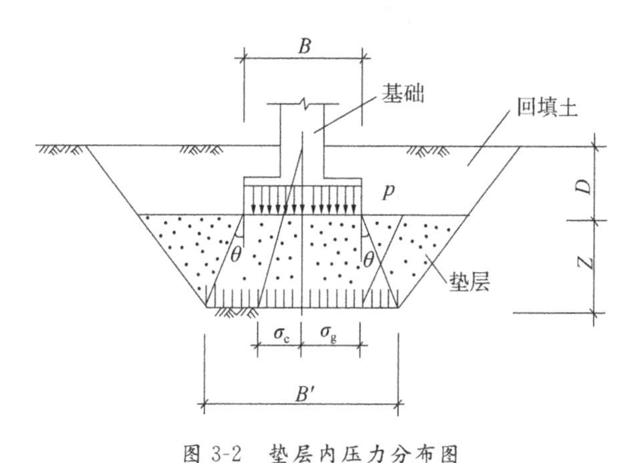

图 3-2　垫层内压力分布图

在具体计算时，一般可根据垫层的容许承载力确定出基础宽度，再根据下卧土层的承载力确定出垫层的厚度。垫层的容许承载力要合理拟定，如定得过高，则换土厚度将很深，对施工不利，也不经济。载荷试验资料表明：当下卧层软弱土的容许承载力为 60～80 kPa，压缩模量为 3 MPa 左右，换土厚度为 0.5～1.0 倍基础宽度时，垫层地基的容许承载力为100～200 kPa，平均变形模量大约为14 MPa。一般是先初步拟定垫层厚度，再用式（3-1）复核。垫层厚度一般不宜大于3 m，太厚则施工较困难，太薄（<0.5 m）则换土垫层的作用不显著。

垫层面处的附加压力可分别按式（3-2）和式（3-3）简化计算。

条形基础为：

$$p_z = \frac{b(p_k - p_c)}{b + 2z\tan\theta} \tag{3-2}$$

矩形基础为：

$$p_z = \frac{bl(p_k - p_c)}{(b + 2z\tan\theta)(l + 2z\tan\theta)} \tag{3-3}$$

式中：p_k——基础底面压力（kPa）。

p_c——基础底面处土的自重压力（kPa）。

b，l——基础底面的长度和宽度（m）。

z——垫层的厚度（m）。

θ——垫层的压力扩散角（°），宜通过试验确定。无试验资料时，可按表3-1采用。

表3-1 土和砂石材料的压力扩散角

$\frac{z}{b}$	换填材料		
	中砂、粗砂、砾砂、圆砾、角砾、石屑、卵石、矿渣	粉质黏土、粉煤灰	灰土
0.25	20	6	28
≥0.5	30	23	

注：1. 当$\frac{z}{b}<0.25$时，除灰土仍取$\theta=28°$外，其余材料均取$\theta=0°$，必要时，由试验确定。

2. 当$0.25<\frac{z}{b}<0.5$时，θ可内插求得。

3. 土工合成材料加筋垫层其压力宜由现场载荷试验确定。

3.3.2 垫层宽度的确定

按照处理范围，素土垫层或灰土垫层可分为局部垫层和整片垫层。

局部垫层：一般设置在矩形（或方形）基础或条形基础底面下，其平面处理范围内每边超出基础底面的宽度不应小于垫层厚度的一半。

整片垫层：一般设置在整个建筑物（跨度大的工业厂房除外）的平面范围内。每边超出建筑物墙基础外缘的宽度不应小于垫层的厚度，并不得小于2 m。

垫层底面的宽度应满足基础底面应力扩散的要求，可按式（3-4）确定：

$$b' = b + 2z\tan\theta \tag{3-4}$$

式中：b'——垫层底面宽度（m）。

b——基础底面宽度（m）。

z——基础底面下垫层的厚度（m）。

θ——压力扩散角（°），按表 3-1 取值。当 $\frac{z}{b} < 0.25$ 时，按表 3-1 中 $\frac{z}{b} = 0.25$ 取值。

垫层顶面每边宜超出基础底边不小于 300 mm，且从垫层底面两侧向上按当地开挖基坑经验的要求放坡。

整片垫层的宽度可根据施工的要求适当加宽。

3.3.3　垫层承载力的确定

垫层承载力宜通过现场载荷试验确定。当无试验资料时，可按规范选用，并进行下卧层承载力验算。各种垫层的承载力如表 3-2 所示。

表 3-2　各种垫层的承载力

施工方法	换填材料类别	压实系数	承载力特征值 f_{ak}（kPa）
碾压、振密或重锤夯实	碎石、软石	≥0.97	200～300
	砂夹石（其中碎石、软石占全重的 30%～50%）		200～250
	土夹石（其中碎石、软石占全重的 30%～50%）		150～200
	中砂、粗砂、砾砂、角砾、圆砾		150～200
	粉质黏土		130～180
	灰土	≥0.95	200～250
	粉煤灰	≥0.95	120～150
	石屑	—	150～200
重锤夯实	矿渣	—	200～300

3.3.4　地基变形的计算

垫层地基的变形包括垫层自身变形及压缩层范围内下卧土层的变形。换填垫层在满足设计的条件下，垫层的地基变形可仅考虑其下卧层的变形。对地基沉降有严格限制的建筑，应计算垫层自身的变形。垫层自身变形可按下式进行计算：

$$s = s_{\mathrm{d}} + s_{\mathrm{e}} \leqslant [s]$$

$$s_{\mathrm{d}} = \sum \frac{1.5}{E_{\mathrm{si}}(\sigma_z - \sigma_{\mathrm{m}} h_i)}$$

$$s_{\mathrm{e}} = \sum \frac{e_1 - e_2}{1 + e_1} h_i$$

$$\sigma_{\mathrm{m}} = \frac{1}{3}(\sigma_x + \sigma_y + \sigma_z)$$

式中：$[s]$ ——建筑物的允许沉降量（mm）。

s_{d}——地基瞬时沉降（mm）。

s_{e}——地基主固结沉降（mm）。

h_i——各分层土的厚度（m）。

e_1——自重作用下土的孔隙比。

e_2——加上部荷载作用后土的孔隙比。

E_{si}——土层的压缩模量（MPa）。

σ_{m}——土层的平均三向附加压力（kPa）。

σ_z——土层竖向附加压力（kPa）。

σ_y——土层横向附加压力（kPa）。

3.3.5　垫层材料的选用

垫层材料可选用粗砂、中砂、细砂、砾石、矿渣、碎石、石屑、灰土（2∶8 或 3∶7）和素土（粉土或粉质黏土）等。最好能因地制宜地就地取材，一般不选用粉土或纯细砂作垫层材料。如果选用中、粗砂料作垫层，还可满足防震要求，但要选用级配较好、含泥量少的砂料，也有选用水泥土、土工纤维布等方法加固垫层的。

（1）砂石。宜选用碎石、卵石、角砾、圆砾、砾砂、粗砂、中砂或石屑（粒径小于 2 mm 的部分不应超过总重的 45%），应级配良好，不含植物残体、垃圾等杂质。当使用粉细砂或石粉（粒径小于 0.075 mm 的部分不超过总重的 9%）时，应掺入不少于总重 30%的碎石或卵石。砂石的最大粒径不宜大于 50 mm。湿陷性黄土地基不得选用砂石等透水材料。

（2）粉质黏土。土料中有机质含量不得超过 5%，也不得含有冻土或膨胀土。当含有碎石时，其粒径不宜大于 50 mm。用于湿陷性黄土或膨胀土地基的粉质黏土垫层，土料中不得夹有砖、瓦和石块。

（3）灰土。体积配合比宜为 2∶8 或 3∶7。土料宜用粉质黏土，不宜用块状黏土和砂质粉土，不得含有松软杂质，并应过筛，其颗粒不得大于 15 mm。石灰宜用新鲜的消石灰，其颗粒不得大于5 mm。

(4) 粉煤灰。可用于道路、堆场和小型建建（构）筑物等的换填垫层。粉煤灰垫层上宜覆土0.3～0.5 m。粉煤灰垫层中采用掺加剂时，应通过试验确定其性能及适用条件。作为建筑物垫层的粉煤灰应符合有关放射性安全标准的要求。粉煤灰垫层中的金属构件、管网宜采取适当防腐措施。大量填筑粉煤灰时应考虑对地下水和土壤的环境影响。

(5) 矿渣。垫层使用的矿渣是指高炉重矿渣，可分为分级矿渣、混合及原状矿渣。矿渣垫层主要用于堆场、道路和地坪，也可用于小型建（构）筑物地基。选用矿渣的松散重力密度不小于11 kN/m^3，有机质及含泥总量不超过5%。设计、施工前必须对选用的矿渣进行试验，在确认其性能稳定并符合安全规定后方可使用。作为建筑物垫层的矿渣应符合放射性安全标准的要求。易受酸碱影响的基础或地下管网不得采用矿渣垫层。当填筑矿渣时，应考虑对地下水和土壤的环境影响。

(6) 其他工业废渣。在有可靠试验结果或成功工程经验时，质地坚硬、性能稳定、无腐蚀性和无放射性危害的工业废渣等均可用于填筑换填垫层。被选用工业废渣的粒径、级配和施工工艺等应通过试验确定。

(7) 土工合成材料。土工合成材料加筋垫层所选用的土工合成材料的品种、性能及填料应根据工程特性和地基土条件，按照现行国家标准《土工合成材料应用技术规范》(GB/T 50290—2014) 的要求，通过设计并进行现场试验后确定。土工合成材料应采用抗拉强度高、耐久性好、抗腐蚀的土工袋、土工格栅、土工格室、土工垫或土工织物等土工合成材料。垫层填料宜采用碎石、角砾、砾砂、粗砂、中砂等材料，且不宜含氯化钙、碳酸钠、硫化物等化学物质。当工程要求垫层具有排水功能时，垫层材料应具有良好的透水性。在软土地基上使用加筋垫层时，应保证建筑物稳定并满足允许变形的要求。

3.4　换填垫层的施工

3.4.1　按密实方法分类

3.4.1.1　机械辗压法

机械碾压法是利用压路机、羊足碾、平碾、振动碾等碾压机械将地基土压实，常用于大面积填土的压实、杂填土地基处理、道路工程及基坑面积较大或填方量较大工程换填土料的分层压实。施工时按设计要求，挖掉要处理的软弱土层，把基坑底部土辗压加密后，再分层填筑，逐层压实。压实效果主要取决于被压实土料的含水量、压实机具的能量、填土铺填厚度及压实遍数，一般应通过现场试验确定。

总体来说，垫层施工应根据不同的换填材料选择施工机械。粉质黏土、灰土宜采用平碾、振动碾和羊足碾，中小型工程也可采用蛙式打夯机、柴油夯，砂石等宜采用振动碾，粉煤灰宜采用平碾、振动碾、平板式振动器、蛙式夯，矿渣宜采用平碾、振动碾、平板式振动器。垫层每层铺填厚度及压实遍数如表 3-3 所示。

表 3-3　垫层每层铺填厚度及压实遍数

施工设备	每层铺填厚度（mm）	每层压实遍数
平碾（8～12 t）	200～300	6～8（矿渣 10～12）
羊足碾（5～6 t）	200～350	8～16
蛙式夯（200 kg）	200～250	3～4
振动碾（8～15 t）	600～1300	6～8
插入式振动器	200～500	—
平板式振动器	150～250	—

3.4.1.2　振密压实法

振密压实法主要指利用振动碾、振动压实机、插入式振动器、平板振动器等施工机具，将松散土振压密实。此法适用于处理无黏性土或黏粒含量少、透水性较好的松散杂填土地基及矿渣、炉渣、砂、砂砾石等分层回填压实。当采用插入振捣器加密砂、砂砾石垫层时，可根据振捣器的大小、插入深度确定振动时间。一般施工前先进行试振，以确定振动所需的时间和产生的下沉量。应注意控制注水和排水。在湿陷性土、膨胀土地区及含砂量较大的砂石料不宜采用此方法。施工时一般以振捣棒振幅半径的 1.75 倍为间距插入振捣，依次振实，以不再冒气泡为准，直至完成。垫层接头应重复振捣，插入式振捣棒振完所留孔洞应用砂填实。在振动首层时，不得将振动棒插入原土层或基槽边部，以避免使软土混入砂垫层而降低砂垫层的强度。

3.4.1.3　重锤夯实法

重锤夯实是用起重机械将夯锤提升到一定高度后，利用自由下落时的冲击能重复夯打击实基土表面，使其形成一层比较密实的硬壳层，从而使地基得到加固。其主要设备为起重机械、夯锤、钢丝绳和吊钩。其施工顺序：应按一夯挨一夯的顺序进行，在独立基坑内，易按先外后里的顺序夯击。当夯实完毕时，应将基坑表面修整至设计标高。采用重锤夯实施工时，应控制土的最优含水量，使土粒间有适当的水分润滑，夯击时易于相互滑动挤压密实，同时防止土的含水量过大，避免夯击成“橡皮土”。重锤夯实法适用于处理高于地下水位 0.8 m 以上稍湿的黏性土、砂土、湿陷性黄土、杂填土和分层填土地基的加固处理。

3.4.2　按换填材料分类

按换填材料分为砂石垫层、素土垫层、灰土垫层、粉煤灰垫层、矿渣垫层、其他工业废渣垫层、人工合成材料垫层。垫层材料的分类及适用范围如表 3-4 所示。

表 3-4　垫层材料的分类及适用范围

垫层分类	适用范围
砂石垫层	多用于中小型工程的浜、塘、沟等的局部处理。适用于一般饱和、非饱和的软弱土和水下黄土地基处理。不适用于湿陷性黄土地基，也不适用于大面积堆载、密集基础和动力基础的软土地及处理，砂垫层不适用于有地下水流快、流量大的地基
素土垫层	适用于中小型工程及大面积回填、湿陷性黄土地基的处理
灰土垫层	适用于中小型工程，尤其是湿陷性黄土地基的处理
粉煤灰垫层	适用于厂房、机场、港区陆域和堆载等大、中、小型工程的大面积堆载
矿渣垫层	适用于中小型建筑工程，尤其适用于地坪、堆场等工程大面积的地基处理和场地平整，但受酸性或碱性废水影响的地基不得采用矿渣垫层
其他工业废渣垫层	质地坚硬、性能稳定、无腐蚀和放射性危害的工业废渣通过试验可用于小型建（构）筑物的填筑换填垫层
人工合成材料垫层	适用于各种中小型建筑物局部地基的处理及靠近岸、边坡边缘的建（构）筑物的地基处理

3.5　质量检验

垫层质量检验包括分层施工质量检查和工程竣工质量验收。

3.5.1　分层施工质量检查

对于工程量较大的换填垫层，应按所选用的施工机械、换填材料及场地的土质条件进行现场试验，以确定压实效果。对粉质黏土、灰土、粉煤灰和砂石垫层的施工质量检验可用环刀法、贯入仪、静力触探、轻型动力触探或标准贯入试验检验，对砂石、矿渣垫层可用重型动力触探检验，并均应通过现场试验以设计压实系数所对应的贯入度为标准检验垫层的施工质量。压实系数也可采用环刀法、灌砂法、灌水法或其他方法检验。

环刀取样法：用容积不小于 200 cm^3 的环刀，在振实后的砂垫层中压入取样。取样间距不大于 3 m，测其干重力密度，以不小于通过压密试验所确定的该砂料在中密状态的干重力密度数值为合格。无试验资料时，对于中砂，可控制干重力密度不小于15.7 kN/m³，而粗砂可适当提高。

贯入测定法：先将砂垫层表面3 cm左右厚的砂刮去，然后用贯入仪、钢叉或钢筋以贯入度的大小来定性地检验砂垫层质量，以不大于通过相关试验所确定的贯入度为合格。钢筋贯入法所用的钢筋为20 mm、长1.25 m的平头钢筋，垂直举离砂垫层表面70 cm时自由下落，测其贯入深度。钢叉贯入法所用的钢叉（有四齿，重40 N）于50 cm高处自由落下，测其贯入深度。分层施工的质量和质量标准应使垫层达到设计要求的密实度，各类垫层压实标准如表3-2所示。

采用环刀法检验垫层的施工质量时，取样点应位于每层厚度的2/3深度处。检验点数量：大基坑，每50～100 cm² 不应少于1个检验点；条形基础，每10～20 m不应少于1个检验点；每个独立柱基不应少于1个检验点。采用贯入仪或动力触探检验垫层的施工质量时，每分层检验点的间距应小于4 m。

3.5.2 工程竣工质量验收

工程竣工质量验收的检测、试验方法有：

（1）静载荷试验，根据垫层静载荷实测资料，确定垫层的承载力和变形模量。

（2）静力触探试验，根据现场静力触探试验的比贯入阻力曲线资料，确定垫层的承载力及其密实状态。

（3）标准贯入试验，由标准贯入试验的贯入锤击数，换算出垫层的承载力及其密实状态。

（4）轻便触探试验，利用轻便触探试验的锤击数，确定垫层的承载力、变形模量和垫层的密实度。

（5）中型或重型以及超重型动力触探试验，根据动力触探试验锤击数，确定垫层的承载力、变形模量和垫层的密实度。

（6）现场取样，做物理、力学性质试验，检验垫层竣工后的密实度，估算垫层的承载力及压缩模量。

上述试验、检测项目对于中小型工程不需全部采用，对于大型或重点工程项目应进行全面的检查、验收。

竣工验收采用载荷试验检验垫层承载力时，每个单体工程不宜少于3点，对于大型工程则应按单位工程数量或工程的面积确定检验点数。

当有成熟试验表明通过分层施工质量检查能满足工程要求时，经现场设计、监理、业主同意，也可不进行工程质量的整体验收。

3.6　工程案例

3.6.1　东营港某市政配套基础设施雨水泵站建设工程

3.6.1.1　工程概况

该工程为东营港某市政配套基础设施项目雨水泵站建设工程，包括 1 座雨水泵站基础、1 幢三层管理用房、1 幢单层高压配电室，场区总占地面积为 4200 m^2。其中，三层管理用房为框架结构，基础设计时采用天然地基独立基础。管理用房基础用地原有一条东北—西南走向的水沟，占基础用地面积的 1/3，沟底深度约 3.8 m，用杂填土堆填整平，基础施工时采用砂石换填法进行地基处理。

该场地位于东营市东营港，建筑物平面布置图如图 3-3 所示。

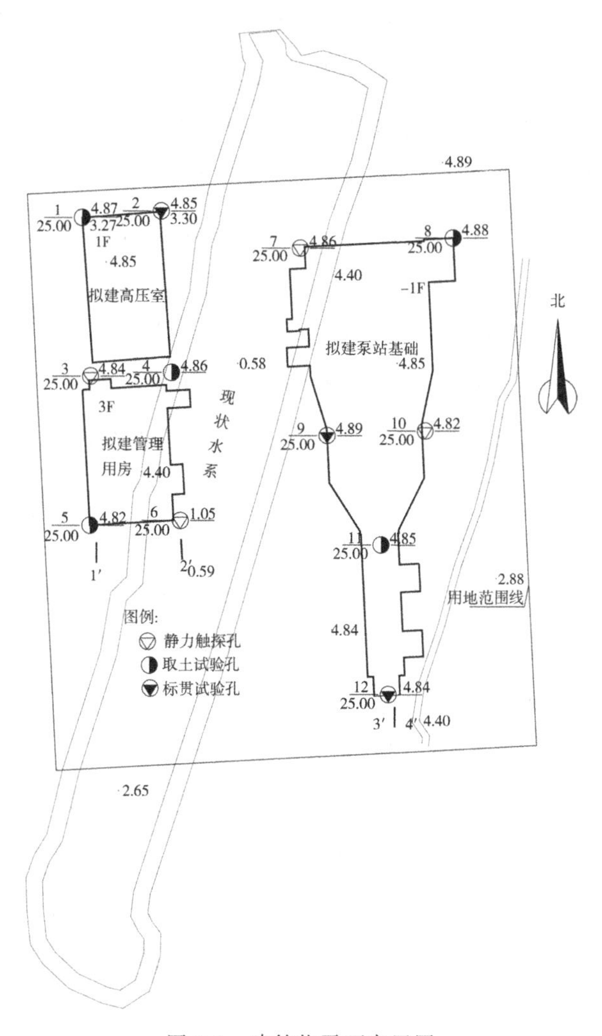

图 3-3　建筑物平面布置图

3.6.1.2　地质概况

根据勘察设计文件，勘察时共布设勘探孔 12 个，孔深 25 m。根据野外钻探、静探揭露及室内土工试验结果，构成拟建场地的主要地层属于第四系沉积土层。按一般工程地质性质的差异，分层简述如下：

①层：素填土，黄褐色，土质不均匀，以粉质黏土为主，软塑，摇振无反应，稍有光滑，干强度中等，韧性中等，夹粉土团块，含大量植物根系。该层素填土堆积年代 5～6 年，由人工及机械回填。场区普遍分布，厚度为 1.00～1.20 m，平均 1.13 m。其中，管理用房局部为勘察期间的临时杂填土，含建筑垃圾，土质松软且不均匀，厚度为 1.00～4.00 m，平均 3.50 m。

②层：粉土（Q_4^{al}），黄褐色，湿，中密，土质较均匀，摇振反应迅速，无光泽反应，干强度低，韧性低。场区普遍分布，厚度为 1.20～1.60 m，平均 1.43 m；层底标高为 2.06～2.45 m，平均 2.30 m；层底埋深为 2.40～2.80 m，平均 2.55 m。

③层：粉质黏土（Q_4^{al}），黄褐色，软塑，土质不均匀，含粉土薄层，摇振无反应，稍有光泽，干强度中等，韧性中等。场区普遍分布，厚度为 3.20～5.20 m，平均 4.28 m；层底标高为－2.96～－1.14 m，平均－1.97 m；层底埋深为 6.00～7.80 m，平均 6.83 m。

④层：粉土（Q_4^{al}），灰褐色，湿，密实，土质不均匀，夹粉质黏土薄层，摇振反应迅速，无光泽，干强度低，韧性低。场区普遍分布，厚度为 2.50～3.80 m，平均 3.20 m；层底标高为－5.63～－5.14 m，平均－5.44 m；层底埋深为 10.00～10.50 m，平均 10.29 m。

⑤层：粉质黏土（Q_4^{al}），灰褐色，土质不均匀，含粉土薄层，软塑—可塑，摇振无反应，稍有光泽，干强度中等，韧性中等。场区普遍分布，厚度为 4.00～4.70 m，平均 4.39 m；层底标高为－10.06～－9.63 m，平均－9.83 m；层底埋深为 14.50～14.90 m，平均 14.68 m。

⑥层：粉土（Q_4^{al}），灰褐色，湿，密实，土质均匀，干强度低，韧性低。场区普遍分布，厚度为 2.10～2.50 m，平均 2.25 m；层底标高为－12.26～－11.94 m，平均－12.08 m；层底埋深为 16.80～17.10 m，平均 16.93 m。

⑦层：粉质黏土（Q_4^{al}），灰褐色，土质不均匀，夹粉土薄层，可塑，摇振无反应，稍有光泽，干强度中等，韧性中等。场区普遍分布，在最大勘探深度 25.00 m 的范围内，该层未穿透。

各土层的承载力特征值 f_{ak} 及压缩模量值 $E_{s1\text{-}2}$ 如表 3-5 所示。

表 3-5　各土层的承载力特征值 f_{ak} 及压缩模量值 E_{s1-2}

层号	土层名称	f_{ak}（kPa）	E_{s1-2}（MPa）
①	素填土	—	3.7
②	粉土	95	9.6
③	粉质黏土	85	5.0
④	粉土	120	10.0
⑤	粉质黏土	90	5.5
⑥	粉土	140	12.0
⑦	粉质黏土	100	6.0

3.6.1.3　设计思路

拟建管理用房跨越河沟，采用天然地基独立基础，基础底面积的 2/3 位于③层粉质黏土层中。该粉质黏土层承载力特征值为 85 kPa，其余基础底面积的 1/3 位于杂填土中，承载力低，工后沉降大，未经处理该层不可作为天然地基持力层。

基础设计时应主要解决填土部分的地基承载力不足和整体建筑的不均匀沉降问题。对于填土区域，采用灰砂桩或预制桩处理局部软弱土层，就能够提高地基局部承载力，但桩基础与天然地基的工后沉降并不协调，因此不能保证整体沉降的均匀性，导致建筑整体倾斜或产生较大裂缝。勘察单位建议对整个建筑采用混凝土预制桩基础，以⑥层粉土为桩基持力层，可以满足地基承载力要求，且后期整体沉降较小，但拟建管理用房基础面积只有 186 m^2，采用预制桩基础并不经济。若采用砂石换填法处理局部软弱土层，并通过控制施工质量使换填地基的承载能力及压缩模量等参数同③层粉质黏土相协调，就能够提高地基局部承载力，并能保证整体沉降的均匀性。地基处理设计示意图如图 3-4 所示。

3.6.1.4　地基处理方案

第一步：选取砂石材料。

为了提高建筑基础工程的承载力，砂石换填法使用的砂石材料必须选择质地坚硬的鹅卵石、石屑、粗砂等，并且材料中不能混入风化料、植物残体、垃圾等杂物，砂石的含泥量不能超过 5%，鹅卵石最大直径不能超过 100 mm。此外，砂石颗粒的不均匀系数控制在 10 左右，曲率系数 C_u＝1～3。选择干净的粗、中砂，少用细砂。

第二步：确定配合比。

在砂石换填之前，必须先确定砂石的配比，然后再进行施工。砂石的配合比：砂子与碎石的比例为 7∶3，为了达到最佳比例，可以在实验室使用不同级配的砂石材料进行试配。砂石的最大干密度取 21.40 kN/m³，那么，地基砂石层的干容重为 20.30～20.80 kN/m³，砂石层的压实系数控制为 0.95～0.97。

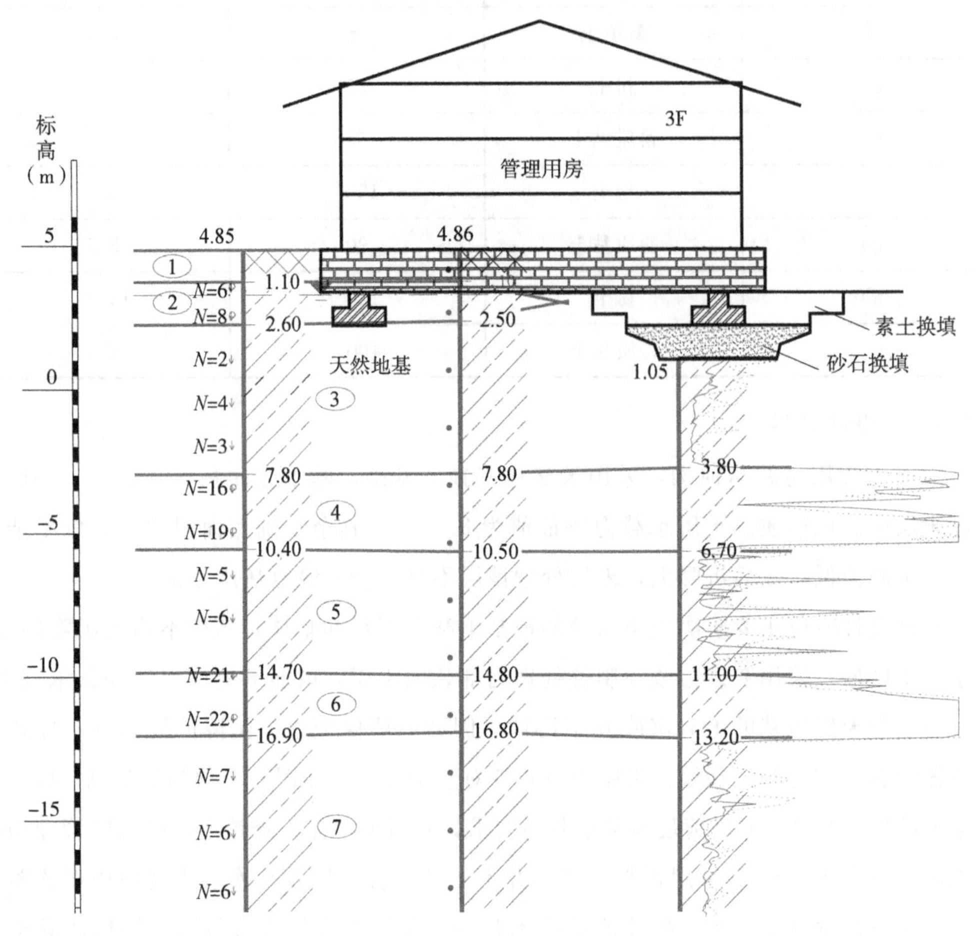

图 3-4　地基处理设计示意图

第三步：分层铺填压实。

具体施工方法：砂石配比完成以后，按照比例均匀地搅拌就可以了。在施工前可以在地基表面洒少量的水，以增加砂石与土层的黏合速度，但避免直接用水龙头洒。

采用振动碾压法施工工艺，分段摊铺，分层碾压，每一层的厚度不超过 300 mm，上下层错缝搭接间距必须达到 2000 mm 以上。砂石混合料含水量为 8%～12%，如果没有达到应该洒水或晾干，用平板振动器振实 3～5 遍，质量检验压实度满足不小于 0.95 的要求后即可进行后续施工。

3.6.1.5　综合评价

本工程采用砂石换填的地基处理方法操作简单、造价低、工期较短，可就近取材，对局部软弱地基的处理具有较好的适用性。然而在具体的工程中，建筑施工方应该结合地基具体情况，采取不同的处理办法，同时施工工人要熟练掌握这种换填法的施工要点，按照操作流程进行施工，这样才能确保地基工程的质量，为整个建筑奠定一个好的基础。

3.6.2　东营区某项目E地块组院建设项目

3.6.2.1　工程概况

该项目为东营区某项目E地块组院建设项目，场地位于东营市东营区广利河北岸。场区内规划组院8组，全部为地上三层框架结构住宅楼，每组住宅建筑尺寸为43.0 m×15.5 m，建筑高度为11.5 m，采用天然地基条形基础，线荷载取60 kN/m。E地块原地势较低，后作为建筑垃圾堆放处，在基础施工时，采用了换填砂石的地基处理方法。E地块具体位置及建筑分布如图3-5所示。

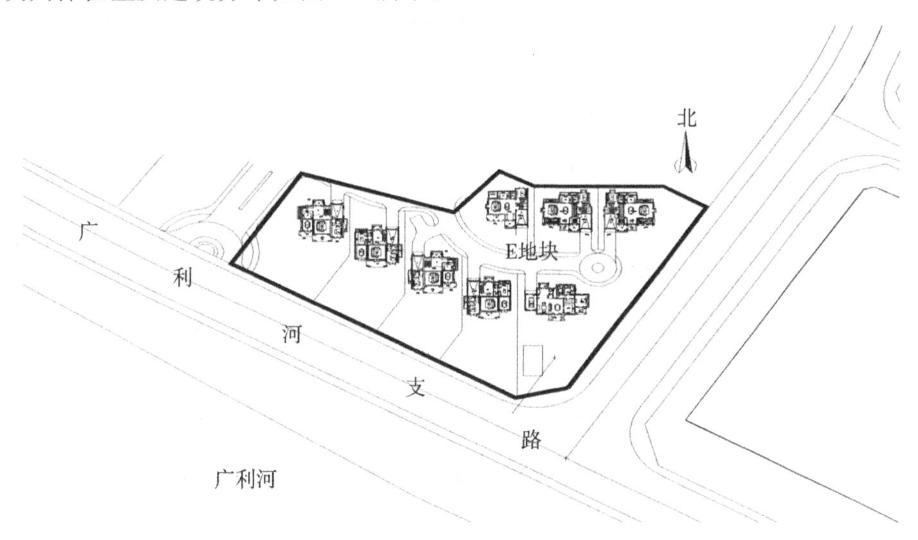

图3-5　E地块位置及建筑分布图

3.6.2.2　地质概况

本次勘察按建筑群布设勘探点，每组院布设2个勘探点，共布勘探点16个，勘探点深度为15.0～20.0 m。该场地地形起伏较大，勘察期间场地地面标高最大值为6.40 m，最小值为4.70 m，地表相对高差为1.70 m。场区内东侧部分组院由于附近施工堆积建筑垃圾较厚，故地面标高较高，西侧部分组院区域为荒地，地势较为平坦。

根据野外钻探、静探揭露及室内土工试验结果，构成拟建场地的主要地层属于第四系黄河三角洲沉积土层。按一般工程地质性质的差异，分层简述如下：

①层：杂填土（Q_4^{ml}），黄褐色，表层以耕植土为主，含大量植物根茎，下部以粉土为主，土质不均匀。建筑垃圾为附近工地施工队所填，堆积时间约为半年，场区普遍分布，厚度为0.70～2.70 m，平均2.10 m。

②层：粉质黏土（Q_4^{al}），灰褐色，蜂窝状—团粒结构，含有较多腐烂植物残根炭化痕迹，含少量铁质条斑及有机质，软塑，摇振无反应，稍有光泽。场区普遍分布，厚度为 0.30～0.70 m，平均 0.50 m。

③层：粉质黏土（Q_4^{al}），黄褐色—灰褐色，土质均匀，含少量铁质条斑，软塑，摇振无反应，稍有光泽，干强度中等，韧性中等。场区普遍分布，厚度为 5.40～5.80 m，平均 5.65 m。天然地基承载力特征值为 80 kPa。

④层：粉土（Q_4^{al}），黄褐色，土质均匀，含铁质条斑，湿，中密，摇振反应迅速，无光泽反应，干强度低，韧性低。场区普遍分布，厚度为 4.20～4.60 m，平均 4.35 m。

④夹层：粉质黏土（Q_4^{al}），灰褐色，蜂窝状—团粒结构，含少量铁质条斑，软塑，摇振无反应，稍有光泽，干强度中等，韧性中等。场区普遍分布，厚度为 0.30～1.10 m，平均 0.63 m。

⑤层：粉质黏土（Q_4^{al}），灰褐色，粉粒含量稍高，含少量铁质条斑，见钙质结核，软塑，摇振无反应，稍有光泽，干强度中等，韧性中等。场区普遍分布，厚度为 1.00～1.20 m，平均 1.10 m。

⑥层：粉土（Q_4^{al}），灰褐色，土质不均匀，含粉质黏土夹层，含有机质及少量贝壳碎片，湿，密实，摇振反应中等，无光泽反应，干强度低，韧性低。场区普遍分布，厚度为 2.10～2.70 m，平均 2.60 m。

⑦层：粉质黏土（Q_4^{al}），灰褐色，含少量铁质条斑，见钙质结核，可塑，摇振无反应，稍有光泽，干强度中等，韧性中等。场区普遍分布，在 20.00 m 的最大勘探深度范围内未穿透该层，故厚度不详。

图 3-6 为 E 地块典型地质剖面图

3.6.2.3　设计思路

该项目采用天然地基条形基础，基础底面坐落于①层杂填土上，其下为 0.5～0.7 m厚的、较软弱的粉质黏土层。该层土由沟塘底挤淤沉积形成，具有土质不均匀、较低承载力和较高压缩性，未经处理不宜作为天然地基持力层。

由于上述杂填土地层有下卧软弱层等特点，无法满足地基承载力和变形要求，考虑到软弱土层厚度不大又无流砂现象，在基础设计中为充分考虑经济、实用、安全、方便，结合当地的实际情况决定采用挖土垫砂换填的方法进行处理。

采用换土垫层法，将上述地基中基础下一定范围内的杂填土及软弱土换成中粗砂，即砂垫层的设计，不但能满足建筑物对地基变形及稳定的要求，而且也符合经济合理的原则。地基处理设计示意图如图 3-7 所示。

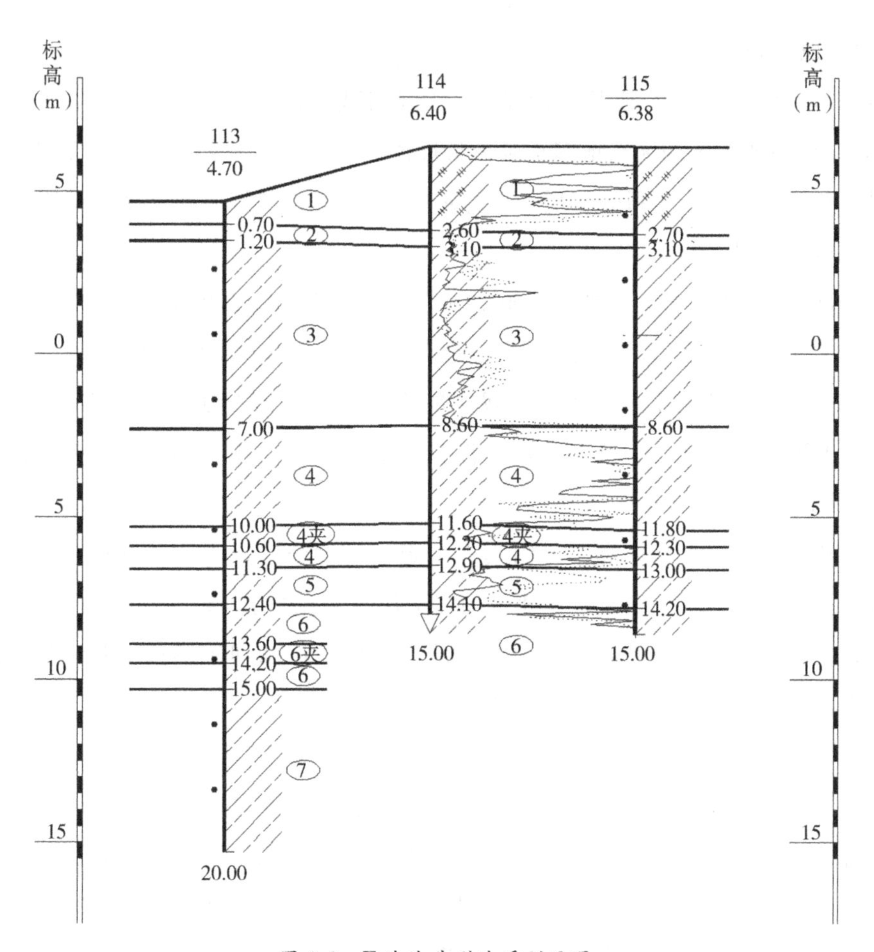

图 3-6　E 地块典型地质剖面图

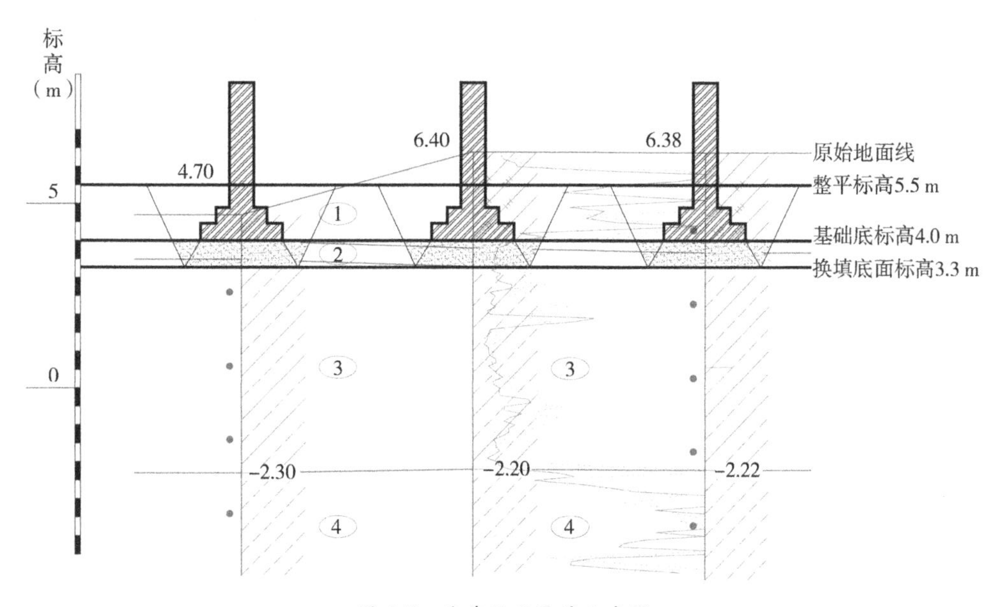

图 3-7　地基处理设计示意图

3.6.2.4　地基处理方案

（1）本案例采用天然地基条形基础，线荷载取值为 60 kN/m，基础底面宽度为 1.0 m，③层粉质黏土的天然地基承载力特征值为 80 kPa，显然修正后的地基承载力可以满足荷载要求。采用中粗砂垫层，压力扩散角取 30°，垫层底面宽度计算值为 1.8 m，采用 1∶3 基坑开挖坡度。

（2）砂垫层的材料宜采用级配良好、质地坚硬的粒料，其颗粒的不均匀系数最好不小于 10，以中、粗砂为好，含泥量不应超过 5%，也不得含有草根、垃圾等有机杂物。

（3）分层填筑及压实。采用振动碾压法施工工艺，分段摊铺、分层碾压，垫层的分层铺筑厚度可取 200～300 mm。用平板振动器振实 3～5 遍，质量检验压实度满足不小于 0.95 的质量控制要求。

（4）垫层下卧层为粉质黏土，因其有一定的结构强度，一旦被扰动则强度大大降低，变形大量增加，影响到垫层及建筑的安全使用。开挖基坑时预留厚约 200 mm 的保护层，待做好铺填垫层的准备后，人工清除一段保护层随即用换填材料铺填一段，直到完成全部垫层，以保护下卧层不被破坏。

3.6.2.5　综合评价

本工程的施工实践表明：在软弱工程地质条件下，在勘察、设计、施工特别是施工关键环节控制好施工质量，对一般的民用建筑基础采用换填法是适宜的。它具有质量可靠、施工简便、速度快、技术经济指标优等特点，能提高地基承载力和压实度，有利于确保软弱地基处理效果，对提升工程质量具有积极作用。

第4章　预压地基

4.1 概　述

我国沿江、沿海地区分布着较为广泛的新近冲淤积软弱土层，这种土层的特点是含水量大、压缩性高、强度低、透水性差。由于其压缩性高，在建筑物荷载作用下会产生相当大的沉降和沉降差，而且沉降的延续时间很长，严重影响建筑物的正常使用。另外，由于其强度低，地基承载力和稳定性往往不能满足工程要求，通常需要采取地基处理措施。预压法就是处理此类软黏土地基的有效方法之一。该法先在地基中设置砂井、塑料排水带等竖向排水井，然后利用建筑物本身重量分级逐渐加载，或在建筑物建造以前，在场地先行加载施压，使土体中的孔隙水排出，土体逐渐固结，土体发生沉降的同时逐步提高强度。

按照使用目的，预压法可以解决以下两个问题：

(1) 沉降问题。使地基的沉降在加载预压期间大部分或基本完成，满足建筑物在使用期间不致产生不利的沉降和沉降差。如对沉降要求较高的冷藏库、机场跑道等建筑物，常采用超载预压法处理地基。待预压期间的沉降达到设计要求后，移去预压荷载再建造建筑物。

(2) 稳定问题。加速地基土的抗剪强度的增长，从而提高地基的承载力和稳定性。如对于主要应用排水固结法来加速地基土抗剪强度的增长、缩短工期的路堤、土坝等工程，则可利用其本身的重量分级逐渐施加，使地基土强度的提高适应上部荷载的增加，最后达到设计荷载。

预压法是由排水系统和加压系统两部分共同组成的。

(1) 排水系统。设置排水系统主要在于改变地基原有的排水边界条件，增加孔隙水排出的通道，缩短排水距离。该系统是由竖向排水井和水平排水垫层构成的。当软土层较薄或土的渗透性较好而施工期较长时，可仅在地面铺设一定厚度的排水垫层，土层中的孔隙水竖向流入垫层而排出。当工程上遇到深厚的、透水性很差的软黏土层时，可在地基中设置砂井或塑料排水带等竖向排水井，地面连以排水砂垫层，构成排水系统。

(2) 加压系统，即施加起固结作用的荷载，通过外加荷载使土体中的应力场发生变化，孔隙水产生压差进行消散，土体发生固结，从而达到有效应力增加。

排水系统是一种手段，如果没有加压系统，孔隙中的水没有压力差，就不会自然排出，地基也就得不到加固。如果只施加固结压力，不缩短土层的排水距离，则不能在预压期间尽快地完成设计所要求的沉降量，土的强度不能及时提高，各级加载也就不能顺利进行。所以，上述两个系统在设计时总是联系起来考虑的。

在地基中设置竖向排水井，常用的是砂井。普通砂井一般采用套管法施工。近年来，袋装砂井和塑料排水带在我国得到了越来越广泛的应用。

工程上广泛使用的、行之有效地增加固结压力的方法有堆载法、真空预压法，此外还有降水预压法及几种方法兼用的联合法等。

固结排水法的设计主要是根据设计荷载的大小、地基土的性质以及工期要求等，选择竖向排水井的类型，确定其直径、间距、深度和排列方式，确定预压荷载的范围、大小和预压时间，使地基通过一定时间的预压能满足建筑物对变形和稳定性的要求。通过工程实践和专门的试验研究，我国已发展了较为实用的竖向排水井地基设计计算理论，如逐渐加荷条件下固结度的计算、地基土强度增长的预计、沉降计算与沉降随时间发展的推算以及根据现场观测资料反算土的性质指标等。

排水固结法的施工工艺和技术随着该法的广泛使用而得到了发展。真空预压的真空度可稳定地达到600 mmHg以上。我国自己生产的塑料排水带已在工程中得到了广泛应用，有的单位研制了轻型、高效地打设塑料排水带和袋装砂井的设备。

实践经验告诉我们，排水固结法周密的设计计算和精心的施工是必要的，但是由于受理论发展水平、复杂地质条件、施工以及自然界变化因素的影响，计算结果和实际不一致的情况经常发生。因此，对于重要工程，应进行现场试验，埋设必要的观测设备，按一定指标来控制加荷速率、评价加固效果，对设计进行调整和修正并指导正式施工。同时，观测资料为理论分析提供了重要的依据。

4.2 作用机理

预压法即在建筑物建造以前，在建筑场地进行加载预压，使地基的固结沉降基本完成和提高地基土强度的方法。

对于在持续荷载下体积会发生很大的压缩和强度会增长的土，而又有足够时间进行压缩时这种方法特别适用。为了加速压缩过程，可采用比建筑物重量大的所谓“超载”进行预压。当预计的压缩时间过长时，可在地基中设置砂井、塑料排水带等竖向排水井以加速土层的固结，缩短预压时间。适合于采用预压法处理的土为饱和软黏土、可压缩粉土、有机质黏土和泥炭土等。无机质黏土的次固结沉降一般很小，这种土的地基采用竖向排水井预压很有效。预压法已成功地应用于码头、堆场、道路、机场跑道、油罐、桥台等对沉降和稳定性要求比较高的建筑物地基中。

预压法有堆载预压法、真空预压法、真空和堆载联合预压法等。

4.2.1　堆载预压法

堆载预压法是工程上广泛使用、行之有效的方法。堆载时一般用填土、砂石等散粒材料，以及油罐（通常充水）等对地基进行预压。对于堤坝、堆场等工程，则以其本身的重量有控制地分级逐渐加载，直至设计标高。

堆载预压法通常分两种情况。

（1）在建筑物建造以前，在场地先进行堆载预压，待建筑物施工时再移去预压荷载。堆载预压法减小建筑物沉降的原理如图4-1所示。由图可见，如不先经预压直接在场地建造建筑物，则沉降—时间曲线如曲线①所示，其最终沉降量为 S_f'，经堆载预压后，建筑物使用期间的沉降—时间曲线如曲线②所示，其最终沉降量为 S_f。可见，通过预压，建筑物使用期间的沉降大大减小。

（2）超载预压。对于机场场道、高速公路或铁路路堤等建筑物，在预压过程中，将一超过使用荷载 P_f 的超载 P_s 先加上去，待沉降满足要求后，将超载移去，再建造道面或铺设轨道，此后，建筑物的工后沉降 S_f 将很小。其原理如图4-2所示。

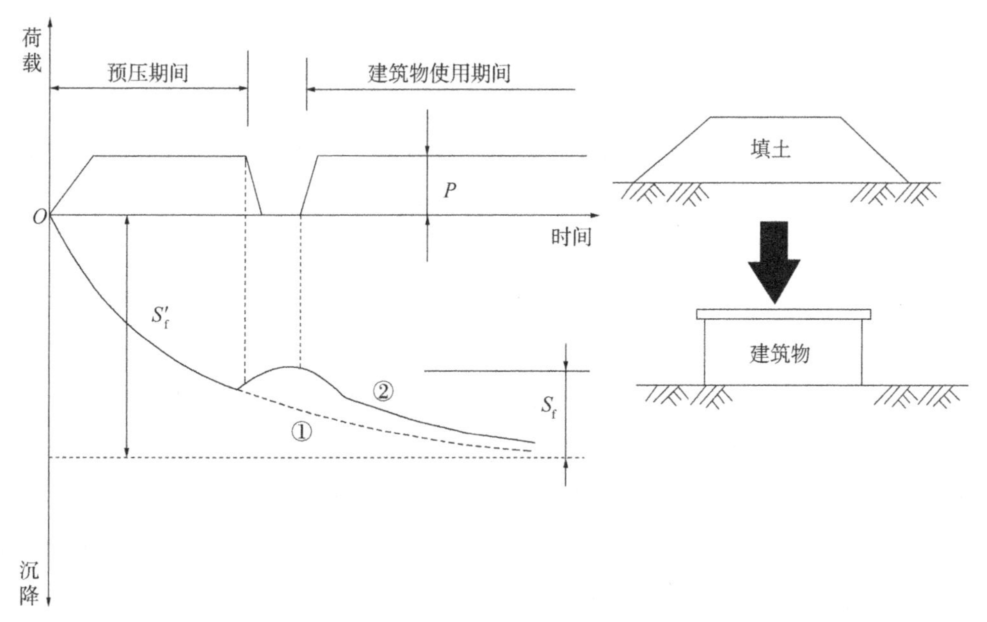

图4-1　预压法

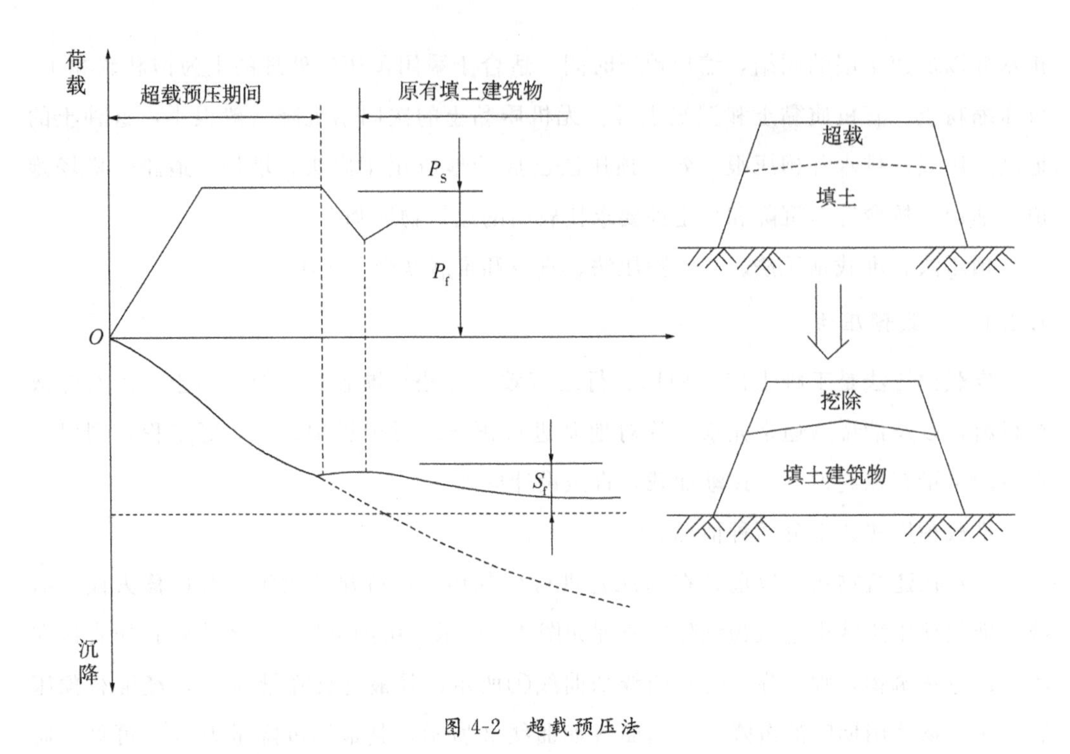

图 4-2　超载预压法

对于路堤、土坝、储油罐等荷载比较大的建筑物，荷载往往需分级逐渐施加，待前期荷载下地基土强度提高了，然后加下一级荷载。因此，需对地基土因固结而提高的强度进行估算，并对各级荷载下地基的稳定性进行分析。同时，对于堆载顶压工程，还必须对预压荷载和建筑物荷载下的沉降量进行估算，以便能控制建筑物使用期间的沉降和不均匀沉降。

4.2.2　真空预压法

真空预压法是在需要加固的软黏土地基内设置砂井或塑料排水带，然后在地面铺设砂垫层，其上覆盖不透气的密封膜与大气隔绝，通过埋设于砂垫层中、带有滤水孔的分布管道，用真空装置进行抽气，因而在膜内外形成大气压差。由于砂垫层和竖向排水井与地基土界面存在这一压差，土中的孔隙水发生向竖井的渗流，使孔隙水压力不断降低，有效应力不断提高，而使土逐渐固结。真空预压增加有效应力的原理如图 4-3 所示。在抽真空前，地基处于天然固结状态。对于正常固结黏土层，其总应力为土的自重应力，孔隙水压力为地下水位以下之静水压力，膜内外的气体压力均为大气压力 P_a。抽气后，膜内压力从大气压力降低至形成压差。此压差工程上称为“真空度”。该真空度通过砂垫层和竖井作用于地基土，从而引起土中孔隙水向排水井和砂垫层的渗流，孔隙水压力逐渐降低，有效应力不断提高。因此，真空预压加固地基的过程是在总应力不变的条件下，孔隙水压力降低、有效应力增加的过程。

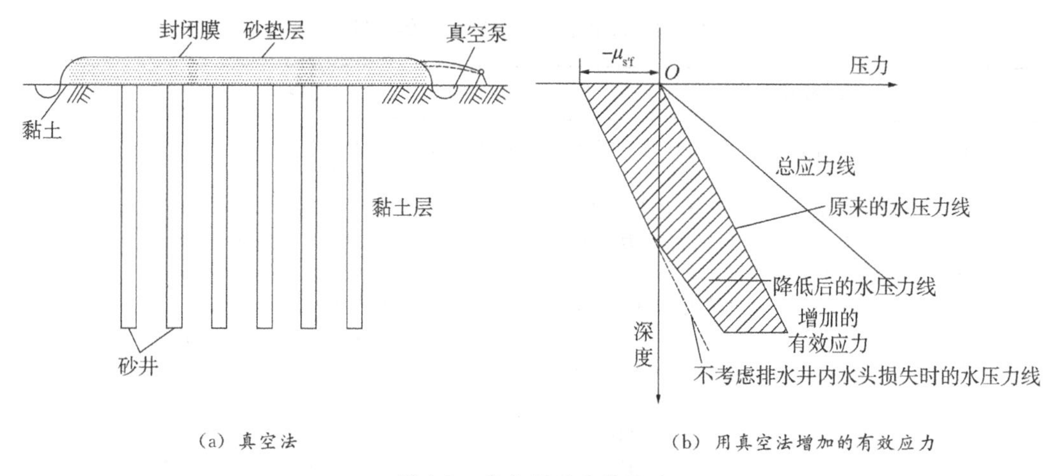

(a) 真空法　　(b) 用真空法增加的有效应力

图 4-3 真空预压法的原理

真空预压地基的固结是在负压条件下进行的。工程经验、室内试验及理论分析均表明，真空预压法加固软土地基同堆载预压法除侧向变形方向不同外，地基土体固结特性无明显差异，固结过程符合负压下固结理论。因此，真空联合堆载预压加固中竖向排水体间距、排列方式、深度的确定以及土体固结沉降的计算，一般可采用与堆载预压基本相同的方法进行。

真空预压法最早是由瑞典皇家地质学院谢尔曼（Kjellmen）在 1952 年提出的。他在论文中作出了真空预压的理论解释，并提出了他们所做的五组现场试验结果。1958 年，美国费城国际机场曾用真空深井降水和砂井排水相结合的方法解决跑道的扩建工程，真空度仅为 380 mmHg。1982 年，日本在大阪南港采用真空井点降低水位的方法加固大面积吹填土，最大管内真空度达 630 mmHg，取得了很好的效果。我国早在 20 世纪 50 年代末就开展了真空预压的研究。1958 年，天津大学就开始进行真空排水固结的室内试验研究。此后国内的一些单位虽进行过小型的现场试验，但由于工艺上存在问题，真空度达不到要求，因而未能在工程中应用。直到 20 世纪 80 年代，交通部一航局、天津大学和南京水利科学研究院等单位对这项技术进行室内和现场的试验研究，取得了成功经验，膜下真空度达到 600 mmHg 以上，并成功地应用于天津新港软基加固工程中。目前，真空预压法已在工程中得到了推广应用。

真空预压法与堆载预压法虽然都是通过孔隙水压力减小而使有效应力增加，但它们的加固机理并不完全相同，由此而引起的地基变形、强度增长的特性也不尽相同，现列表对它们的主要不同点作一比较（见表 4-1）。

表 4-1　堆载预压和真空预压的比较

堆载预压法	真空预压法
1. 根据有效应力原理，增加总应力，孔隙水压力消散而使有效应力增加 2. 加载预压过程中，一方面土体强度在提高，另一方面剪应力也在增大，当剪应力达到土的抗剪强度时，土体发生破坏 3. 由于第 2 点原因，堆载过程中需控制加载速率 4. 预压过程中预压区周围土产生向外的侧向变形 5. 非等向应力增量下固结而获得强度增长 6. 有效影响深度较大，有效影响深度取决于附加应力大小和分布	1. 根据有效应力原理，总应力不变，孔隙水压力减小而使有效应力增加 2. 预压过程中，有效应力增量是各向相等的，剪应力不增加，不会引起土体的剪切破 3. 不必控制加载速率，可连续抽真空至最大真空度，因而可缩短预压时间 4. 预压过程中预压区周围土产生指向预压区的侧向变形 5. 等向应力增量下固结而使土的强度增长 6. 真空度往下传递有一定衰减，实测真空度沿深度的衰减为每延米 0.8～2.0 kPa

4.2.3　真空和堆载联合预压法

在建筑荷载超过真空预压的压力且建筑物对地基变形有严格要求时，可采用真空和堆载联合预压法，其加固效果比单一的真空预压法或堆载预压法效果好。

当设计地基预压荷载大于 80 kPa 且进行真空预压处理地基不能满足设计要求时，可采用真空与堆载联合预压地基处理。其堆载体的坡肩线宜与真空预压边线一致。

对于一般软黏土，上部堆载施工宜在真空预压膜下真空度稳定地达到 86.7 kPa (650 mmHg) 且抽真空时间不少于 10 天后进行。对于高含水量的淤泥类土，上部堆载施工宜在真空预压膜下真空度稳定地达到 86.7 kPa (650 mmHg) 且抽真空时间不少于 20～30 天后进行。

当堆载较大时，真空和堆载联合预压法应采用分级加载，分级数应根据地基土稳定性计算确定。分级加载时，应待前期预压荷载下地基土的承载力增长满足下一级荷载下地基的稳定性要求后方可增加堆载。

4.3　预压地基的设计

4.3.1　一般规定

预压地基是指采用堆载预压、真空预压或真空和堆载联合预压处理淤泥质土、淤泥、冲填土等饱和黏性土地基。预压地基按处理工艺分为堆载预压法、真空预压法、真空和堆载联合预压法。

真空预压法适用于处理以黏性土为主的软弱地基。当存在粉土、砂土等透水、透气层时，加固区周边应采取确保膜下真空压力满足设计要求的密封措施。对塑性指数大于25且含水量大于85%的淤泥，应通过现场试验确定其适用性。加固上层上覆盖有厚度大于5 m的回填土或承载力较高的黏性上层时，不宜采用真空预压处理。

预压地基应预先通过勘察查明土层在水平和竖直方向的分布、层理变化，查明透水层的位置、地下水类型及水源补给情况等，并应通过土工试验确定土层的先期固结压力、孔隙比与固结压力的关系、渗透系数、固结系数、三轴试验抗剪强度指标，通过原位十字板试验确定土的抗剪强度。

对于重要工程，应在现场选择试验区进行预压试验，在预压过程中应进行地基竖向变形、侧向位移、孔隙水压力、地下水位等项目的监测，并进行原位十字板剪切试验和室内土工试验。根据试验区获得的监测资料确定加载速率控制指标，推算土的固结系数、固结度及最终竖向变形等，分析地基处理效果，对原设计进行修正，指导整个场区的设计与施工。

对于堆载预压工程，预压荷载应分级施加，并确保每级荷载下地基的稳定性。

对于真空预压工程，可采用一次连续抽真空至最大压力的加载方式。

对于主要以变形控制设计的建筑物，当地基土经预压所完成的变形量和平均固结度满足设计要求时，方可卸载。

对于以地基承载力或抗滑稳定性控制设计的建筑物，当地基土经预压后其强度满足建筑物地基承载力或稳定性要求时，方可卸载。

当建筑物的荷载超过真空预压的压力，或建筑物对地基变形有严格要求时，可采用真空和堆载联合预压法，其总压力宜超过建筑物的竖向荷载。预压地基加固应考虑预压施工对相邻建筑物、地下管线等产生附加沉降的影响。真空预压地基加固区边线与相邻建筑物、地下管线等的距离不宜小于20 m。当距离较近时，应对相邻建筑物、地下管线等采取保护措施。当受预压时间限制，残余沉降或工程投入使用后的沉降不满足工程要求时，在保证整体稳定条件下可采用超载预压。

4.3.2　堆载预压

对于深厚软黏土地基，应设置塑料排水带或砂井等排水竖井。当软土层厚度较小或软土层中含较多薄粉砂夹层，且固结速率能满足工期要求时，可不设置排水竖井。

堆载预压地基处理的设计应包括以下内容：

(1) 确定是否采用竖向排水，如需要设置选择砂井或塑料排水带，确定其断面尺寸、间距、排列方式和深度。

(2) 确定预压区的范围、预压荷载、大小、分级情况、加荷速率、预压时间。

(3) 计算地基土的固结度、强度增长、抗剪稳定性和变形。

排水竖井分普通砂井、袋装砂井和塑料排水带。普通砂井直径宜为300～500 mm，袋装砂井直径宜为70～120 mm。塑料排水带的当量换算直径可按下式计算：

$$d_{p}=\frac{2(b+\delta)}{\pi}$$

式中：d_p——塑料排水带当量换算直径（mm）。

b——塑料排水带宽度（mm）。

δ——塑料排水带厚度（mm）。

排水竖井可采用等边三角形或正方形排列的平面布置，并应符合下列规定：

当等按边三角形排列时，有：

$$d_{e}=1.05L$$

当按正方形形排列时，有：

$$d_{e}=1.13L$$

式中：d_e——井的有效排水直径。

L——竖井的间距。

排水竖井的间距可根据地基土的固结特性和预定时间内所要求达到的固结度确定。设计时，竖井的间距可按井径比 n 选用（$n=d_e/d_w$，d_w 为竖井直径，对塑料排水带可取 $d_w=d_p$）。塑料排水带或袋装砂井的间距可按 $n=15\sim22$ 选用，普通砂井的间距可按 $n=6\sim8$ 选用。

排水竖井的深度应符合下列规定：

（1）根据建筑物对地基的稳定性、变形要求和工期确定。

（2）对于以地基抗滑稳定性控制的工程，竖井深度应大于最危险滑动面以下2.0 m。

（3）对于以变形控制的建筑工程，竖井深度应根据在限定的预压时间内需完成的变形量确定，竖井宜穿透受压土层。

一级或多级等速加载条件下，当固结时间为 t 时，对应总荷载的地基平均固结度可按下式计算：

$$\overline{U_{t}}=\sum_{i=1}^{n}\frac{q_{i}}{\sum\Delta p}\left[(T_{i}-T_{i-1})-\frac{\alpha}{\beta}e^{-\beta t}(e^{\beta T_{i}}-e^{\beta T_{i-1}})\right]$$

式中：$\overline{U_t}$——t 时间地基的平均固结度。

q_i——第 i 级荷载的加载速率(kPa/天)。

$\sum\Delta p$——各级荷载的累加值(kPa)。

T_i,T_{i-1}——分别为第 i 级荷载加载的起始和终止时间(从零点起算，以天为单位)。当计算第 i 级荷载加载过程中某时间 t 的固结度时，T_i 改为 t。

α,β——参数，根据地基土排水固结条件按表4-2采用。对于竖井地基，表中所列β为不考虑涂抹和井阻影响的参数值。

表 4-2　α 和 β 值

排水固结条件及参数	竖向排水固结 $\overline{U_t}>30\%$	向内径向排水固结	竖向和向内径向排水固结（竖井穿透受压土层）	说明
α	$\frac{8}{\pi^2}$	1	$\frac{8}{\pi^2}$	$F_n=\frac{n^2}{n^2-1}\ln(n)-\frac{3n^2-1}{4n^2}$ c_h——土的径向排水固结系数（cm^2/s） c_v——土的竖向排水固结系数（cm^2/s） H——土层竖向排水距离（cm） $\overline{U_t}$——双面排水土层或固结应力均匀分布的单面排水土层平均固结度
β	$\frac{\pi^2 c_v}{4H^2}$	$\frac{8c_h}{F_n d_e^2}$	$\frac{8c_h}{F_n d_e^2}+\frac{\pi^2 c_v}{4H^2}$	

当排水竖井采用挤土方式施工时，应考虑涂抹对土体固结的影响。当竖井的纵向通量 q_w 与天然土层水平向渗透系数 k_h 的比值较小，且长度较长时，应考虑井阻影响。在瞬时加载条件下，考虑涂抹和井阻影响时，竖井地基径向排水平均固结度可按下式计算：

$$U_r=1-e^{-\frac{8c_h}{Fd_e^2}t}$$

$$F=F_n+F_s+F_r$$

$$F_n=\ln(n)-\frac{3}{4}n\geqslant 15$$

$$F_s=\left[\frac{k_h}{k_s}-1\right]\ln s$$

$$F_r=\frac{\pi^2L^2}{4}\frac{k_h}{q_w}$$

式中：$\overline{U_r}$——固结时间 t 时竖井地基径向排水平均固结度。

k_h——天然土层水平向渗透系数（cm/s）。

k_s——涂抹区土的水平向渗透系数，可取 $k_s=(1/5\sim1/3)\ k_h$（cm/s）。

s——涂抹区直径 d_s 与竖井直径 d_w 的比值，可取 $s=2.0\sim3.0$。对中等灵敏黏性土取低值，对高等灵敏黏性土取高值。

L——竖井深度（cm）。

q_w——竖井径向通水量（cm^3/s），为单位水力梯度下单位时间的排水量。

一级或多级等速加荷条件下，考虑涂抹和井阻影响时竖井穿透受压土层地基的平均固结度可按下式计算：

$$\overline{U_t} = \sum_{i=1}^{n} \frac{q_i}{\sum \Delta p}\left[(T_i - T_{i-1}) - \frac{\alpha}{\beta}e^{-\beta t}(e^{\beta T_i} - e^{\beta T_{i-1}})\right]$$

其中，$\alpha = \frac{8}{\pi^2}$，$\beta = \frac{8c_h}{F_n d_e^2} + \frac{\pi^2 c_v}{4H^2}$。

对于排水竖井未穿透受压土层的情况，竖井范围内土层的平均固结度和竖井底面以下受压土层的平均固结度，以及通过预压完成的变形量均应满足设计要求。

预压荷载大小、范围、加载速率应符合下列规定：

(1) 预压荷载大小应根据设计要求确定。对于沉降有严格限制的建筑，可采用超载预压法处理，超载量大小应根据预压时间内要求完成的变形量通过计算确定，并宜使预压荷载下受压土层各点的有效竖向应力大于建筑物荷载引起的相应点的附加应力。

(2) 预压荷载顶面的范围应不小于建筑物基础外缘的范围。

(3) 加载速率应根据地基土的强度确定。当天然地基土的强度满足预压荷载下地基的稳定性要求时，可一次性加载，如不满足应分级逐渐加载，待前期预压荷载下地基土的强度增长满足下一级荷载下地基的稳定性要求时，方可加载。

计算预压荷载下饱和黏性土地基中某点的抗剪强度时，应考虑土体原来的固结状态。对于正常固结饱和黏性土地基，某点某一时间的抗剪强度可按下式计算：

$$\tau_{ft} = \tau_{f0} + V\sigma_z \cdot U_t \tan\varphi_{cu}$$

式中：τ_{ft}——t 时刻该点土的抗剪强度（kPa）。

τ_{f0}——天然地基土的天然抗剪强度（kPa）。

$\Delta\sigma_z$——预压荷载引起的该点的附加竖向应力（kPa）。

U_t——该点土的固结度。

φ_{cu}——三轴固结不排水压缩试验求得的土的内摩擦角（°）。

对于以沉降为控制条件需进行预压处理的工程，沉降计算的目的在于估算堆载预压期间沉降的发展情况、预压时间、超载大小以及卸载后所剩留的沉降量，以便调整排水系统和加压系统的设计。对于以稳定为控制的工程，通过沉降计算，可以估计施工期间因地基沉降而增加的土石方量，估计工程完工后尚未完成的沉降量，以便确定预留高度。

下面介绍实用的沉降计算方法。

建筑物地基某时间的总沉降 S_t 可表示为：

$$S_t = S_d + S_c + S_s$$

式中：S_d—— 瞬时沉降量。

S_c—— 固结沉降量。

S_s—— 次固结沉降量。

瞬时沉降是在荷载施加后立即发生的那部分沉降量，是由剪切变形引起的。相对于土层厚度，建筑物的荷载面积一般都是有限的，当荷载加上后，地基中就会产生剪切变形。固结沉降指的是那部分主要由于主固结而引起的沉降量。在主固结过程中，沉降速率是由水从孔隙中排出的速率所控制的，而次固结沉降是由土骨架在持续荷载下发生蠕变所引起的。

次固结大小和土的性质有关。在泥炭土、有机质土或高塑性黏土土层中，次固结沉降占很可观的比例，而其他土所占比例则不大。在建筑物使用年限内，次固结沉降经判断可以忽略的话，则最终总沉降 S_∞ 可按下式计算：

$$S_\infty = S_d + S_c$$

一般按弹性理论公式计算软黏土的瞬时沉降 S_d。工程上目前通常采用单向压缩分层总和法计算固结沉降 S_c。只有当荷载面积的宽度或直径大于可压缩土层厚度或当可压缩土层位于两层较坚硬的土层（它们的存在将减小压缩土层的水平应变）之间时，单向压缩才可能发生，否则应对沉降计算值进行修正，以考虑三向压缩的效应。但研究结果表明，对于正常固结或稍超固结土地基，三向修正通常是不重要的，对于超固结比大的土层，则三向修正和基础宽度与压缩土层厚度之比有关。

（1）单向压缩固结沉降 S_c 的计算。应用一般单向压缩分层总和法，将地基分成若干薄层，如分为 n 层，其中第 i 层的压缩量为（规范中预压荷载下地基最终竖向变形量的计算可取附加应力与土自重应力的比值为0.1的深度作为压缩层的计算深度）：

$$S_c = \xi \sum_{i=1}^{n} \frac{e_{0i} - e_{1i}}{1 + e_{0i}} h_i$$

式中：S_c——最终竖向变形量（m）。

e_{0i}——第 i 层中点土自重应力所对应的孔隙比，由室内固结试验曲线查得。

e_{1i}——第 i 层中点土自重应力与附加应力之和所对应的孔隙比，由室内固结试验曲线查得。

h_i——第 i 层土层厚度（m）。

ξ——经验系数，可按地区经验确定。无经验时对正常固结饱和黏性土地基可取 $\xi=1.1 \sim 1.4$，荷载较大或地基软弱土层厚度大时应取较大值。

（2）最终沉降 S_∞ 的计算。对于瞬时沉降 S_d，虽然有一些公式可以进行计算，但由于其中的弹性模量和泊松比不易准确地测定，因此影响计算结果的精度。根据国内外一些建筑物实测沉降资料的分析结果，可将式 $S_t=S_d+S_c+S_s$ 改写为：

$$S_\infty = ms_c$$

其中，m 为考虑地基剪切变形及其他影响因素的综合性经验系数，与地基土的变形特性、荷载条件、加荷速率等因素有关。对于正常固结或稍超固结土，通常取 m=1.1～1.4。经验系数 m 可以从下面两个方法中得到：①S_c 按公式计算，而 S_∞ 根据实测值推算；②从沉降时间关系曲线推算出最终沉 S_∞ 和 S_d，再按以下两式分别算出 S_c 和 m：

$$S_c = S_\infty - S_d$$

$$m = \frac{S_\infty}{S_c}$$

这两种方法得出的结果可以互相校核。

在荷载作用下，地基的沉降随时间的发展可用下式计算：

$$S_t = S_d + \overline{U}_t S_c$$

式中：S_t——t 时间地基的沉降量。

$\overline{U}_t$——t 时间地基的平均固结度。

对于一次瞬间加荷或一次等速加荷结束后任何时间的地基沉降量，可将上式改写为：

$$S_t = (m-1+\overline{U}_t)S_c$$

对于多级等速加荷情况，应对 S_d 值作加荷修正，使其与修正的固结度 $\overline{U}_t$ 相适应，上式可写为：

$$S_t = \left[(m-1)\frac{p_t}{\sum \Delta p} + \overline{U}_t\right]S_c$$

式中：p_t——t 时间的累计荷载。

$\sum \Delta p$ ——时间的累计荷载。

预压处理地基必须在地表铺设与排水竖井相连的砂垫层。砂垫层应符合如下要求：

（1）厚度不应小于 500 mm。

（2）砂垫层砂料宜用中粗砂，黏粒含量不宜大于 3%，砂料中可混有少量粒径小于 50 mm 的砾石。砂垫层的干密度应大于 1.5 g/cm^3，其渗透系数宜大于 1×10^{-2} cm/s。

在预压区边缘应设置排水沟，在预压区内宜设置与砂垫层相连的排水盲沟，排水盲沟的间距不宜大于 20 m。

砂井的砂料应选用中粗砂，其黏粒含量不应大于 3%。

堆载预压处理地基设计的平均固结度不宜低于 90% ，且应在现场监测的变形速率明显变缓时方可卸载。

堆载预压设计中的若干问题如下：堆载预压期间所能完成的沉降大小和预压荷载的宽度（或面积）、预压荷载的大小以及预压时间等有关。预压荷载的顶宽或顶面应大于建筑物的宽度或面积。预压荷载的大小取决于设计要求。如果允许建筑物在使用期间有部分沉降发生，则预压荷载可等于或小于建筑物使用荷载。如果建筑物对沉降要求很严格，使用期间不允许再产生主固结沉降甚至需减小一部分次固结沉降，则预压荷载应大于建筑物使用荷载，即所谓“超载预压”。增大预压荷载实质上是增加总的固结沉降量。当地基达到的固结度一定时，则预压荷载越大，完成的主固结沉降量也就越大，因此，超载预压可加速固结沉降的过程。此外，超载预压尚可减小次固结沉降量并使次固结沉降发生的时间推迟。

4.3.3　真空预压

4.3.3.1　设置排水竖井

真空预压必须设置排水竖井，如果不设置排水竖井，真空预压效果极差。真空预压处理地基的设计应包括：竖井断面尺寸、间距、排列方式和深度的选择，预压区面积和分块大小，真空预压工艺，要求达到的真空度和土层的固结度，真空预压和建筑物荷载下地基的变形计算，真空预压后地基土的强度增长计算等。

砂井的砂料应选用中粗砂，其渗透系数应大于 1×10^{-2} cm/s。

真空预压竖向排水通道宜穿透软土层，但不应进入下卧透水层。对于软土层厚度较大且以地基抗滑稳定性控制的工程，竖向排水通道的深度至少应超过最危险滑动面2.0 m。对于以变形控制的工程，竖井深度应根据在限定的预压时间内需完成的变形量确定，且宜穿透主要受压土层。真空预压区边缘应大于建筑物基础轮廓线，每边增加量不得小于3.0 m。真空预压的膜下真空度应稳定地保持在86.7 kPa（650 mmHg）以上，且应均匀分布。竖井深度范围内土层的平均固结度应大于90%。对于表层存在良好的透气层或在处理范围内有充足水源补给的透水层，应采取有效措施隔断透气层或透水层。

真空预压固结度和强度增长的计算及真空预压地基最终竖向变形可按预压地基理论计算，其中 ξ 可取 1.0～1.3。

真空预压加固面积较大时，宜采取分区加固，分区面积宜为 20000～40000 m^2。

真空预压所需抽真空设备的数量可按加固面积的大小和形状、土层的结构特点，以一套设备可抽真空 1000～1500 m^2 确定。

加固区要求达到的平均固结度一般为80%。如工期许可，也可采用更大一些的固结度作为设计要求达到的固结度。

4.3.3.2 竖向排水井的尺寸

现场试验表明，沉降大部分发生在上部砂井范围内，说明砂井的作用是很明显的。在透水性很小的软黏土中，真空预压必须和竖井相结合才能取得良好的加固效果，如不设置竖井则效果不好。竖井可采用袋装砂井或塑料排水带，也可采用普通砂井。排水井的间距直接关系到地基的固结度和预压时间，应根据土的性质、上部结构要求和工期通过计算确定。对塑料排水带或 7 cm 直径的袋装砂井，间距一般可在 1.00～1.50 m范围内选用。竖井深度应根据软土层厚度、设计要求在预压期间完成的沉降量和拟建建筑物地基稳定性的要求通过计算确定。排水井尽量选用单孔截面大、排水阻力较小的塑料排水带。当采用袋装砂井时，对砂井砂料的渗透性要有要求，尤其是采用小直径袋装砂井的情况。理论计算表明，对于袋装砂井（直径为 7 cm，长为 10 m，间距为 1.30 m，土层的固结系数为 1×10^{-3} cm^2/s，这种是工程上常遇到的情况），当砂井渗透系数小于 5×10^{-2} cm/s 时，就应该考虑砂井阻力的影响。因此，有条件时应尽量选用渗透系数大的砂料作排水材料，或采用较大直径的竖向排水井。

4.3.3.3 沉降计算

先计算加固前建筑物荷载下天然地基的沉降量，然后计算真空预压期间所能完成的沉降量，两者之差即为预压后在建筑物使用荷载下可能发生的沉降。预压期间的固结沉降可根据设计所要求达到的固结度推算加固区所增加的平均有效应力，从 $e-\sigma'$ 曲线上查出相应的孔隙比进行计算。和堆载预压不同，由于真空预压的周围土产生指向预压区的侧向变形，因此，按单向压缩分层总和法计算所得的固结沉降应乘上一个小于 1 的经验系数，方可得到最终的沉降值。该经验系数可取 0.8～0.9，当真空和堆载联合预压以真空预压为主时，可取 0.9。经验系数的确定还有待在实际工程中积累更多的资料。

4.3.3.4 强度增长

真空预压加固地基，土体在等向应力增量下固结，强度提高，土体中不会产生因预压荷载而引起的剪应力增量。根据实测资料，地基中某一点某一时间的实测十字板剪切强度 τ_{ft} 与天然强度 τ_{f0} 及固结强度增量 $\Delta\tau_{fc}$ 之和的比值 $\frac{\tau_{ft}}{\tau_{f0}+\Delta\tau_{fc}}$ 大于 1，其中 $\Delta\tau_{fc}$ 按有效固结压力法计算。

4.3.3.5 真空预压的范围

实测资料表明，预压区中心和边缘的真空度相近，这为预压区获得较均匀的加固效果打下了基础。某工程实测边缘沉降与中心沉降之比为 85%～90%，预压区外还有一定的沉降量。预压区的大小需根据工程的要求确定，一般应大于建筑物基础外缘所包围的范围，以保证基础范围土的强度增量相差不大，沉降比较均匀，以减小建筑物使用期间的不均匀沉降。

4.3.4　真空和堆载联合预压

当设计地基预压荷载大于 80 kPa，且进行真空预压处理地基不能满足设计要求时，可采用真空和堆载联合预压地基处理。堆载体的坡肩线宜与真空预压边线一致。对于一般软黏土，上部堆载施工宜在真空预压膜下真空度稳定地达到 86.7 kPa（650 mmHg）且抽真空时间不少于 10 天后进行。对于高含水量的淤泥类土，上部堆载施工宜在真空预压膜下真空度稳定地达到 86.7 kPa（650 mmHg）且抽真空 20～30 天后可进行。

当堆载较大时，真空和堆载联合预压法应提出荷载分级施加要求，分级数应根据地基土稳定计算确定。分级逐渐加载时，应待前期预压荷载下地基土的强度增长满足下一级荷载下地基的稳定性要求时，方可加载。

真空和堆载联合预压地基固结度和强度增长的计算、最终竖向变形可按堆载预压法计算原理计算。ξ 可按当地经验取值，无当地经验时，ξ 可取 1.0～1.3。

在工程上，真空预压尚可和其他加固方法联合使用。真空预压联合堆载预压就是其中的一种。目前，我国工程上的真空预压可达到 80 kPa 左右的真空压力，对于一般工程已能满足设计要求，但对于荷载较大、对承载力和沉降要求较高的建筑物，则可采用真空联合堆载预压加固软黏土地基。两种预压效果是可以叠加的，其作用原理如图 4-4 所示。从压力—沉降—时间关系曲线可看出真空和堆载预压效果是可以叠加的，但真空和堆载必须同时作用。

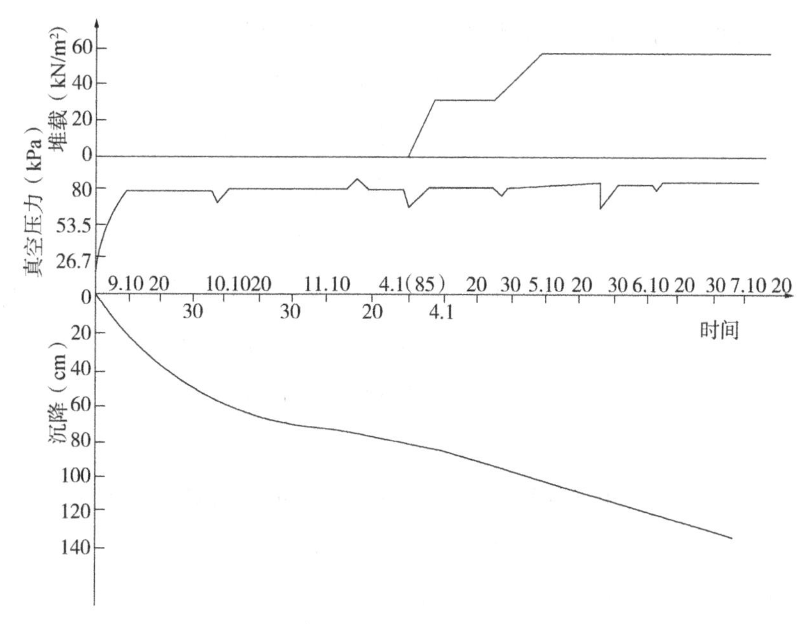

图 4-4　真空联合堆载加固沉降过程线

采用真空联合堆载法，施加堆载时应注意以下事宜：对真空密封膜上下应进行保护，防止堆载过程刺破；真空预压地基固结度达30%～50%后开始堆载效果较好；施加每级荷载前，均应进行固结度、强度增长和稳定性验算，满足要求后方可施加一级荷载。

4.4 预压地基的施工

应用预压排水固结法加固软黏土地基是一种改善软黏土自身特性、提高自身抵抗能力比较成熟、应用广泛的方法。该法以改善软黏土地基排水边界条件为主，以设定的恒定荷载先行预压排水固结、改善为满足设计要求的超压密状态的黏性土。从工程施工角度分析，要保证排水固结法的加固效果，主要做好三个环节的工作：第一，按设计做好排水系统的施工，即铺设水平排水砂垫层、打设竖向排水井；第二，严格做好施加预压荷载的施工，确保在预压加固全过程均匀稳定；第三，做好对工程施工起控制作用的监测和加固效果检验，每个环节所用材料、施工工艺及传感元件、仪器等都必须符合技术要求。这关系到用该法加固软黏土地基的成败，应严格控制、精心施工。

4.4.1 堆载预压施工

4.4.1.1 一般规定

塑料排水带的性能指标应符合设计要求，并应在现场妥善保护，防止阳光照射、破损或污染。破损或污染的塑料排水带不得在工程中使用。

砂井的灌砂量应按井孔的体积和砂在中密状态时的干密度计算，实际灌砂量不得小于计算值的95%。灌入砂袋中的砂宜用干砂，并应灌制密实。

塑料排水带和袋装砂井施工时，宜配置深度检测设备。如塑料排水带需接长时，应采用滤膜内芯带平搭接的连接方法，搭接长度宜大于200 mm。塑料排水带施工所用套管应保证插入地基中的带子不扭曲。袋装砂井施工所用套管内径应大于砂井直径。塑料排水带和袋装砂井施工时，平面井距偏差不应大于井径，垂直度允许偏差应为±1.5%，深度应满足设计要求。塑料排水带和袋装砂井砂袋埋入砂垫层中的长度不应小于500 mm。

在堆载预压加载过程中，应满足地基承载力和稳定控制要求，并应进行竖向变形、水平位移及孔隙水压力的监测。堆载预压加载速率应满足下列要求：

（1）竖井地基最大竖向变形量不应超过15 mm/天。

（2）天然地基最大竖向变形量不应超过10 mm/天。

(3) 堆载预压边缘处水平位移不应超过 5 mm/天。

(4) 根据上述观测资料综合分析、判断地基的承载力和稳定性。

4.4.1.2　预压荷载

排水固结法加固软土地基是由在软土地基内设置竖向排水井、铺设水平排水垫层和对地基施加固结压力来实现的。依据施加工艺的不同，施加固结压力的荷载一般分为三大类：一是把在被加固软基表面施加实体荷载或以建筑物自身的重量作为预压荷载，称为“堆载预压加固法”；二是把被加固软基体积抽真空形成的大气压差作为预压荷载，称为“真空预压法”；三是对被加固软基范围降低地下水位，以降水范围内的重度差作为预压荷载，称为“降水预压加固法”。由于施加预压荷载工艺和性质不同，以及预压荷载向深度传递方式不同，其对任一点附加应力、软基加固工程施工工艺及加固效果的影响各异。

1) 堆载预压加固法的预压荷载施加

堆加预压荷载是在被加固软基面积范围内，预先堆筑等于或大于设计荷载的实体材料，使软基在实体荷载的作用下排水固结，消除沉降，提高地基强度，以满足设计要求的预压排水固结法。

堆载预压的材料一般以散料为主，如石料、砂、砖土及用分层施加等，大面积施工时通常采用自卸汽车与推土机联合作业。对于超软地基的堆载预压，第一级荷载宜用轻型机械施工，当机械堆载施工工艺不能满足软基整体稳定要求时可采用人工作业，必要时采取补强措施。

堆载预压法施工时应注意如下问题：

(1) 单元堆载面积要足够大。为保证深层软基加固效果，堆载的顶面积不小于建筑物底面积。当软基比较深厚时，考虑荷载的边界作用应适当扩大堆载的底面积，以保证建筑物范围内的地基得到均匀加固。

(2) 堆载要严格控制加荷速率，分级荷载大小要适宜，保证在各级加荷下地基的稳定性，堆载时宜边堆边摊平，避免部分堆载过高而引起地基的局部破坏。

(3) 对于超软黏性土地基，首先应设计好持力垫层，对其分级荷载大小、施工工艺更要精心设计，以避免对土的扰动和破坏。

(4) 堆载预压荷载是根据堆载材料的特性计算的。当预压固结沉降较大、堆载材料已浸入水位以下时，应增加堆料荷载以弥补堆载材料浸入水中的荷载损失。

2) 利用建筑物自重作为预压荷载

利用建筑物本身的重量对地基加压是一种经济而有效的方法，国内外都有广泛的应用。该法的特点是：利用建筑工程自身荷载，无须施加实体堆载材料，在建筑工程施工过程中即预压荷载施加过程，地基在建筑荷载作用下排水固结，逐渐消除沉降。此法一般应用于以地基的稳定性为控制条件、能适应较大变形的建筑物，如高路堤、土石坝、油罐等。此法的缺点是：施加预压时间较长，工期紧迫时很难实施；堤、坝填土质量很难符合工程主体质量要求，对建筑工程建成后的使用留下了诸多不利因素，对于活荷载反复作用振动频率较大，不适用于对沉降差有严格要求的建筑物。因此在确定是否采用此预压荷载方式时，应全面地对建筑工程特点、基底软基结构特性、厚度、埋藏深度、荷载大小及使用方式进行分析。

对于油罐、水池等建筑物，在管道连接前通常先进行充水预压，这样不仅可以检验罐体本身是否有渗漏现象，更重要的是这类建筑物的使用荷载都比较大，如10000～30000 m^3 的油罐，其最大基底压力达160～230 kN/m^2，而天然地基的承载力不足，必须通过分级逐渐充水预压，使地基土强度提高以满足稳定性要求。而且为保证建筑物正常使用，对于差异沉降有严格要求的建筑工程，特别是浮顶罐，如油罐中心与边缘沉降差、直径两端的沉降差、沿圆周方向的沉降差等都有一定的要求，设计时都应考虑到。同时，尚应计算油罐地基的总沉降量，以便确定基础的预留高度。但充水预压后，罐底应仍为倒锅底形，以避免存油，减少维修时事故。

对于路堤、土石坝等建筑物，由于填土高、荷载大，地基的强度不能满足快速填筑的要求，工程上采用严格控制加荷速率、逐层填筑的方法，使软基在填筑荷载作用下，排水固结度达到一定程度，强度得到相应提高，地基的整体稳定性基本得到保证。但有害沉降并未完全消除，而且受建筑工程轮廓荷载边界条件所限，特别是堤、坝的顶边缘和边坡下，由于荷载小，对软土地基加固效果差，特别是深层的软基更差。在活荷载和振动的双重反复作用，变形长时间地连续发生、累计变形较大时，不得不多次进行调整维护，严重时丧失了使用条件。这种工程实例是比较多的，应引起重视。

4.4.2 真空预压施工

4.4.2.1 真空抽气施工

真空预压的抽气设备宜采用射流真空泵，真空泵空抽吸力不应低于95 kPa。真空泵的设置应根据地基预压面积、形状、真空泵效率和工程经验确定，每块预压区设置的真空泵不应少于两台。

真空管路设置应符合下列规定：

（1）真空管路的连接应密封，管路中应设置止回阀和截门。

（2）水平向分布滤水管可采用条状、梳齿状及羽毛状等形式，滤水管布置宜形成回路。

(3) 滤水管应设在砂垫层中，上覆砂层厚度宜为 100～200 mm。

(4) 滤水管可采用钢管或塑料管，应外包尼龙纱或土工织物等滤水材料。

密封膜应符合下列规定：

(1) 密封膜应采用抗老化性能好、韧性好、抗穿刺性能强的不透气材料。

(2) 密封膜热合时宜采用双热合缝的平搭接，搭接宽度应大于 15 mm。

(3) 密封膜宜铺设三层，膜周边可采用挖沟埋膜，平铺，并用黏土覆盖压边、围埝沟内及膜上覆水等方法进行密封。

当地基土渗透性强时，应设置黏土密封墙。黏土密封墙宜采用双排搅拌桩，搅拌桩直径不宜小于 700 mm。当搅拌桩深度小于 15 m 时，搭接宽度不宜小于 200 mm；当搅拌桩深度大于 15 m 时，搭接宽度不宜小于 300 mm。搅拌桩成桩搅拌应均匀，黏土密封墙的渗透系数应满足设计要求。

4.4.2.2　预压施工

对于真空预压加固工程施工，排水砂垫层不仅起着聚水作用，更重要的是对真空预压荷载起着分布和传递作用，即将真空预压荷载通过排水砂垫层传递到软基加固的任何点、边、角，再通过排水砂垫层与竖向排水井的连接点分布到各竖向排水井，并传递到设计加固深度。

4.4.2.3　真空预压加固法的预压荷载施加

真空预压荷载施加是在被加固软基表面和深度范围内完全密封抽真空特定条件下，被加固软基内外形成大气压差，并以此作为顶压荷载。当设计荷载超过 80～90 kPa 时，可与堆载联合使用，称为“真空联合堆载预压排水固结法”。

在真空预压过程中，随着抽真空时间的增长，地下水位降深不断增大，降水漏斗在潜水含水层内继续扩展。当降水漏斗扩展到加固区边界时，加固土体内外地下水位之间形成水头差，在此作用下加固区外地下水向加固区内渗流补给，渗流力引起的附加应力、剪应力等均指向被加固土体，所引起的侧向变形也指向被加固土体，因此，80 kPa 压荷载可一次施加被加固软基不会出现堆载预压那样的剪切破坏。

真空预压法还适用于无法堆载的倾斜地面和施工场地狭窄的地基处理。

真空预压法所用的设备和施工工艺均比较简单，无须大量的大型设备，便于大面积施工。

4.4.3　真空和堆载联合预压施工

采用真空和堆载联合预压时，应先抽真空，当真空压力达到设计要求并稳定后再进行堆载，然后继续抽真空。堆载前，应在膜上铺设编织布或无纺布等土工编织布保护层。保护层上铺设100～300 mm厚的砂垫层。

堆载施工时可采用轻型运输工具，不得损坏密封膜。上部堆载施工时，应监测膜下真空度的变化，发现漏气应及时处理。堆载加载过程中应满足地基稳定性设计要求，对竖向变形、边缘水平位移及孔隙水压力的监测应满足下列要求：

（1）地基向加固区外的侧移速率不应大于5 m/天。

（2）地基竖向变形速率不应大于10 mm/天。

（3）根据上述观察资料综合分析、判断地基的稳定性。

真空和堆载联合预压还应符合堆载预压和真空预压的相关规定。

4.5 效果检验

4.5.1 质量检验和监测

在施工过程中，质量检验和监测应包括下列内容：

（1）对塑料排水带应进行纵向通水量、复合体抗拉强度、滤膜抗拉强度、滤膜渗透系数和等效孔径等性能指标的现场随机抽样测试。

（2）对于不同来源的砂井和砂垫层砂料，应取样进行颗粒分析和渗透性试验。

（3）对于以地基抗滑稳定性控制的工程，应在预压区内预留孔位，在加载不同阶段进行原位十字板剪切试验，并取土进行室内土工试验，加固前的地基土检测应在打设塑料排水带之前进行。

（4）对于预压工程，应进行地基竖向变形、侧向位移和孔隙水压力等监测。

（5）真空预压、真空和堆载联合预压工程，除应进行地基变形、孔隙水压力监测外，尚应进行膜下真空度和地下水位监测。

4.5.2 竣工验收检验

预压地基竣工验收检验应符合下列规定：

（1）排水竖井处理深度范围内和竖井底面以下受压土层，经预压所完成的竖向变形和平均固结度应满足设计要求。

（2）应对预压的地基土进行原位试验和室内土工试验。

原位试验可采用十字板剪切试验或静力触探，检验深度不应小于设计处理深度。原位试验和室内土工试验应在卸载3～5天后进行。检验数量按每个处理分区不少于6点进行检测，对于堆载斜坡处应增加检验数量。

预压处理后的地基承载力检验数量按每个处理分区不少于3点进行检测。

4.5.3 孔隙水压力观测

超静孔隙水压力是指饱和土体内孔隙水压力中超过静水压力的那部分水压力，或指土体中超出静水压力的孔隙水压力，它由作用于土体的荷载发生变化而产生，随着排水固结而消散，其增长与消散规律反映了软基的排水固结特性及有效应力变化规律。因此，孔隙水压力现场观测资料不论是对于理论性研究，还是作为加荷速率的控制都具有重要意义。根据测点孔隙水压力—时间变化曲线，即可反算土的固结系数，也可推算该点不同时间的固结度，从而推算强度增长，并确定下一级施加荷载的大小。进行孔隙水压力观测是控制加荷速率的重要手段。

4.5.4 沉降观测

沉降观测是软基工程中最基本、最重要的观测项目之一。观测内容包括荷载作用范围内地基的总沉降、荷载外地面沉降或隆起、分层沉降以及沉降速率等。沉降观测资料反映了地基土在荷载作用下的变形特性。利用实测沉降资料可以推算出最终沉降量和由于侧向变形（剪切变形）而引起的沉降，从而可求得固结沉降以及沉降计算经验系数，为更精确地计算沉降积累经验。此外，可根据沉降资料计算地基的平均固结度。通过分层沉降的观测资料可以分析和研究各土层的压缩性，确定沉降计算中土层的压缩层深度。荷载外地面的沉降资料可用以分析沉降的影响范围，以确定对邻近建筑物的可能影响。通过以上分析可看出，沉降观测资料是验证理论和发展理论的重要依据。

4.5.5 侧向位移观测

侧向位移是分析预压荷载下地基的稳定性以及由于侧向位移所引起沉降大小的重要依据。

侧向位移观测包括边桩位移和沿深度的侧向位移两部分。在软黏土地基上修筑堤坝或进行堆载预压，由于填土荷载使地基产生了水平位移，地表水平位移以坡脚附近最为灵敏。为了保证工程的安全，常常在坡脚处以及附近埋设深层位移专用导管或沿纵向设置 2～3 排边桩，观测其在施工过程中的侧向位移，并控制其不超过一定值来限制加荷速率，监视地基的稳定性。在填筑开始以后，随着荷载增加，侧向位移也缓慢增加，但每天的位移值不大。当荷载接近地基的极限荷载时，边桩位移就迅速增大。

荷载外的地面发生隆起，预示地基将发生破坏。这时应立即采取措施停止加荷，甚至卸除部分荷载，待地基固结、各项控制指标恢复正常后再加载。边桩位移的控制指标和地基土的强度、地基处理方法、加荷速率等有关。对于砂井地基预压工程，其控制标准是每天边桩位移不超过 4 mm；对于砂垫层堆载预压工程，每天边桩位移控制在4～6 mm。

深层侧向位移是通过测斜仪在预先埋设于地基中的测斜管内量测得到不同深度处的位移值，以判定某深度处软基挤出变形发展规律。其变化规律对于理论分析有重要意义，但作为施工控制的手段目前还没有总结出普遍的经验以控制加荷速率。

加荷速率的控制与地基土的性质、加荷方式以及地基处理方法等因素有关，因此，很难制订出一个统一的标准。工程实践经验表明，只有把孔隙水压力、沉降、深层侧向位移、边桩位移等观测结果综合起来分析，并注意加荷结束后数天内的发展趋势，才能正确地判断地基是否处于危险状态。

对于堆载预压工程，随着堆载的增大，地基中的剪应力增加，控制不当将产生较大的侧向位移和地表隆起，严重者将造成软基失稳破坏。而对于真空预压排水固结法，地基侧向变形方向与堆载预压法相反，不会在施加预压荷载过程使软基出现失稳，因而不需要进行加荷速率的控制。沿不同深度的侧向位移观测资料可用于真空预压效果的评价以及分析向预压区内侧向位移对沉降的影响。

4.6 工程案例

4.6.1 某沿海地区港口港区真空预压法案例

4.6.1.1 工程概况

此工程位于某沿海地区港口港区，场区经围海造地吹填形成，总面积为97534 m^2。场地原始地貌为滨海滩涂，地势较低，经人工吹填土抬高。根据勘察资料，场地主要地层为表层吹填土层和上部第四系全新统海相沉积层，各土层自上而下分述如下：

①粉质黏土：灰褐色、灰黄色，平均层厚为0.35 m。

②$_1$ 淤泥质粉质黏土：灰色，流塑，夹粉土薄层，平均层厚为3.21 m。

②$_2$ 淤泥质黏土：灰色，流塑，夹粉土薄层，平均层厚为5.72 m。

②$_3$ 粉土：灰褐色，稍密，平均层厚为0.99 m。

②$_4$ 淤泥质黏土：灰褐色，软塑—流塑，平均层厚为5.29 m。

②$_5$ 淤泥质黏土夹粉质黏土：灰褐色，可塑，夹粉土薄层，平均层厚为1.02 m。

③$_1$ 粉土/粉砂：褐黄色，中密，饱和，平均层厚为1.94 m。

③$_2$ 粉质黏土：黄褐色，可塑，局部有锈斑，平均层厚为1.68 m。

③$_3$ 粉土/粉砂：褐黄色，中密，该层未揭穿。

本次地基处理的主要地层为表层吹填土层和上部第四系全新统海相沉积层。

4.6.1.2　地基处理设计

1）地基处理技术要求

经地基处理后，预期将达到的标准是：

（1）地基表层承载力：≥80 kPa。

（2）容许工后沉降：≤30 cm。

（3）交工处理后地面交工标高：+5.5 m。

2）设计方案

本次地基处理方法采用真空预压法，场地内采用 B 型塑料排水板作为竖向排水通道，正方形布置，间距为 1.0 m，排水板设计深度为 16.2 m。水平排水系统采用主管、支管和连接软管，通过特制连接器与排水板头密闭相连。预压期间，射流泵开泵率为 100%，膜下真空度不得小于 85 kPa，抽真空时间约为 80 天，具体抽真空时间可根据检测结果作适当调整。通过监测达到设计卸载要求后方可停泵卸载。卸载标准如下：

（1）真空满载不少于 90 天。

（2）根据实测沉降曲线推算地基土预压荷载下固结度不小于 85%。

（3）最后 10 天沉降速率小于 2 mm/天。

3）检测仪器的布置

为了研究真空预压法加固软土地基的机理，检验地基加固效果，及时掌握加固过程中地基土固结、地基沉降变形等情况，更好地指导施工，在地基中埋设了检测仪器，用以监测地表沉降、孔隙水压力等。整个预压过程连续观测，并在预压前后对加固土体进行十字板剪切试验和静载荷试验。

4.6.1.3　监测结果及分析

1）地表沉降

本场地内共埋设了 24 个沉降杆，用于地表沉降的监测。其中，打板期间累积沉降量为 52.6 cm。预压期地表沉降观测截止真空卸载日期。各沉降杆沉降量统计如表 4-3 所示。

表 4-3　真空预压期间沉降量及沉降速率统计表

沉降杆编号	实测沉降量（cm）	最后 10 天沉降速率（m/天）	沉降杆编号	实测沉降量（cm）	最后 10 天沉降速率（m/天）
C1	75.6	1.9	C14	67.4	1.8
C2	81.9	1.9	C15	68.2	1.9
C3	80.8	1.9	C16	75.5	1.8

续表

沉降杆编号	实测沉降量(cm)	最后10天沉降速率(m/天)	沉降杆编号	实测沉降量(cm)	最后10天沉降速率(m/天)
C4	73.9	1.9	C17	75.3	2.0
C5	69.1	1.8	C18	61.9	1.5
C6	80.8	1.8	C19	64.5	1.6
C7	71.2	1.8	C20	65.1	1.5
C8	67.9	1.9	C21	67.2	2.0
C9	58.2	1.8	C22	83.0	2.1
C10	59.6	1.7	C23	73.4	1.8
C11	70.0	1.6	C24	65.9	2.0
C12	64.4	1.8	最小值	58.2	1.5
C13	73.7	1.8	最大值	83.0	2.1
			平均值	70.6	1.8

由观测结果可知，在抽真空初期，曲线较陡，沉降速率较快，随着抽真空时间的累计，沉降曲线趋于缓和，沉降速率变小。这说明土体主固结变化速率是一个渐变收敛的过程。到卸载前为止，各条曲线趋于水平，沉降趋于稳定。现场测得的地表沉降最大值达到83.0 cm，最小值达到58.2 cm，平均沉降量达到70.6 cm。在真空预压期间，场地内中心位置附近的观测点沉降量较大，而位于周围的沉降量相对较小。这说明真空预压法对场地的沉降量由中部向四周递减，呈“凹”字形。

2）孔隙水压力

在加固区中心和边缘处分别埋设1组孔隙水压力，每组6个测头，分别在距离回填土表面3.0 m、5.5 m、8.0 m、10.5 m、13.0 m、15.5 m处。根据不同深度孔压随时间变化曲线的实测资料，可以了解地基土体固结状态和研究土体固结机理。

由资料可知，在抽真空初期，真空度对孔隙水压力的影响很大，加固区各点的孔隙水压力值均有不同程度的降低。在真空预压阶段，孔压在不同深度的6个测点随时间的延续呈下降的趋势，地面以下11 m范围内各探头的孔压值下降较快，11 m以下的孔压值下降较慢。这说明真空压力随竖向排水体向地基土深处传递良好，加固效果显著。在真空预压中期，由于发生停电、漏气补膜等因素的影响，造成孔压波动式升高，而且土中孔隙水压力消散明显。

3）固结度和残余沉降量计算

根据《港口工程地基规范》（JTS 147-1—2010）和实测沉降曲线，采用三点法推算最终沉降量、固结度及残余沉降量。计算公式如下：

$$S_{\infty}=\frac{S_3(S_2-S_1)-S_2(S_3-S_2)}{(S_3-S_2)-(S_2-S_1)}$$

$$U_{\mathrm{t}}=\frac{S_{\mathrm{t}}}{S_{\infty}}\times 100\%$$

$$S_{\mathrm{r}}=S_{\infty}-S_{\mathrm{t}}$$

其中，S_{∞}为最终沉降量，t_1，t_2和t_3均为时间，应满足$t_1-t_2=t_2-t_3$，S_1，S_2和S_3分别为t_1，t_2和t_3所对应的实测沉降量，U_{t}为t时刻的固结度，S_{t}为t时刻的沉降量，S_{r}为残余沉降量。

按照上述公式计算各区固结度。计算结果为：平均固结度为85.5%，满足设计要求不小于85%的固结度卸载标准，说明地基土在设计荷载的作用下加固范围内土的主固结沉降已大部分消除。但随着时间的延续，由于土体的次固结和蠕变，地基土仍然会发生一定的沉降变形。

4）加固效果试验

直排式真空预压法试验前后分别在场地内同一位置进行十字板剪切试验。比对试验前后土体的物理力学指标变化情况，对真空预压加固区进行效果检验。由于本区域地层中的粉土夹层较多，加固后土体的强度增加，十字板板头无法下压，导致无法进行深层十字板剪切试验，改为标贯试验。共布置十字板孔2个。加固前后十字板剪切强度变化曲线如图4-5所示。

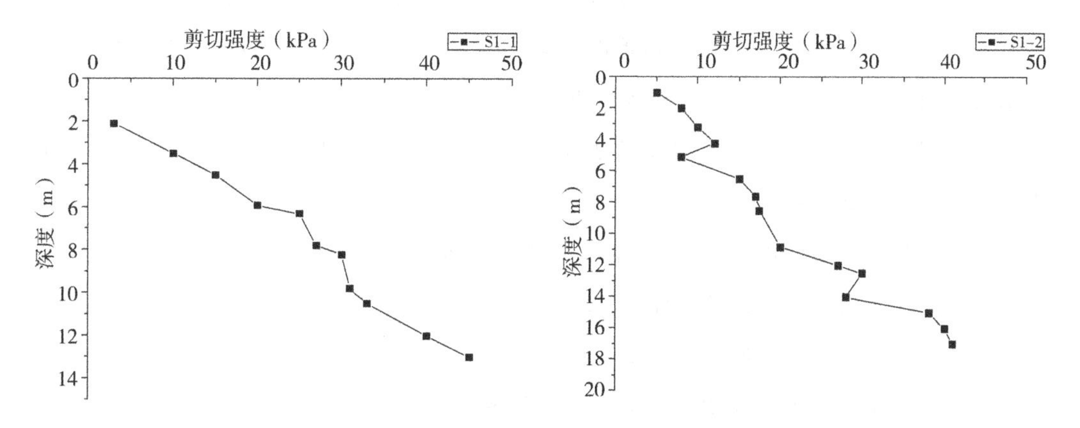

图4-5　加固前后十字板剪切强度变化曲线

由图4-5可知，土体十字板强度大致随深度增加而增加。5.5 m以上软土加固后，十字板剪切强度值由加固前的9.6 kPa提高到37.1 kPa，增长幅度在4倍左右。可见，真空预压对场地地基处理加固效果显著。

4.6.1.4 试验总结

采用真空预压法加固吹填软土地基方案是切实可行的。软土的含水率、孔隙比、液塑性指数都有不同程度的降低，土层的抗剪强度明显提高，增幅约4倍。承载力可初步满足建设场地的设计要求。

采用真空预压法处理软基不仅加快了软基排水固结的速度，而且使软基工后沉降等得到有效控制，场区内土体固结度均达到85%以上。

在真空压力的作用下，加固区土体发生了向内侧（真空预压区）的水平位移，地表发生不同程度的变形和开裂。所以，当采用真空预压法时，需要对加固区周边的道路、建筑、设备等进行实时监测，以防发生大幅度的倾斜，以致工程灾害的发生。

4.6.2 沿海地区公寓楼堆载预压法案例

4.6.2.1 工程概况

该工程位于某沿海地区，为1幢五层公寓楼，平面呈矩形，东西长51.7 m，南北宽14.8 m，设一层地下车库。地下车库位于公寓楼下部及其周边的绿化带下方。主体为框架结构，拟采用桩基础。地下车库平面亦呈矩形，东西长70.0 m，南北宽30.0 m。主楼以下地下车库开挖深度约为天然地面下0.5 m，主楼以外地下车库为独立结构，开挖深度约为天然地面下3.0 m。此地基具有典型的含水量高、孔隙比高、压缩性高、渗透性低、抗剪强度低、触变性强、流变性强的“三高两低两强”特点。因此，基坑开挖前，在进行详细的岩土工程勘察基础上，需对基坑范围内的软土进行加固处理，否则可能造成基坑过大变形、支护结构局部失稳与坑壁垮塌，轻者影响基坑内部建筑物基础的正常施工，重者会造成周边道路开裂、塌陷、管线变形、错断、周边已有建筑物出现倾斜、基础及上部结构开裂等严重后果。

根据岩土工程详勘报告，拟建场地地貌单元为海积平原地貌，地势较平坦。场地内岩土层的分层如下：

①层：粉质黏土（硬壳层），软塑—可塑，厚0.5～2.0 m。

②层：淤泥质黏土，流塑，厚14.2～24.1 m。

③层：黏土，软塑，厚3.2～22.9 m。

④层：黏土，可塑—硬塑，厚1.5～17.7 m。

⑤层：以下为可塑—硬塑黏性土、中密细砂和中砂。

4.6.2.2 预压前试验

场地内进行详细勘察时，只布设3个取土样钻孔，未布设静力触探试验孔和十字板剪切孔。为了使预压前后数据具有可比性，设计单位要求勘察单位在场地堆载预压前补充静力触探孔和十字板剪切孔。根据拟建地下车库的具体位置和特点，在场地内增加了2个静力触探孔和2个十字板剪切孔。取土样钻孔、采取土样时均采用薄壁取土器，利用钻机静压法采取土样。土样采取后，用胶布和石蜡封样，然后及时送往实验室进行试验。在整个取样、保存、运输及试验过程中，尽可能地减少对样品的扰动。静力触探采用15 cm^2 双桥探头，贯入速率控制在0.8～1.2 m/min，采样间隔10 cm，孔深为11.0～12.0 m，十字板剪切采用10 cm ×5 cm的电测十字板，每隔1.0 m进行一次剪切试验。

4.6.2.3　堆载预压

堆载预压的原理是通过在土体中设置竖向排水系统、在地表上设置水平排水系统，在地表附加荷载作用下，土体中的孔隙水压力升高，孔隙水进入竖向排水系统，然后再经水平排水系统排出。在预压荷载作用下，地基中总应力增加，孔隙水压力逐渐消散，有效应力逐渐提高，土体被压缩固结，抗剪强度增大。

竖向排水系统为塑料排水板，长度为10 m，板间距为1000 mm×1000 mm，采用专用机械插入；水平排水系统为400 mm×300 mm（宽×深）砂沟，所用砂子为中粗砂，含泥量小于5%。

堆载采用分级堆载法。第一级堆载用料高1.20 m，堆载压力约为24 kPa，堆载用时3天，预压15天；第二级堆载用料高2.00 m，堆载压力约为40 kPa，堆载用时5天，预压23天。总堆载压力约为64 kPa，从堆载开始至预压结束共46天。

4.6.2.4　预压后的检测试验

1）试验点的布设

堆载预压结束后，在场地内布设了3个取土样钻孔、2个静力触探孔和2个十字板剪切孔。其中，详勘时的取土样钻孔间距为15 m左右，静力触探孔和十字板剪切孔则尽量靠近预压前的静力触探孔和十字板剪切孔。施工时，先将钻孔处堆载的用料用挖机挖除，然后再进行施工。预压前后所采用的仪器设备均不变。其具体位置如图4-6所示。

2）预压前后试验数据的比较

（1）静力触探试验结果对比。静力触探试验结束后，将预压前的静力触探的锥尖阻力 q_c 随深度的变化曲线与预压后的静力触探的锥尖阻力 q_c 随深度的变化曲线进行比较，发现5.2 m以上 q_c 的数值较预压前有所增加，增幅随着深度的增加逐渐减小，而5.2 m以下 q_c 的数值与预压前相比基本没有变化，说明堆载预压的影响深度约为5.2 m。

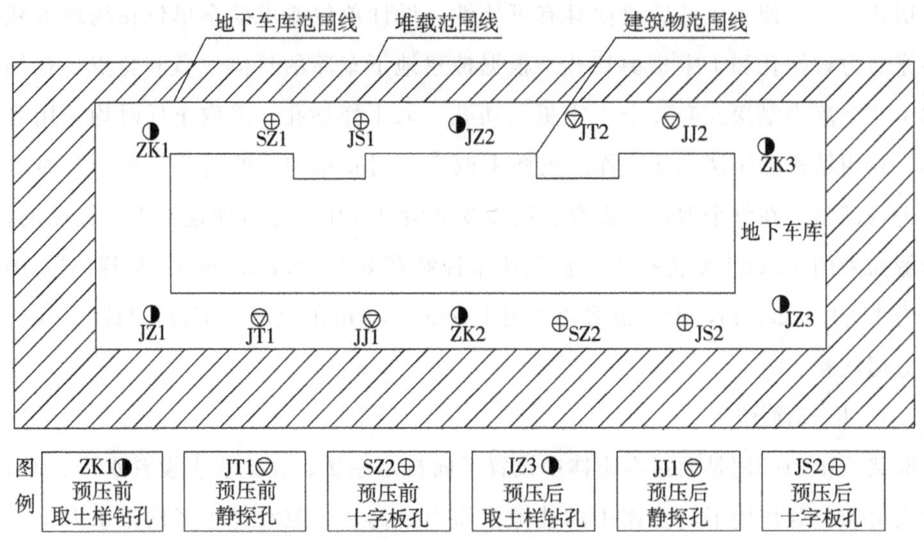

图 4-6 堆载预压前后钻孔布置平面图

（2）十字板试验结果对比。十字板试验结束后，将预压前的十字板原状土抗剪强度随深度的变化曲线、重塑土抗剪强度随深度的变化曲线分别与预压后的曲线进行比较。无论是从原状土还是从重塑土抗剪强度曲线上都可以明显看出，在深度 5.5 m 以上，预压后的抗剪强度数值明显高于预压前的抗剪强度数值，而且随着深度的增加，数值差别越来越小；在 5.5 m 以下，无论是原状土还是重塑土，预压后的抗剪强度数值与预压前的抗剪强度数值相比，基本没有变化。十字板剪切试验曲线如图 4-7 和图 4-8 所示。

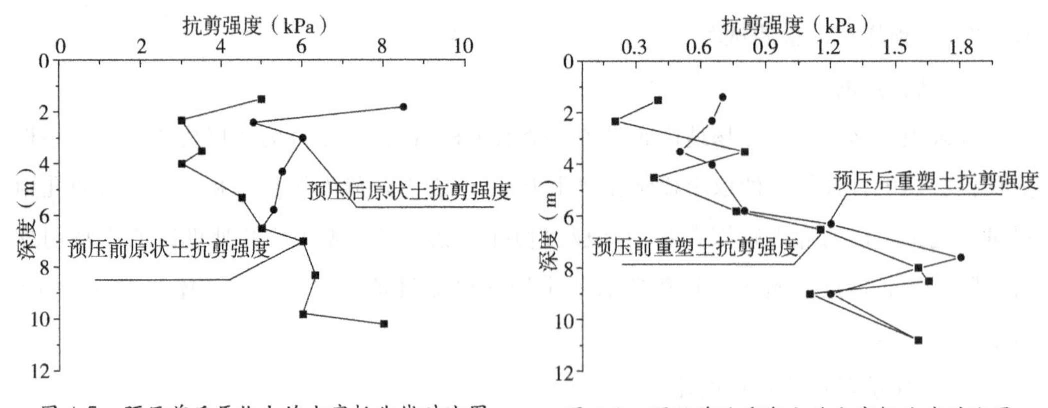

图 4-7 预压前后原状土的十字板曲线对比图

图 4-8 预压前后重塑土的十字板曲线对比图

（3）土工试验数据结果对比。预压后 3 个取土样钻孔共采取土样 16 组，采取方法与预压前取样孔取样方法相同。首先对土样结果进行检查，发现明显异常的数据予以剔除，然后对预压前后 5.5 m 以上和 5.5 m 以下的土样数据分别进行数理统计。统计结果显示，5.5 m 以上的土工试验数据中含水量、密度、孔隙比及抗剪强度、压缩模量等物理力学指标预压前与预压后有明显变化，其中含水量变化率约为 14%，密度变化率约为 2%，孔隙比变化率约为 20.8%，黏聚力变化率约为 20.9%，内摩擦角变化率约为 10.3%，压缩模量变化率约为 22.9%；5.5 m 以下的数据，无论是物理指标还是力学指标，预压前与预压后相比基本没什么变化。预压前后土工试验指标对比结果如表 4-4 所示。

表 4-4　预压前后土工试验指标对比表

对比土层	含水量（%）	密度（g/cm³）	孔隙比（%）	黏聚力（kPa）	内摩擦角（°）	压缩模量（MPa）	固结不排水剪黏聚力（kPa）	固结不排水剪内摩擦角（°）
①$_2$ 层土预压前	31.5	1.92	0.863	21.1	15.3	2.78	—	—
①$_2$ 层土预压后	28.9	1.95	0.798	23.9	17.0	3.28	—	—
②层土预压前（5.5 m 以上）	49.8	1.73	1.364	9.1	7.8	2.27	11.7	3.96
②层土预压后（5.5 m 以上）	43.6	1.77	1.152	11.0	8.6	2.79	13.8	5.05
②层土预压前（5.5 m 以下）	49.5	1.74	1.346	9.0	7.4	24.1	12.1	4.08
②层土预压后（5.5 m 以下）	48.9	1.75	1.387	8.1	7.2	2.36	12.3	4.13

通过以上三种方法的数据对比得出的结论是，经过堆载预压后，场地内 5.5 m 以上土体的物理力学性质有了一定的改善，而其下部土体的物理力学性质基本未发生改变。

4.6.2.5　固结度的估算

1）固结度参数选定

（1）根据土工试验结果，水平向渗透系数为 4×10^{-7} cm/s，水平固结系数 C_h 为 3.40×10^{-3} cm^2/s，垂直固结系数 C_v 为 3.60×10^{-3} cm/s，

（2）塑料排水板，宽×厚＝100 mm×4 mm，间距为 1.0 m，正方形布置。排水带的渗透系数按产品出厂检验报告单，$k_w=5\times10^{-3}$ cm/s（水中浸泡 24 h）。

2）固结度估算

根据《建筑地基处理技术规范》（JGJ 79—2012）改进的高木俊介方法，考虑涂抹影响，进行团结度估算。估算结果为 46 天达到的固结度约为 53.1%。

4.6.2.6　试验总结

（1）从本次检测结果来看，十字板剪切试验、静力触探试验、室内土工试验检测效果均较为明显，较适合对软土地区进行堆载预压法地基处理效果的检测。

（2）通过堆载预压前后的数据对比，可以看出本场地在堆载荷载不大（64 kPa）、堆载时间不长（46天）的情况下，堆载预压法在5.5 m以上软土地基中的处理效果较明显，该深度内的土体能得到有效的压缩固结，而对其下部土体则影响很小。

（3）采用堆载预压法处理地基时，应根据软弱土的物理力学性质，确定塑料排水板的间距，如塑料排水板淤泥质黏土的间距应小于淤泥质粉质黏土的间距，以保证土中的水顺利排出，达到较好的压缩固结效果。

（4）上部堆载时，要计算弱地基软弱土的承载能力，防止过量堆载导致地基土被破坏。

（5）宜根据固结度估算确定堆载时间，使地基在等量的堆载条件下达到最大限度的固结。

4.6.3 某项目真空联合堆载预压法案例

4.6.3.1 工程概况

某项目场地为河流冲积地貌，场地第四系覆盖层由人工成因的素填土、淤积成因的淤泥及淤泥质土、冲积成因的砂土及黏性土、冲洪积成因的卵石、残积成因的砂质黏性土等组成。场地大部分面积为水塘，淤泥、淤泥质土层在场地内分布广泛，厚度大，厚度范围为15.0～27.0 m，软土层呈深灰色，土体含水率高（平均达55.0%），弱透水性（垂直、水平渗透系数均为1×10^{-6}～1×10^{-5} cm/s，平均值为2×10^{-5} cm/s），高压缩性（软土层压缩系数平均达0.92～1.36 MPa^{-1}），饱和，流塑—软塑状，含有机质，含较多粉细砂，局部混较多贝壳碎块及中粗砂颗粒，结构疏松，强度低（室内三轴试验φ值为8.0～24.2°，c值为8.0～23.6 kPa）。软土层的灵敏度介于1.0～4.3。表4-5列出了场地局部岩土层的分布情况。

表4-5 场地土层分布

序号	岩土层名称	层厚(m)	密度(g/cm^3)	天然孔隙比	水平渗透系数(cm/s)	竖向渗透系数(cm/s)	压缩系数(MPa)	承载力特征值(kPa)	土层描述
1	素填土	2.5	1.68	—	—	—	—	40	灰褐色，松散
2	淤泥	13.5	1.64	1.605	2×10^{-5}	2×10^{-5}	1.36	50	深灰色，流塑
3	淤泥质土	11.7	1.77	1.226	2×10^{-5}	2×10^{-5}	0.92	70	深灰色，流塑—软塑
4	粉砂	5.8	—	—	—	—	—	90	深灰色，松散—稍密
5	粉质黏土	10.1	1.90	—	—	—	—	100	深灰色，可塑
6	砂质黏性土	3.1	1.92	—	—	—	—	110	深灰色，可塑

4.6.3.2 地基处理设计

（1）在厂区场地平整后，铺设500 mm厚砂垫层，随后施打C型塑料排水板。塑料排水板平均长度为16～25 m，间距为1 m×1 m，按正方形布设。插板的范围密封墙至红线外2 m，采用套管打设法，排水板顶端应外露出砂垫层顶不少于200 mm。插板完成后铺设滤管。为保证密封效果，每一分区边界应打黏土密封墙。在场地铺设无纺土工布后，敷设密封膜3层，每层厚度为0.12～0.14 mm，并将密封膜在密封墙位置采用黏土埋置在密封沟内。

（2）为确保预压处理区域的膜内真空度，每个区保持900 m^2一台真空泵的布置。在真空预压施工区各项工作就绪后试抽气，在膜下真空达到50～60 kPa后开始查漏气。连续真空度稳定在85 kPa，并且5～7天检查也无漏气后，在真空膜上铺一层无纺土工布，在土工布上铺设300 mm的保护砂，随后分级回填填料，碾压堆载。

（3）平均预压总荷载预估为85 kPa。按照传统等效荷载法估算，恒载120天的沉降预计约为1.8 m，预估固结度达到80%。考虑到岩土体物理力学参数的复杂性，最终以实测沉降为准。

（4）在堆载施工时，及时对膜内真空度、孔隙水压力、土体深层水平位移、场内地表沉降、地下水位、深层沉降等进行观测，按“侧向位移应小于5 mm/天和孔压增值与堆载荷载增值之比不大于0.5”来合理调整加载速率。若超出上述标准，应采取措施以防止地基被破坏。最终以每区真空和堆载共同预压作用达到满足固结度不小于80%，或以实测地表沉降速率5天内平均沉降量不大于4.0 mm/天来确定工期和卸载时间。

4.6.3.3 地基处理监测结果分析

1）膜内真空度

为掌握膜内真空压力随时间的变化情况，得到真空荷载随时间的变化过程曲线，在试验厂区均匀埋设5个膜内真空度测试探头，将真空压力测点位置埋设在相邻两滤管之间的砂层中。在抽真空后期稳载阶段，因停电、真空泵维修等原因导致临时膜内真空度波动较大。经统计，累计抽真空时间为136天，69天平均膜内真空度在85 kPa及以上，39天平均膜内真空度为80～85 kPa，28天平均膜内真空度低于80 kPa。

2）场内地表沉降

为对处理过程中堆载速率进行控制以及对地基的总沉降量进行分析，场地按面积为900 m^2左右布置1个沉降板观测点，沉降板布置在真空膜上方回填砂垫层顶面。对插板前后场地标高测量数据进行统计分析，插板期间沉降量为343 mm。场地从抽真空卸载前，最大沉降量为2398 mm，最小沉降量为991 mm，平均沉降量为1672 mm。抽真空初期，场地沉降较快，随着抽真空时间增加，沉降量逐渐减少。另外，在堆载施工期间，沉降速率相对也较大，沉降速率维持在25 mm/天以内，未超过设计预警值。

3）场内外地下水位

为研究真空和堆载联合预压期间真空及堆载对场地内外地下水位的影响，在处理区域场区外围边界大于2 m处布设1个水位观测孔，在场内靠近孔隙水压观测孔处布设1个水位观测孔。

从监测结果来看，在抽真空的初始阶段，由于出水量大，场内水位下降较快。在堆载施工影响下，场内地下水位由－2.792 m上升至－0.271 m。在进入恒载阶段后，抽真空作用下又继续下降至－1.858 m。在抽真空后期，真空度波动较大导致场内水位波动较大，但场外水位只是略有变化，可见场内地下水位受负压影响较大。在卸载前，场内地下水位高程值为1.018 m（相对初始水位累计下降3.345 m），场外地下水位高程值为0.987 m（相对初始水位累计下降1.190 m）。在卸载后，场内水位呈回升趋势，后期场外地下水位变化不大，基本稳定。

4）场内孔隙水压力

为观测软土层中各深度孔隙水压力的增长和消散过程，分析强度增长、地基的稳定性，控制加载速率，避免荷载施加过快而造成的地基破坏，并为预压后卸载提供依据，采用钻孔法在饱和软土层内沿深度布置孔隙水压力测头。在抽真空的初始阶段，在抽真空的作用下，处理区域孔隙水压力呈迅速下降趋势，随着后续堆载施工，各深度处孔压值逐渐增大，埋深1 m的孔压计监测值增加最快。随着孔压逐渐消散，各孔压计监测值逐渐降低。埋深16 m的孔隙水压力消散最慢，原因可能是排水路径较远。另外，在抽真空后期，真空度波动较大导致孔隙水压力波动较大，与场内水位变化具有一致性，说明场内孔隙水压力值受抽真空负压影响较大。另外，在抽真空早期，场地地下水位与孔隙水压力迅速下降也是造成地表沉降速度较大的原因。至卸载前，所有孔压计所在土层孔压增量呈负值，最大增量达到－44.56 kPa。卸载后场内不同深度处的孔压值逐渐增大，相对于最初状态，孔隙水压力增量仍然维持在－37.86～－16.52 kPa范围内。显然没有了真空负压作用，但在一定的填土荷载条件下，大部分孔隙水压力计的孔隙水压力增量依然为负数。这意味着经过预压处理后，随着土体有效应力的增加，软土地基承载力提高了，孔压值的变化情况在一定程度上反映了土体固结变化。

5）土体分层沉降

为获得不同深度的土层在加固过程中的沉降过程曲线，了解各土层的压缩情况，判断加固达到的有效深度和各个深度土层的固结程度，在处理区域场地布置了分层沉降监测孔。

随着时间的推移，分层沉降监测孔在各深度土层的累计沉降量随时间逐渐增加，沿深度方向由浅至深，各深度处沉降量逐渐递减。由监测数据分析可知，在预压初期，在真空负压的影响下，土层逐渐压缩和沉降，后来变化逐步趋向缓慢，堆土荷载的施加导致土层沉降和压缩量的缓慢变化状态破除，沉降速率发展增大，恒载后期土层压缩和沉降逐渐趋向平缓变化。在堆载施工过程中，出现第二次加速沉降阶段，体现了真空荷载与堆载荷载的叠加效益。

6）土体深层水平位移

为了观测真空和堆载预压加固时土体侧向移动量的大小，判断侧向位移对土体垂直变形的影响，在处理区域场外布置了土体深层水平位移监测孔。

各深度处土体深层水平位移的最大位移速率达到 19.9 mm/天，平均位移速率均大于 9.0 mm/天（向场内位移），位移速率相对较大。可见在抽真空初期，在真空吸力的作用下，处理区域附近土体向场内位移较快。

分析可知，随着堆土荷载施工，位移量仍然继续增大，但位移速度逐渐变缓，堆土荷载导致处理区域土体向外位移的趋势与真空吸力导致场内土体收缩发生在一定程度上有抵消作用，真空吸力在 4.5 m 以上土层的作用占优势，堆载产生的向外侧向变形作用小于真空作用下土体向内侧向变形的作用，上部土体位移体现为向场内位移，但 6.5～18.0 m 土层的堆载作用占优势，堆载产生的向外侧向变形作用大于真空作用下土体向内侧向变形的作用，下部土体体现为向场外位移。不难得出，堆载荷载对下部软土固结有着很大的影响。

4.6.3.4　预压处理效果分析

1）室内土工试验结果

表 4-6 列出的是联合预压处理前后室内土工试验结果以及软土层物理力学性质指标变化情况。经联合预压处理后，随着孔隙水的消散与排除，降低了含水率，使得土体固结压缩，黏聚力和摩擦角增大，软土层物理力学性质得到了很大改善。

表 4-6　加固前后软土性质指标变化

阶段	含水量（%）	湿密度（g/cm^3）	孔隙比	压缩系数（MPa^{-1}）	压缩模量（MPa）	黏聚力（kPa）	摩擦角（°）
处理前	58.38	1.64	1.66	1.39	2.15	7.48	6.62
处理后	47.08	1.71	1.36	0.91	2.82	13.00	6.50
增减值	−11.30	0.07	−0.30	−0.48	0.67	5.61	−0.12
增减百分比	19.36	4.27	18.07	34.53	31.16	75.00	1.81

2）现场原位试验结果

表4-7列出的是联合预压处理前后现场原位试验结果。通过分析静力触探试验和十字板剪切试验数据可以得到，处理后软土层锥尖阻力标准值由0.40 MPa提高到0.74 MPa，增加幅度为84.1%，地基承载力特征值由54.3 kPa提高到95.7 kPa，增加幅度为76.3%，地基承载力特征值满足$f_{ak}\geqslant 80$ kPa的设计要求。预压后原状土不排水抗剪强度C_u由21.4 kPa提高到41.9 kPa，增加幅度达129.4%。这表明经地基联合预压处理后，锥尖阻力及比贯入阻力明显提高，土体十字板剪切强度也有很大程度的提高。

表4-7 加固前后现场原位试验结果

阶段	静力触探			原状土不排水抗剪强度(kPa)
	锥尖阻力(MPa)	比贯入阻力(MPa)	地基承载力特征值(kPa)	
处理前	0.40	0.44	54.3	21.4
处理后	0.74	0.81	95.7	41.9
增减值	0.34	0.37	41.4	27.7
增减百分比（%）	84.1	84.1	76.3	129.4

为进一步研究地基承载力，在现场做了3个浅层平板载荷试验，试验总加载量为100 kPa，累计沉降量为5.83～11.30 mm，残余沉降量为4.32～11.23 mm，对应的变形模量E_s为15.36～30.15 MPa，$P-S$曲线呈缓变形态，无明显陡降段，压板周围的土体均无明显的侧向挤出或隆起。经综合分析，压板下应力影响深度范围内的地基土承载力特征值能达到100 kPa。

3）预压固结度、残余沉降分析

由三点法、图解法推算场地地基最终平均沉降量分别为2491.4 mm、2502.6 mm，实测场地平均沉降量为2015 mm，地基在真空和堆载联合预压处理下的平均残余沉降分别约为476.6 mm、487.9 mm。由上述两种方法计算得到地基平均固结度分别为80.6%、80.3%，满足了设计要求。

4.6.3.5 试验结论

（1）真空和堆载联合预压能有效地减少土体侧向位移导致的沉降速率过大而带来的不安全风险。该法较单一真空预压或者堆载预压法，能使软弱地基快速固结。案例场地的卸载前平均沉降速率小于4.0 mm/天，只用时136天就达到了设计要求，进一步说明了这点。

（2）在地基处理过程中，孔隙水压力的变化能反映出软土地基承载力是否得到了提高以及土体固结情况。结合深层水平位移与深层土体分层压缩情况，从某种意义上说，真空堆载联合预压是真空荷载与堆载荷载的叠加，在插板深度以内的土层压缩量为总沉降量的主要部分，插板以下土层也有少量的压缩，堆土荷载导致处理区域土体向外位移的趋势与真空吸力导致场内土体收缩在一定程度上相抵消，堆载荷载对下部软土固结影响较大。

（3）经预压处理后，软土各项物理力学性能有较大的改善，强度和地基承载力在加固后都有较大的增长，现场平板载荷试验表明压板下应力影响深度范围内的地基土承载力特征值能达到预期效果。

（4）在近海地区大面积深厚软土层地基处理中，采用真空和堆载联合预压处理是合适并且有效的。

第5章　夯实地基

5.1 概　述

5.1.1　强夯法加固地基的发展历程

强夯法又名“动力固结法”，是利用重锤自由落下击打地面时产生的巨大冲击能量，以传递波的方式来改变土体自身结构、三相组成，从而改善土体力学性质，使得土体强度增加、承载能力提高的一种地基加固方法。这种方法是利用起吊设备反复将重锤（一般为10～40 t）提到高处使其自由落下（一般落距为10～40 m）夯击地基，从而使地基土体压缩性降低、强度提高。由于设备简单、施工便捷、效果显著、质量容控、适用范围广、施工周期短、经济可行性好，强夯法得以迅速推广。

强夯加固土层的方法由法国梅纳公司于20世纪60年代首先使用，70年代末传入我国。目前，它已广泛应用于黏性土、砂砾土、碎石土、杂填土、湿陷性黄土等各类土质，若与降水、垂直排水、堆载预压、振冲法等其他地基处理方法相结合，则适用性更加广泛。

强夯技术在我国的发展历程主要如下：

第一阶段，引进试验阶段。理论上，主要是科研院所、工程技术人员在期刊上撰文介绍强夯法。工程应用上，主要为低能级强夯，强夯能级为1000 kN·m，有效处理深度大约5 m，处理对象主要为浅层人工填土。

第二阶段，推广应用阶段。响应国家大力发展工业政策，此阶段工程强夯能级较高，有效处理深度进一步加深，达到10 m范围。在这之后，我国开始大面积使用大能级的强夯进行地基处理，同时随着技术人员不断改善施工技术，施工范围也不断扩大。

第三阶段，迅猛发展阶段。理论上，1991年强夯法被纳入国家《建筑地基处理技术规范》，成为我国地基处理的重要方法之一。工程实践上，试验能级8000 kJ级强夯加固湿陷性黄土获得成功，黄土湿陷性得到消除，且深度可达到15 m，高能级强夯技术得到迅速发展，应用范围也进一步扩大。

第四阶段，为 21 世纪初至今，为了处理高填方地基，试验开发了 10000 kN · m 能级强夯，经检测其有效处理深度超过了 12 m，高能级强夯技术取得了较大突破。为了更进一步地扩大强夯的应用范围，在强夯技术的基础上，还形成了强夯置换和夯锤冲扩等新技术。

5.1.2　强夯法加固的技术特点及发展趋势

强夯法处理地基设备简单、适用范围广、加固速度快，是当前较经济简便的地基加固方法之一，具有以下技术特点：

(1) 应用范围广。强夯法目前已广泛应用于民用建筑、工业厂房、设备基础、堆场、公路、铁道、桥梁、机场跑道、港口码头等各种行业的地基加固。

(2) 适用土层多。可用于加固一般黏性土、粉土、砂性土、碎石土、人工填土、湿陷性黄土等各类土层，特别适宜加固一般处理方法难以加固的大块碎石类土以及建筑、生活垃圾或工业废料等组成的杂填土，结合其他技术措施亦可用于加固软土地基，可改良碎石土的不均匀性、消除砂性土的液化、提高土体的承载力。

(3) 加固效果显著。地基经强夯处理后，可增加土体干重度，减少孔隙比，降低压缩系数，明显提高地基承载力，可消除特殊土的湿陷性、膨胀性、液化，强夯加固后的地基压缩性可降低 1/10～1/2，而强度可提高 2～5 倍，除含水量过高的软黏土外，一般均可在夯实后投入使用。

(4) 有效加固深度大。一般能量强夯处理深度为 6～8 m，单层 8000 kN · m 的高能级强夯处理深度可达 12 m，多层强夯处理深度可达 24～54 m，能满足一般工程地基加固的需求。

(5) 施工工艺简单。强夯机具主要为履带式起重机，当起吊能力有限时可辅以龙门式起落架或其他设施，加上自动脱钩装置。当机械设备困难时，还可以因地制宜地采用打桩机、龙门吊、桅杆等简易设备。一般的强夯处理是对原状土施加能量，无须添加建筑材料，从而节省了材料。若以砂井、挤密碎石工艺配合强夯施工，其加固效果比单一工艺好得多，而材料比单一砂井、挤密碎石方案少，费用低。

(6) 工程造价低。由于强夯工艺无须建筑材料，节省了建筑材料的购置、运输、制作、打入费用，仅需消耗少量油料，因此成本低，造价省。以砂井预压为基准，从表 5-1 可以看出软土常用加固方法的工程造价比值。

表 5-1　常用软土加固方法经济比较

加固方法	强夯	砂井预压	挤密砂桩	钢筋砼桩	化学拌和法
造价比	0.3	1.0	2.0	4.0	4.0

(7) 环保性好。强夯法能充分发挥土体本身的作用，不改变土体的化学组成，对周边环境不存在工后污染。

近年来，国内强夯技术发展迅速，应用范围更加广泛，研究内容也愈加广泛。从不同角度剖析强夯法的发展趋势主要有以下几个方面：

从处治对象角度的研究主要有：一是以处理饱和软土为目的的低能级强夯技术，二是以处理高填土和深厚湿陷性黄土及消除湿陷为目的的高能级强夯技术，三是强夯与其他地基处理技术优势互补，发展成为组合式地基处理技术。

从工程技术方面的研究主要有：一是适用于不同土层的强夯技术研究，二是加固不良地质时与其他地基处理方法相结合的技术研究，三是施工设计及施工机械的研究。

从强夯法理论的研究主要有：一是强夯法的加固机理，二是强夯法的有效加固深度，三是强夯法的参数选择，四是强夯的数值模拟，五是强夯振动的环境分析。

目前，对强夯加固机理的研究已有较大进展，对强夯的研究不仅限于施工技术与加固效果，还从强夯夯锤的冲击力、强夯夯能的传播与分配、土体夯实模型研究、强夯加固区地面沉降等方面进行了一定的研究。此外，对强夯的数值模拟研究也在逐步深入。

5.2 作用机理

在强夯法加固机理方面，国内外的专家学者从诸多角度进行了大量的探讨及研究，但是由于土的多样式及地域性，加之影响强夯效果的因素太多，理论分析和计算都较为困难，因此，各种理论众说纷纭，且其仅在特定环境、特定土质下适用，难以形成统一的意见。

从客观因素来说，土的种类繁多，包括饱和土、非饱和土、黏性土和砂性土等，不同土的固有特性均可影响最终加固效果。从主观因素即外界施工条件来说，夯锤属性、夯击能级、夯点布置、夯击次数及遍数、间歇时间均会影响加固效果。

由于影响因素众多，强夯法加固地基的机理无法准确阐释，直至现在，理论分析和计算方法仍不成熟。因土的性质、施工方法不同，相应的加固机理也各不相同，从不同维度作出相应分析：宏观机理上可从冲击力、波在土体加固中的作用等方面进行研究，微观机理上则可从土的内在结构在冲击力作用下的变化进行说明。宏观机理体现在外部，微观机理重在本质。应从土体是否饱和两方面加以分别，饱和土需在其内部孔隙水排出后土体才能压实固结。特殊土也有别于常规土体，如湿陷性黄土、膨胀土、液化土等，土体本身具有特殊性能，因此，加固机理、施工方法及处理措施也应区别对待。根据土体性质及施工工艺等影响条件，本书主要从动力压密、动力固结和振动波压密三个方面介绍强夯法加固地基的机理。

5.2.1　动力压密理论

动力压密理论多适用于非饱和土，尤其适合其中土质颗粒粗大、孔隙多、排列不均匀的情况。动力压密理论是土体中的气相及液相体积被冲击动力挤压排出，土体密实，从而使土体得到增强。土体存在固、液、气三相性，通过不断施加夯击能，土体中的固态颗粒及液体产生压缩变形，但相对来说，气体的压缩性远远大于固体及液体，因此，孔隙中的气体先于固体和液体排出，之后土体的旧结构被破坏，经重新排列后形成新结构。周而复始，经多次重新排列后，土体结构回归初始状态，同时强度增加，土体得到加固。因此，在动力压密理论中，土体是因其中的空气（气相）被挤出进而得到压缩、达到增强的目的。

5.2.2　动力固结理论

动力固结理论多适用于饱和性土。当对饱和黏性土进行强夯时，重锤夯击土体，使得土体结构重新排列，达到一定夯击能时，土体局部发生液化，进而产生很多细小裂缝，水通过裂缝排出，待其消散，土体被压缩，密度增大，土体强度因土体本身的触变性改变而得到提高。饱和土土体强度增加及密实度改善是靠动力固结，其过程可分为三个阶段，即压缩密实、局部液化和触变恢复。

5.2.2.1　饱和土的压缩密实

饱和土本身存在气相及液相，土体内部少量气体及土颗粒间的孔隙水可被压缩，两者占比较小，为1%～3%，最大达4%。在夯锤冲击土体过程中，在连续不断的动能作用下，土中的气体体积被压缩，而同时固体颗粒的体积没有变化，土体孔隙中的孔隙水压力随着气体的排出随之增大，从而产生超孔隙水压力。随着超孔隙水压力的增大，土颗粒对水分子的吸附作用减小，薄膜水转化成自由水。在夯击的初始阶段，地基土中的抗剪强度下降显著，当夯击进行到一定阶段时，孔隙水压力开始消散，这时土颗粒间原被孔隙水压力抵消的相互作用力开始逐渐恢复，抗剪强度有所增加。在整个夯击过程中，气相、液相体积减小，土体体积得到压缩，进而土体达到加密。

5.2.2.2　饱和土的局部液化

在上述阶段，土体经夯锤多次夯击，其内的超孔隙水压力随着气体的释放随之增大。当土中局部孔隙中的气体含量接近于零时，土的超孔隙水压力将达到峰值。当该峰值达到某个界限值时，土中不存在有效应力，抗剪强度随之下降为零，土颗粒将处于悬浮，形成局部液化现象。此时不能继续施夯，该点夯击能称为“饱和能”。若继续施夯，土体不能产生固结，其内的液态水难以排除，土体结构遭到破坏后不能恢复。在强大夯击能作用下，饱和土局部产生液化，此时土体孔隙内的水压等于全部压力产生的超孔隙水压力，导致土体内部出现裂缝，为不规则分叉状。土体的渗透性随之大大提高，孔隙内的水可经分叉状裂缝快速排出，超孔隙水压迅速降低，进而饱和土的固结速率得到提高，土体结构得到增强，承载力和抗压缩性均大大提高。当孔隙内部水的压力逐渐变小，低于土体间水平向挤压力时，分叉状排水网路的缝隙不再开放，水则恢复其在土中运动的常规状态。

5.2.2.3　饱和土的触变恢复

经多次夯击后，土体抗剪强度急剧下降，当土体发生局部液化时，甚至降为零。同时土体产生裂隙，土体中的水发生转化，吸附水变成自由水。土的抗剪强度和压缩模量指标随着孔隙水压力消散，得到大幅增强，土颗粒变得更为密实。此时自由水丧失流动性，转变为吸附水，土体结构恢复原来状态，其强度得到增加，称为“土的触变特性”。土体性质对触变性起决定性影响，恢复时间差距很大，根据相关工程实例资料，经强夯后的饱和土强度增长最多可延续数月之久。

5.2.3　振动波压密理论

强夯法是通过重锤下落产生的巨大势能加固土体的，夯击能通过振动在土中传播，振动则会产生波，因此有学者立足于振动波，提出了振动波压密理论。在强夯的整个过程中，能量由机械能先向势能转变，最终以动能形式作用于土体。重锤落在地面的瞬间，振动波沿夯锤作用点向周边传播。在振动波作用下，土体质点带动周边介质运动，最终将能量传递出去。

振动的传播途径也是波。在半无限空间里，波可分为体波和面波，体波分为横波（S波）和纵波（P波），面波分为瑞利波（R波）和勒夫波（L波）。珀西和米勒在研究均质、各向同性的弹性半空间表面上作用有垂直振动的图形的能源情形后指出，三种弹性波的比例为：R波占67%，S波占26%，P波占7%，S波会产生较大孔隙水压力，而P波所占比例很小。夯锤落地后，夯锤的动能除一部分以声波形式向外传播，一部分与土体摩擦变成热能外，其余大部分以振动波形式在土体内传播，形成波场。根据波的传播特性，R波以夯坑为中心沿地表向四周传播，使周围土体产生振动，对地基加固压密没有效果，而余下的能量由压缩波和剪切波携带向地下传播。在波的传播过程中，P波的波速大于S波的波速，因此P波首先对周围土体产生作用，波的前进方向与质点的振动方向一致，土体受到压缩或者拉伸。当土体受到压缩作用时，孔隙水压力骤然上升，地基土颗粒间的相互作用力被生成的超孔隙水压力取代，造成土体抗剪强度迅速降低；当土体受到拉伸作用时，破坏土体的原始结构，使土体变得松散。紧随P波到达的是S波，S波的前进方向与质点运动方向垂直。S波周期长且振幅大，在总输入能量中占较大比例，因此，对土体的振动破坏能力很强，其结果是导致土体中的裂缝减少。面波与其他波不同，特别是 R 波，介质在波传播方向的垂直平面内做逆时针椭圆运动，其质点的水平分量运动主要是让土体颗粒受到剪力作用而密实土体，垂直分量主要是松动土体，使夯坑周围的土体发生隆起变形。

夯锤对地基产生的夯击能转化为土层各质点的振动能，使土体发生自由振动。一个质点受冲击力作用发生振动位移，波及土体中相邻质点发生振动，相邻质点发生振动后，又引起下一个相邻质点振动，能量循此传递下去并以波的形式传递给地基土层。其中，R 波携带能量最多，以夯锤与土体接触面中心处为圆心，向周边传递，波在传递过程中带动介质共同振动，对地基压缩致密不起作用，其竖向分量会导致夯坑周围土体产生隆起。其余能量由横波和纵波携带，向下传递，当能量作用至待处理土层上时，整个土体强度就得到了提高。

本节从动力压密理论、动力固结理论以及振动波加密理论三个方面分别解释了强夯法加固地基的基本原理。动力压密理论顾名思义即土体中的气相及液相体积被冲击动力挤压排出，土体得到增强。动力固结理论主要适用于饱和黏性土，对固结过程的三个阶段（饱和土的压缩密实、局部液化及触变恢复）进行了研究，得出了各个阶段的相关规律。振动波压密理论将强夯法的加固机理从波动理论的层次进行了解释，认为土体强夯加固的过程是夯击能量波传递的过程，将夯锤冲击地面时产生的地震波细分为体波和面波，体波主要起加固作用。

5.3　夯实地基的设计

在强夯法工程实践中，由于不同地区的土体物理力学指标相差很大，到目前为止，对于强夯设计仍没有可以普遍适用的设计计算方法。实际工程中多采用理论结合经验的做法，并根据现场试验数据及时进行比较，如不符合预期效果则对设计参数加以优化。在现场施工时，首先应对场地作出详细勘察，依据工程重要等级查明地质情况及对周边环境的影响；其次根据地勘报告、工程性质及相关加固后的目标值，初步确定强夯施工参数，如有效加固深度、锤重、落距等；然后根据既定的施工参数，制订详细的强夯施工方案；最后在正式施工前进行强夯试验，并对夯后加固效果进行详细检测，通过分析确定是否满足加固后的相关目标值，如不满足则修改原定强夯施工方案。

地基用途不同，其相应的技术要求也不相同，进行强夯设计前要明确地基处理的目的。不同场地加固的目的不同，则强夯处理方法、设计参数也大不相同。例如，对于高填土地基，应以提高地基承载力和控制不均匀沉降为主；对于不良液化地基，应以消除不良因素及液化为主；对于特殊地基，如湿陷性土、膨胀土，应以消除湿陷性、膨胀性为主；对于软弱土地基，应以增强地基土强度和减少沉降为主。强夯法加固地基设计的参数众多，本书主要从有效加固深度、夯锤的选择、夯击能的选择、夯击位置及次数、间隔时间、加固范围等方面进行介绍。

5.3.1 有效加固深度

任何一种地基处理方法都需要重点考虑土体的加固影响深度。在强夯法设计中，有效加固深度直接决定加固效果优劣，且选定处理方案时也需考虑该项参数。单点夯击能对加固影响深度起决定性影响。梅那据此建立了影响深度 H 的估算公式。

$$H = \alpha \sqrt{Mh}$$

式中：H——强夯加固影响深度；

M——夯锤重（t）；

h——落距（m）。

α——修正系数，变动范围为 0.35～0.70。黏性土和粉土一般取 0.5，砂土取 0.70，黄土取 0.35～0.50。

强夯的有效加固深度受多方面因素影响，精确计算较为困难，主要影响因素是单点夯击夯能，特别是夯锤底面积上的单位单击夯能。目前，计算有效加固深度是以梅那估算公式结合工程实际来确定的，如不符合则加以修正。修正系数取决于土质和夯击工艺，一般取 0.4～0.8，软土可取 0.5，黄土可取 0.34～0.5。

若工程所在地有试验资料或经验参数，应根据当地实际试验结果结合经验确定有效加固深度。当试验资料或经验匮乏时，可依据《建筑地基处理技术规范》（JGJ 79—2012），按表 5-2 进行预估。

表 5-2 强夯的有效加固深度

单击夯击能（kN·m）	碎石土、砂石土等粗颗粒土（m）	粉土、粉质黏土、湿陷性黄土等细颗粒土（m）
1000	4.0～5.0	3.0～4.0
2000	5.0～6.0	4.0～5.0
3000	6.0～7.0	5.0～6.0
4000	7.0～8.0	6.0～7.0
5000	8.0～8.5	7.0～7.5
6000	8.5～9.0	7.5～8.0
8000	9.0～9.5	8.0～8.5
10000	9.5～10.0	8.5～9.0
12000	10.0～11.0	9.0～10.0

强夯有效加固深度从地表开始计算，当超过表中最大单机夯击能时，应通过现场试验确定。

5.3.2 夯锤的选择

5.3.2.1 夯锤重量的选择

强夯加固地基的效果和强夯能级关系密切，夯锤重量的选择至关重要，其他强夯参数相同。若夯锤重量选择不当，加固效果可能大相径庭。如地基土加固需要大的冲击速度，若选择的夯锤重量过大，则在强夯能级不变的条件下落距就会过小，冲击速度不能保证；相反，如果夯锤重量过小，惯性随之变小，尽管有了较大的冲击速度，也达不到预期效果。经过工程实践的经验总结，发现夯锤存在最佳重量值，但由于土质情况千差万别，此最佳值并无较好的理论计算来支持。目前，在地基土性质相同，夯锤形状及材料、锤底面积、夯点布置及强夯能级参数均一致的情况下，夯锤最佳重量值和落距比例关系如下：

$$M:h=1\sim 1.4$$

当满足上式时，可达到最佳强夯效果，同时能符合相应的设计指标。通过对试验资料进行理论分析，在强夯机具提升力允许前提下，重锤能对地基土产生更大的冲击，加固效果更优，且大幅降低造价，因此，施工时应采用重锤低落距。

5.3.2.2 夯锤底面积的选择

强夯依靠夯锤接触地面产生的巨大冲击荷载来加固地基，夯锤底面是夯锤与地面传递荷载的直接介质，因此，强夯底面的大小也会影响最终夯击结果。若夯锤底面积过大，则冲击应力过小，起不到加固土体效果；若夯锤底面积过小，则会使土体发生剪切破坏。因此，锤底面积应满足下列指标：一是夯锤单位面积的静压力每平方米宜为2.5～4 t。二是夯锤单位面积的夯击能级在2000 kN·m以下时，每平方米宜为300～500 kN·m。三是当待处理地基土质为砂土和碎石土时，夯锤底面积应选用较小的；软土夯锤底面积应选用较大的；粉土、黄土应选用中等面积的。

5.3.3 夯击能的选择

5.3.3.1 单击夯击能

单击夯击能决定每击能量的大小。单击夯击能由地基预期加固深度、土质参数及地基现场状况所决定，其公式如下：

$$E=Mgh$$

式中：E——单击夯击能（kN·m）。

M——夯锤重（t）。

g——重力加速度，为 9.8 m/s²。

h——落距（m）。

5.3.3.2　单位面积夯击能

地基进行强夯作业时，为保证较高的夯击效率，需合理选配施工机具及夯击能量。夯击能的大小取决于锤重及落距二者之积。单位面积夯击能为 1 m² 地基土上所施加的夯击能，其影响因素众多，如土质类型、处理深度等，因此要结合现场试夯结果综合考虑。根据经验，粗颗粒土可取 2100～3000（kN·m）/m，细颗粒土可取 1500～4000（kN·m）/m。单位面积夯击能应选取得当，过大会对土体造成破坏，增加造价；过小则起不到加固作用。目前，我国常用单机夯击能多不超过 3000（kN·m）/m。

5.3.3.3　最佳夯击能

当夯击到一定程度，土体内部孔隙内的水压等于其自重时，此时的夯击能为最佳。土质不同，其最佳夯击能评判标准也不尽相同。黏性土孔隙内水压不能较快消除，其压力随夯击能增加而逐步升高，所以，黏性土的最佳夯击能判定值为孔隙水压力的叠加值。相反，砂性土因孔隙较多，水压能够迅速消除，孔隙水压增量和夯击次数会达到稳定状态，此时判定该土不能继续施加能量，即达到最佳夯击能。在实际应用中，是根据孔隙水压力增量和夯击次数曲线图进行确定的。

5.3.4　夯击位置及次数

5.3.4.1　夯击点布置及间距

夯击点的平面布置是否合理直接决定最终地基加固效果及施工费用，确定夯击点位置时需根据土质类别、上部建筑物结构、基础形式和工程需要综合考虑。夯击点位置一般采用三角形、正方形或梅花形布点（见图 5-1）。常见的、采用条形基础的建筑物如办公楼、住宅建筑，应保证承重墙下及纵横墙交接处的条基均布有夯点；柱下独基的建筑物如单层工业厂房，应在独基下设置夯点，不仅满足柱下独基的承载力，也可以避免大面积夯击造成浪费。

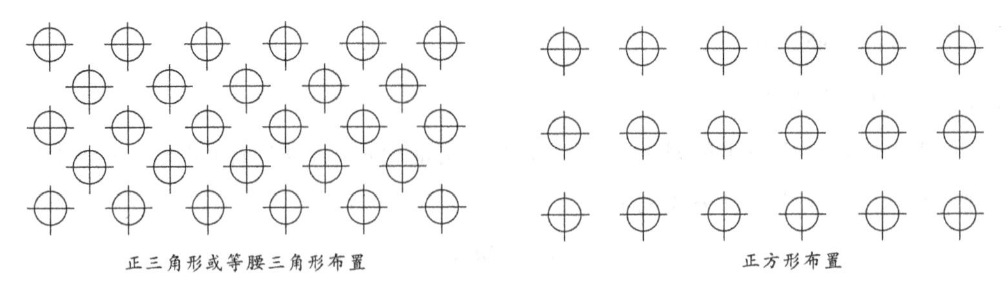

图 5-1　夯击点布点图

夯击点间距通常简称为“夯距”，主要受地基土的性质和设计加固深度影响。对于细颗粒土，夯点间距要大，以便满足土体内部孔隙中水压的消除。为了更好地加固深层土体，首遍夯击间距不宜过小，可取夯锤直径的 2.5～3.5 倍，这样可避免浅层土在夯击时形成密实层，以便夯击能量能传递至深层土。两边夯点应交叉布置，后夯夯点在前夯夯点中间。终遍夯击主要需保证地表土的均匀性及密实度，应采用较低夯击能，且满足夯点之间重叠搭接，即工程中常说的“满夯”或“普夯”。目前，我国工程中常用 3～12 m 的夯距。依据以往的工程实践，间隔夯击优于连续夯击。

5.3.4.2　夯击次数及遍数

夯击次数指一次性在单一夯点连续夯击的次数。夯击次数应以现场试验得出的每击沉降量结合收锤标准进行确定，同时满足最大的土体竖向压缩和最小的侧向移动。夯击次数也跟土质有关，土体参数以及每层厚度的差异均会产生影响，国内外一般每夯击点夯 5～20 击。在当前的工程应用中，夯击次数可依据现场试验结果确定，但应符合现行规范规定。

停夯前两击的平均夯沉量宜满足表 5-3 的要求。当单击夯击能大于 12000 kN・m 时应通过试验确定。

表 5-3　强夯法最后两击平均夯沉量

单击夯击能（kN・m）	最后两击平均夯沉量不大于（mm）
$E<4000$	50
$4000\leqslant E<6000$	100
$6000\leqslant E<8000$	150
$8000\leqslant E<12000$	200

夯坑边土体竖向位移即隆起不得过大，太大则表明有效压实系数变小，夯击效率下降。当地基土体粒径较大时，夯坑边隆起位移很小甚至没有，这时则应尽量加大夯击次数，以便节省夯击遍数。如地基土质为高饱和度的黏性土，土体内部孔隙会随夯击次数增加而变小，加之此类土中自由水不易排出，导致土体内部孔隙中水压持续增长，坑底土体在压力作用下无处排出，最终会导致夯坑周围地面出现巨大隆起。若此时仍继续施夯，不仅浪费工时而且破坏土体，反而起不到加固效果。

为方便施工便于起锤，夯坑不宜过深，一般应分遍夯击作业，主要原因如下：一是夯坑要达到加固效果，只有在夯击时产生冲剪才能对夯坑底部产生挤压，如果夯击点过近，则产生不了冲剪效应，分遍夯击可较好地解决此问题；二是为防止夯坑周围隆起量过大，需在夯坑周围布置有一定距离的非扰动土来约束土体。

夯击遍数可按地基土性确定，在常规情况下可采用 2～3 遍，最后仍需满夯 1 遍，满夯能级应为低能级，一般为前几遍能量的 1/5～1/4，锤击数可选为 2～4 击，以便将前几遍夯击时产生的松土及表土松层夯实。夯击遍数和夯击次数两个参数是互为相干的。当夯击点每次的总夯击数确定以后，应依土质不同选取相应的夯击遍数。具体选取方案如表 5-4 所示。

表 5-4　夯击遍数与夯击次数关系表

土体颗粒	透水性	含水量	夯击遍数	夯击次数
细	弱	高	增加	减少
粗	强	低	增加	增加
粗	强	高	减少	增加
粗	弱	高	增加	减少
粗	强	低	增加	减少

5.3.5　间隔时间

分遍夯击存在必要的停歇，该停歇的时间即为间歇时间。间歇时间直接决定施工组织的合理性以及最终完工的时间。在强大夯击能作用下，土局部产生液化。此时土体内部出现裂缝，土体的渗透性随之大大提高。孔隙内的水可经分叉状裂缝快速排出，超孔隙水压迅速降低，进而土的固结速率得到提高，土体结构得到增强。当孔隙内部水的压力逐渐变小，低于土体间水平向挤压力时，分叉状排水网路的缝隙不再开放，水则恢复其在土中运动的常规状态。由此可见，超静孔隙水压力的消散时间直接影响间隔时间，土体超静孔隙水压力消散快慢与否取决于土质及夯点间距等因素。若地基土渗透性良好，如砂土可在数小时甚至数分钟内消散完毕，相反则需要数周时间才能完全消散。如土体渗透性较低，则可通过人工设置排水通路进行提高，以便加速土体的增强速度，节省工期。如果现场试验条件有限，间隔时间设置可参考表 5-5。

表 5-5　强夯间隔时间

渗透性	间隔时间
良好	控制流水顺序可不设置
差（黏土）	不少于 3～4 周

5.3.6　加固范围

基础压力存在应力扩散，因此强夯加固范围均需大于基础边一定尺寸。该尺寸和上层建筑结构类型、基础类型及结构重要等级有关，具体可参考表 5-6。

表 5-6　强夯加固范围

结构重要性	超出基础外缘宽度
一般	设计处理深度的 1/2 或 1/3，且不小于 3 m
重要	设计处理深度

5.4　夯实地基的施工

5.4.1　施工机械

强夯施工必备的机具及设备有夯锤、吊装机械（起重机）及脱钩装置等。

5.4.1.1　夯　锤

上节已对夯锤作了相关介绍，在此仅对夯锤的气孔进行说明。在强夯施工作业中，如无气孔存在，将损耗三成夯击能，且不易起锤，不仅影响施工效率，而且浪费能源。因此，夯锤必须设置防堵排气孔。排气孔一般平行于锤的中心轴线对称布置，数目为 4～6 个，直径为 250～300 mm。防堵排气孔结构如图 5-2 所示。在夯锤压缩夯坑气体时，空气从空心螺栓中的气孔排出，接触坑底时，空心螺栓头压缩弹簧堵住气孔，阻止泥土堵塞；拔出夯锤时，弹簧推出螺栓，此时空气又可经空心螺栓中心孔排出。

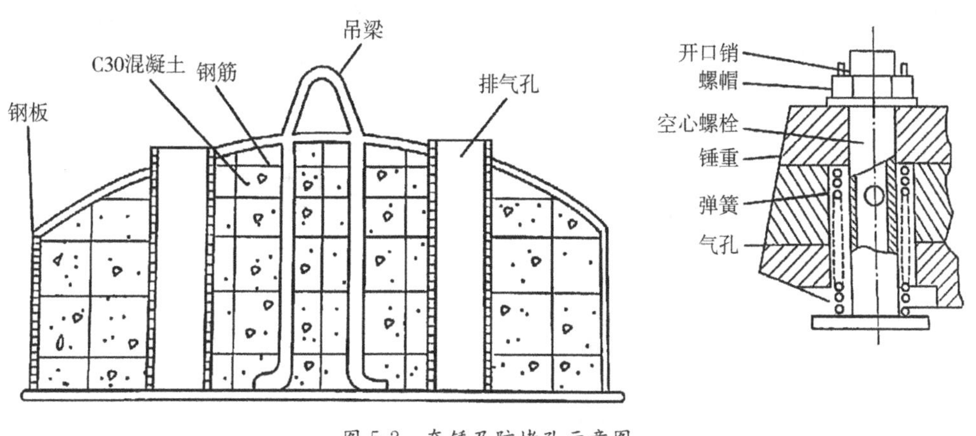

图 5-2　夯锤及防堵孔示意图

5.4.1.2　吊装机械

强夯法采用夯锤落下产生的冲击力加固土体，因此，对起重机的起重能力、稳定性、施工便易性要求较高。西方发达国家多采用现成履带起重机，起吊大吨位夯锤（40 t）时，则采用三足架和胎式强夯机进行辅助作业。我国吊装机械较为落后，多为改装自履带式吊车。强夯施工的夯击能量较大，以 4000 kN·m 为例，15 t 夯锤落距需 26.7 m，20 t 夯锤落距则需 20 m。此时起重臂在夯锤自重作用下会产生较大倾角，在夯锤脱钩瞬间，起重臂会发生猛烈后倾，严重时甚至会发生起重机倾覆事故，严重危害人机安全，因此，在履带起重机的臂杆端部设置辅助门架以增强整体稳定性。辅助门架结构组成有横梁、柱及柱脚。辅助门架在起吊过程中与夯锤脱钩后不能发生失稳及扭转现象，因此需同时满足强度及稳定性要求。在设计过程中，一般采取降低格构柱的长细比等措施来满足施工的安全要求。

5.4.1.3　脱钩装置

固定式装置：当锤重小于起重卷扬机能力时，用单缆及普通卡环起吊夯锤，夯锤下落时钢丝也随着下落，缆绳与夯锤同步上下运行，所以夯击效率较高，简单可靠，但夯锤下降阻力较大，且极易搅乱缆绳。当夯锤重超过卷扬机能力时，就不能使用单缆锤施工工艺，只有利用滑轮组并借助脱钩装置来起落夯锤。当直接和单缆绳起吊夯锤时，起重机的起重能力应大于夯锤的3～4倍，当采用自动脱钩装置时，应大于锤重的1.5倍。

脱钩装置：当锤重超出吊机卷扬机能力时，不能使用单缆锤施工，利用滑轮并借助脱钩装置来完成夯锤起落。操作时将夯锤挂在脱钩装置上，如图5-3所示，使锤形成自由落体。拉动脱钩装置的钢丝绳，其一端固定在吊机上，以钢丝绳的长短控制夯锤的落距。夯锤挂在脱钩器的钩上，当吊钩提到要求高度时，张紧的钢丝绳将脱钩器的伸臂拉转一个角度，致使夯锤突然下落，有时为防止起重臂在较大的仰角下突然释重而有可能发生后倾，可在履带起重机的臂杆端部设置辅助门架，或采取其他安全措施，防止落锤时机架倾覆。自动脱钩装置应具有足够的强度，且施工时要求灵活。

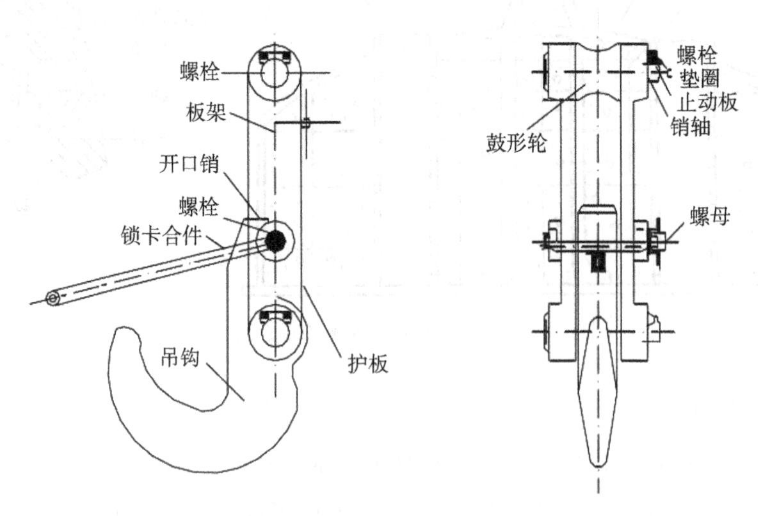

图5-3　脱钩装置示意图

5.4.2　施工步骤

5.4.2.1　准备工作

在施工前要做好前期准备工作，首先熟悉施工图纸，理解设计意图，掌握设计参数，现场实地考察并定位放线；其次制订施工方案和确定强夯参数；然后选择检验区做强夯试验进行试夯；最后整平场地，修筑机械设备进出场道路，保证有足够的净空高度、宽度、路面强度和转弯半径。填土区应清除表层腐殖土、草根等，场地整平挖方时，应在强夯范围预留夯锤沉量需要的土厚。

5.4.2.2　施工程序

清理、平整场地→标出第一遍夯点位置、测量场地高程→起重机就位、夯锤对准夯点位置→测量夯前锤顶高程→将夯锤吊到预定高度脱钩自由下落进行夯击，测量锤顶高程→往复夯击，按规定夯击次数及控制标准，完成一个夯点的夯击→重复以上工序，完成第一遍全部夯点的夯击→用推土机将夯坑填平，测量场地高程→在规定的间隔时间后，按上述程序逐次完成全部夯击遍数→用低能量满夯，将场地表层松土夯实，并测量夯后的场地高程。

5.4.2.3　施工要点

（1）做好强夯地基地质勘察，对不均匀土层适当增多钻孔和原位测试工作，掌握土质情况，作为制订强夯方案和对比夯前、夯后的加固效果之用。必要时进行现场试验性强夯，确定强夯施工的各项参数。同时查明强夯范围内的地下建筑物和各种地下管线的位置及标高，并采取必要的防护措施，以免因强夯施工而造成损坏。

（2）强夯前应平整场地，用推土机预压两遍，既有利于起重设备行驶，又能处理湿陷、空洞问题，预防事故发生。场地周围作好排水沟，按夯点布置测量放线、确定夯位。地下水位较高时，应在表面铺0.5～2.0 m厚的中（粗）砂或砂石垫层，以防备下陷和便于消散强夯产生的孔隙水压，或采取降低地下水位后再强夯。

（3）强夯应分段进行，顺序从边缘夯向中央，如图5-4所示。起重机直线行驶，从一边向另一边进行。每夯完一遍，用推土机整平场地，放线定位后即可接着进行下一遍夯击。强夯法的加固顺序是先深后浅，即先加固深层土，再加固中层土，最后加固表层土。最后一遍夯完后，再以低能量满夯一遍，有条件时以小夯锤夯击为佳。

（4）回填土应控制含水量在最优含水量范围内，如低于最优含水量，可钻孔灌水或洒水浸渗。

16	13	10	7	4	1
17	14	11	8	5	2
18	15	12	9	6	3
18′	15′	12′	9′	6′	3′
17′	14′	11′	8′	5′	2′
16′	13′	10′	7′	4′	1′

图5-4　强夯顺序图

（5）夯击时应按试验和设计确定的强夯参数进行，落锤应保持平稳，夯位应准确，夯击坑内积水应及时排除。坑底上含水量过大时，可铺砂石后再进行夯击。在每一遍夯击之后，要用新土或周围的土将夯击坑填平，再进行下一遍夯击。强夯后，基坑应及时修整，浇筑混凝土垫层封闭。

（6）做好施工过程中的检测和记录工作，包括检查夯锤重和落距，对夯点放线进行复核，检查夯坑位置，按要求检查每个夯点的夯击次数和每击的夯沉重等，并对各项参数及施工情况进行详细记录，作为质量控制的根据。

5.4.2.4　施工安全措施

（1）对施工人员进行安全教育，树立安全第一的思想，强夯施工过程中要保证精神专注，遵循操作规程，切不可违规操作。

（2）吊车司机起吊前应清理吊车作业半径内的其余人员。吊车吊臂下的挂钩及扶尺人员务必头戴安全帽，操作时精力集中，做到稳、准、快捷，且需待吊钩下降停稳后方可进行操作。完成操作后立即远离危险区域。起重臂下严禁除施工操作人员外其他人员停留或穿行。在夯击作业过程中，安全线以内严禁人员停留。

（3）强夯施工会产生巨大震动，如夯位较为接近邻近建筑物，应采用相应减振处理方法。强夯前务必将场地平整坚实，防止大型机械进场陷入地基，如存在湿陷、空洞问题，应用推土机预压两遍，无法处理时应设置危险标识。

5.5　质量检验

目前，国内外的地基检测方法较多，按试验地点可分为原位测试和室内土工试验两大类。原位测试按检测原理可分为载荷试验、静力触探试验、动力触探试验、旁压试验、十字板剪切试验、现场波速试验等；室内土工试验按试验目的可分为物理特性试验、压缩试验、抗剪强度试验、渗透试验等。其中，部分测试方法根据工作原理又细分为多种方法，如静力载荷试验根据试验深度可分为浅层平板载荷试验和深层平板载荷试验，动力触探试验可分为标准贯入试验、轻型动力触探、重型动力触探和超重型动力触探等。

我国现行《建筑地基处理技术规范》（JGJ 79—2012）规定，强夯后的地基承载力检测应采用静载试验、其他原位测试和室内土工试验等方法综合确定，夯后地基均匀性检测可采用动力触探、标准贯入试验、静力触探以及室内土工试验等方法确定。

5.5.1　检测方法及原理

5.5.1.1　浅层平板载荷试验

地基强夯后的地基承载力检测利用浅层平板载荷试验进行检测。平板静载荷试验原理是保持强夯后地基土的天然状态，模拟设计要求的荷载条件，通过一定面积的承压板向地基施加竖向荷载，根据荷载大小与沉降量的关系，分析判定强夯处理后填筑体地基的承载力特征值。平板载荷试验依据标准为《建筑地基处理技术规范》（JGJ 79—2012）附录A的有关规定，结合各点载荷试验 $p-s$ 曲线及 $s-\lg t$ 曲线等综合判定承载力，对于夯实地基载荷板面积不宜小于 2 m^2。

（1）试验加荷装置：采用油压千斤顶加荷，千斤顶反力可采用配重块来解决，也可采用现场强夯机作为配重来解决。

（2）试验基坑宽度不应小于承压板宽度或直径的3倍。应保持试验土层的原装结构和天然湿度。宜在拟试压表面用粗砂或中砂层找平，其厚度不超过20 mm。

（3）荷载与沉降的量测仪表：荷载用连接于千斤顶的油压表测定油压，根据千斤顶检定曲线换算荷载；垂直位移采用精度为0.01 mm的百分表量测。

（4）试验加荷方式：采用慢速维持荷载法，即逐级加载，每级荷载达到相对稳定后再加下一级荷载。

（5）加载与沉降观测如下：

加载分级：每级加载量为设计承载力特征值的1/5。试验可分10级加载，最终荷载加至设计承载力特征值的2倍。

沉降观测：每级加载后测读一次，间歇10 min、10 min、10 min、15 min、15 min各测读一次，以后每隔30 min测读一次，每次测读值计入试验记录表。

沉降相对稳定标准：每小时的沉降不超过0.1 mm，并连续出现两次，认为已达到相对稳定，可加下一级荷载。

终止加载条件：当出现下列情况之一时，即可终止加载，承压板周围的土明显地侧向挤出；在某级荷载作用下，24 h内的沉降速率不能达到稳定；沉降量与承压板宽度或直径之比大于或等于0.06；满足其中一条时，其对应的前一级荷载定为极限荷载。

（6）承载力特征值的判定：当压力沉降 $p—s$ 曲线为平缓的光滑曲线时，取 $s=$ 0.010～0.015天（具体视压实质量及工程特点综合确定）所对应的荷载值，且不大于最大加载量的1/2。

5.5.1.2　静力触探试验

静力触探试验是用静力将探头以一定的速率压入土中，利用探头内的力传感器，通过电子量测器将探头受到的贯入阻力记录下来。由于贯入阻力的大小与土层的性质有关，因此，通过贯入阻力的变化情况可以了解土层的工程性质。

静力触探试验提交比贯入阻力—深度关系曲线，可用于评价原状地基土及填筑体的深层地基土承载力，利用静力触探评价地基土的承载力，主要靠岩土工程师的工程经验、地区经验，并与载荷试验成果比对，是一种经验意义上的承载力评价方式，检测深度应超过分层回填厚度至少 1 m。

5.5.1.3　探井开挖及室内土工试验

地基强夯处理效果的检测可采用开挖探井采取原状土试样进行土工试验，室内土工试验提供的参数包括含水量、比重、天然密度、干密度、孔隙比、饱和度、液限、塑限、压缩系数、压缩模量等常规物理力学参数，通过物理力学参数对比，判定强夯处理加固效果。

5.5.1.4　重型圆锥动力触探试验

重型圆锥动力触探试验是岩土工程中常规的原位测试方法之一。它是利用一定质量的落锤（63.5 kg），以一定高度的自由落距（76 cm）将标准规格的探头（直径 74 mm、锥角 60°）打入土层中，读取每贯入 10 cm 的读数，并根据探头贯入的难易程度评价土层的性质。

5.5.2　有效加固深度的判定标准

各地各设计单位的习惯、经验不同，对地基处理后的质量检验指标也不一样，一般按设计要求而定。考虑到岩土地基本身的不均匀性和测试指标的离散性，以及工程中的实用性和判断结果的可靠性，有效加固深度的判断应采取两种以上的方法。东营地区试验工作的检测手段依据设计要求确定，主要有静载荷试验、静力触探试验、重型动力触探试验、室内土工试验、土的击实试验等。实际工程中应结合各检测试验结果综合判断地基承载力和有效加固深度。

静力触探试验或重型动力触探试验主要用于深层地基土的承载力评价，有效加固深度的判定标准为夯后的触探头贯入阻力平均值大于夯前的触探头贯入阻力的深度。静载荷试验在强夯后的地基表层进行，采用浅层平板载荷试验方法，提供浅层地基土的承载力特征值和沉降参数，夯后的承载力特征值、沉降值应满足设计要求。室内土工试验主要采取不扰动试样进行常规土工试验，试验提供设计需要的物理力学性质指标。有效加固深度的判定标准为夯后的压缩系数平均值不大于夯前的压缩系数，夯后的孔隙比平均值不大于夯前的孔隙比，压实系数达到设计要求的深度。

5.6　工程案例

5.6.1　东营港某油库区项目联合强夯法案例

5.6.1.1　工程概况

拟建工程为东营港某油库区项目（堆场区），位于东营市东营港经济开发区内观海路以西、海港路以北（见图 5-5）。拟建造的构筑物主要包括仓库、集装箱、大件杂货堆场、散货堆场和辅助用房等。

图 5-5　工程位置图

项目场地为海边围垦滩地，地势低洼，堆填场区占地 160000 m^2。场区表层土为近五年吹填而成，土质为粉土，含水率高，承载力低，存在淤泥质粉质黏土软弱土层，地基承载力达不到工程要求，只有经加固处理后，才能提高地基承载力，减少工后沉降，满足工程需求。按照工程设计要求，对处理后的地基承载力指标要求如下：地基承载力特征值在处理后应大于 130 kPa；地基处理深度需深于淤泥质粉质黏土层。

根据勘察资料，参考土体的时代成因、岩性特征和物理力学性质特征，场地自上而下按顺序划分为 5 个大层，每层土层的物理特征描述如下：

①层：冲填土（Q_4^{ml}），以灰黄色为主，稍湿，土质较均匀，以粉土为主，局部夹杂植物根系，结构较松散，摇振反应迅速，回填年限不超过五年，厚度为 1.70～2.30 m。对 1 m 深度处的冲填土（降水后）进行取样和室内试验，得到的冲填土液限 $W_L=29.4\%$，塑限 $W_P=20.2\%$，塑性指数 $I_P=9.2$，液性指数 $I_L=1.41$，冲填土主要为粉土，呈流塑状态。

②层：粉土（Q_4^{al}），主要为灰黄色和黄褐色，湿，呈松散—稍密状态，土质较均匀，局部含有氧化铁和云母，摇振反应中等，无光泽反应，干强度低，韧性低，普遍分布于该场地，厚度为 1.60～3.30 m。

③层：淤泥质粉质黏土（Q_4^{al}），主要为灰黄色和黄褐色，呈软塑—流塑状态，局部夹有氧化铁和云母，夹薄层粉土，无摇振反应，稍有光泽，韧性和干强度中等，普遍分布于场地，厚度为 3.00～3.90 m。

④层：粉土（Q_4^{al}），主要以灰黄和灰黄色为主，湿，呈中密—密实状态，土质较为均匀，局部含有氧化铁和云母以及夹杂粉质黏土薄层，摇振反应迅速，无光泽反应，干强度低，韧性低，普遍分布于该场地，厚度为 8.8～11.60 m。

⑤层：粉质黏土（Q_4^{al}），以黄褐色为主，基本呈软塑状态，局部含有氧化铁和云母以及夹杂薄层粉土和淤泥质黏土，无摇振反应，稍有光泽，干强度及韧性中等，普遍

分布于该场地，厚度为 2.90～4.00 m。

地基处理深度范围内的 1～4 层土主要力学指标数据如表 5-7 所示。

表 5-7　土层主要力学指标

层号	岩性	含水率 (%)	比重	孔隙比	塑性指数	液性指数	压缩系数 (MPa^{-1})	黏聚力 (kPa)	内摩擦角
1	冲填土	21.5	—	—	—	—	—	—	—
2	粉土	27.8	2.68	0.981	9	0.86	0.670	11.3	17.1
3	淤泥质粉质黏土	48.6	2.72	1.285	14.2	1.18	0.679	32.7	14.1
4	粉土	26.8	2.68	0.797	8.7	0.79	0.226	15.7	19.0

5.6.1.2　设计方案

单纯的强夯法加固饱和软土地基虽能在表层起到一定作用，但因超孔隙水不能有效排出易产生“橡皮土”，而使加固效果、加固深度大打折扣，因而必须联合其他地基处理措施才能有效加固地基。针对本工程实际地质情况，采用沉管砂桩与预排水动力固结法（轻型井点降水）联合强夯法的新工艺来加固地基。

根据地基处理深度要求，砂桩应穿透淤泥质粉质黏土层，进入下卧层不少于 0.5 m，砂桩桩长为 8.5 m，桩径为 400 mm。采用 DZ-75 型振动沉管桩机进行砂桩施工，活瓣式桩尖，直径取 400 mm。施工工艺流程如下：先定位机具，再放置管桩，待管桩安置后下骨料，在下料过程中要保证空压机开启以达到送风的目的，待骨料下完后拔出桩管，最后移开机具，方便后续施工。埋置桩管的长度必须按要求比设计桩长多 3～5 m，在确定实际灌砂量时应按照桩孔成孔体积大小和中密砂的干密度来计算，并按照 1.2 的充盈系数来估算实际用砂量。在拔出埋置桩管离开地面时，桩头应高出地面不少于 20 cm，以确保埋置桩管离开地面时砂面与地面平行。

在试验场地采用轻型井点降水，以保证浅层地下水的及时排出和施工机械的顺利施工。根据勘察报告的地层情况，考虑到淤泥质粉质黏土的出水量比粉土的少，经过综合比较，选定井点布置方案，采用横向排水管成排布置，排距为 5.5 m。抽水井点管的竖向间距为 1.0 m，竖向 PVC 井点管直径为 2.5 cm，端头滤管长度为 0.8～1.0 m，总长度为 4.5 m。每个施工区沿东西方向分成两部分，两侧分别安装真空泵进行降水，以保证降水效果。采用高压水枪沿试验区外围每隔 1.0 m 冲孔，冲孔深度为 5.0 m，该冲孔深度大于竖向管长 0.3～0.5 m，因此确保了竖向滤管底端周围能充填砂料，起到良好的滤水作用。在冲孔过程中，水枪冲水开口在水管端头，成孔时易造成孔径尺寸不够或粗细不均。为此，在冲水枪上安装一个扩径端头，端头直径为8～10 cm，从而保证了要求的成孔直径和成孔的均匀性。孔径10～15cm，成孔后放入抽水井点管，并向孔内缓缓填入砂料。用泥沙封口（离地面50 cm以上部位），以防止抽水时漏气影响效果。井点管埋设完成后，井点管与地表四周的集水总管用塑料弯管连接，然后在井点附近安装抽水装置。

强夯采用先三遍点夯后满夯的设计方案，前两遍夯点采用四边形方位布置，夯点间距为5.0 m，第三遍夯点采用与第一遍和第二遍夯点错落布置的方式，强夯布点图如图5-6所示，最后一遍为全场满夯。

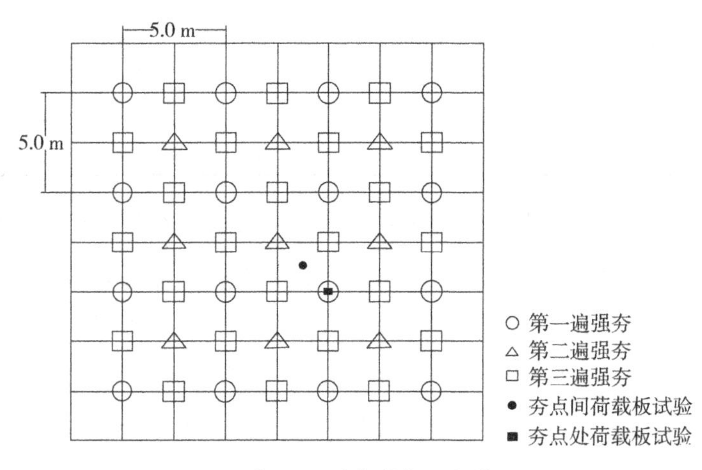

图5-6　强夯布点示意图

根据夯击能的不同，在施工场地选取三块试验区用以试验对比，其余试验条件相同。每个试验区采用不同的单点夯击能量（见表5-8）。

表5-8　单点夯击能量

试验区	强夯遍数	夯锤重量（t）	落距（m）	强夯能量（kN·m）
1	3	15	6.8	1000
2	3	15	13.6	2000
3	3	25	16.3	3000

5.6.1.3　处理结果分析

1）力学指标分析

对降水后夯击前及夯击后两种原状土样进行了室内土工试验，对主要土层强夯前后物理力学性质指标统计值进行对比。从表5-9可以看出，强夯后地基土的力学性质指标相对夯前均有较大程度的改善。

表 5-9　主要土层的物理力学性质指标

层号	岩性	土样状态	含水率（%）	孔隙比	液性指数	压缩系数（MPa^{-1}）	黏聚力（kPa）	内摩擦角
1	冲填土	夯前	28.5	—	—	—	—	—
		夯后	23.6	0.729	0.64	0.200	18.0	34.26
2	粉土	夯前	27.8	0.981	0.86	0.670	11.3	17.10
		夯后	24.5	0.697	0.53	0.150	16.0	34.70
3	淤泥质粉质黏土	夯前	48.6	1.285	1.18	0.679	32.7	14.10
		夯后	35.5	0.890	0.87	0.470	13.0	10.74
4	粉土	夯前	26.8	0.797	0.79	0.226	15.7	19.00
		夯后	23.0	0.617	0.39	0.170	18.0	35.48

具体分析强夯前后物理力学性质指标数值可以看出，在强夯后各土层的含水率均有一定下降，表明在沉管砂桩作用下，给深层孔隙水提供了更好的排水通道，也更易于深层土固结。强夯后各土层孔隙比均有所减小，表明强夯后土颗粒排列更加紧密。相比来看，2 层土比 3 层土下降更多，表明地基土在强夯后浅层土颗粒间密实度较深层土大。夯后各土层液性指数下降很大，最大达到 50%，表明经过强夯后粉质黏土颗粒间重排列，反而影响孔隙水压力进一步排出，也从侧面表明沉管砂桩的存在对地基加固是非常必要的。强夯后各土层的压缩性发生明显变化，上部土层压缩模量提高幅度很大，3 层、4 层土压缩模量提高较小，这一方面和加固深度有关系，另一方面经过前期抽水，在上部形成了硬壳层，有效降低了粉土的压缩性。下部提高不大，这和能量到达该层前已损失大部分有关。黏聚力和内摩擦角在 2 层、4 层粉土层增大幅度比较明显，3 层淤泥质粉质黏土层的强度反而有所下降，表明经强夯后破坏了淤泥质粉质黏土原有结构，土体强度下降很大，在一定时间内触变恢复很慢，重塑过程使得该层的孔隙水消散没有出路，短期内土体的强度不能明显提高，需要长时间稳定固结，说明在夯后地基亦需要一定的时间自然固结沉降。

2）现场荷载板试验分析

在 3 个试验区进行了 6 个现场浅层平板载荷试验（每个试验区强夯点、夯点间进行 2 个试验）。本次荷载试验采用圆形荷载板，直径 D 为 1.382 m，面积为 1.5 m^2，施加最大荷载为 286 kPa。通过荷载—沉降关系图（p—s 曲线，见图 5-7）分析地基的变形特征，计算地基土承载力特征值。

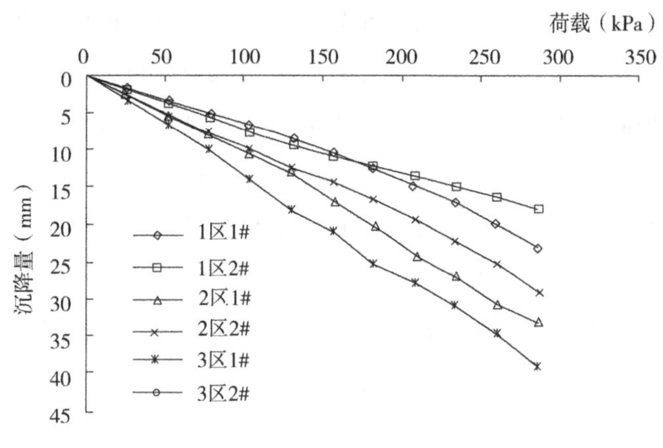

图 5-7　荷载试验 p—s 曲线图

在试验采取的最大荷载下，3 个试验区的每个试验点的曲线图都呈现逐渐增大趋势，没有出现拐点。根据规范规定，地基承载力特征值可取沉降值 $s=0.01b$（b 为承压板直径）所对应的荷载，以此计算得到的结果（见表 5-10）。

表 5-10　浅层平板载荷试验承载力特征值

试验点编号	试验点说明	最大试验荷载 (kPa)	取沉降值 $s=0.01b$ (mm)	沉降对应荷载 (kPa)	承载力特征值 (kPa)
1-1#	夯点处	286	13.82	200	143
1-2#	夯点间	286	13.82	220	143
2-1#	夯点处	286	13.82	126	126
2-2#	夯点间	286	13.82	160	143
3-1#	夯点处	286	13.82	100	100
3-2#	夯点间	286	13.82	130	130

可以看出，在每个试验区，夯点间的沉降对应荷载值均小于强夯点处的，但差别不大，可能是由于最后满夯采取的能量较小，以及搭接宽度不够，在满夯过程中不能充分夯实夯坑的回填土所致，因此在进行满夯时，应合理布置夯击点。根据试验计算结果可知，第 1、第 2 试验区加固效果较好，而第 3 试验区的加固效果相对较差。从这个角度来说，强夯能量越大未必加固效果越好，因此，选择适当的夯击能来加固地基是非常重要的。

5.6.1.4　经验总结

单纯强夯法加固软土层时，由于超孔隙水不能有效排出，易产生“橡皮土”，地基土达不到有效的固结、密实效果，因而在软土地区多采用其他地基处理措施与强夯法结合来加固地基。针对本工程现场地质条件，采用沉管砂桩、轻型井点降水与强夯法联合的新工艺来加固地基土，取得了较好的效果。通过加固效果综合分析发现，砂桩增加了土层的渗水性和透气性，便于土层中孔隙水的排出，初步提高了表层土的强度。然后再进行轻型井点降水，进一步降低了地下水位和较深处土层中的含水量。此时表层形成了一定厚度的硬壳层，为强夯机械施工创造了条件。由于有一定厚度硬壳层的存在，通过强夯法施工可激发深层饱和土的超孔隙水压力，在砂桩、井点管共同吸排水作用下，孔隙水向外排出，压力快速消散，深层土进一步趋于密实加固。因此，沉管砂桩、井点降水与强夯法联合作用形成一个有机整体，对加固吹填软土地基是一种十分有效的地基加固技术，也为同类型地基土处理提供了一个成功的例子。

5.6.2 东营某科技研发产业园区项目强夯案例

5.6.2.1 工程概况

该拟建工程为东营某科技研发产业园区项目，位于东营市经济技术开发区东五路以东、运河路以南、徐州路以西、南一路以北（见图 5-8）。拟建造的建（构）筑物主要包括技术中心、办公楼、酒店、特色餐饮及换热站等。

该工程场地北侧有较大水坑，堆填 4 m 厚填土，回填时间约半年，场地需加固面积约 90000 m^2，采用强夯法进行地基处理。强夯有效加固深度不小于 5 m，单击夯击能不小于 1000 kN·m，最后两击平均夯沉量不大于 50 mm，强夯加固后地基承载力不小于 100 kPa。根据勘察资料，参考土体的时代成因、岩性特征和物理力学性质特征，场地自上而下按顺序划分为 5 个大层，每层土层的物理特征描述如下：

①层：素填土（Q_4^{ml}），黄褐色—灰色，以粉土为主，夹粉质黏土薄层及黏土团块，局部含大量石块及建筑垃圾，含少量有机质，土质不均匀，结构松散，厚度为 1.50～4.80 m。该层为新建回填土，回填时间约半年。

②层：粉土（Q_4^{al}），黄褐色—灰色，含少量有机质，土质较均匀，湿，中密，摇振反应迅速，无光泽反应，干强度低，韧性低，厚度为 0.30～1.90 m。

③层：粉质黏土（Q_4^{al}），灰色，土质不均匀，含铁质条斑及少量有机质，软塑，摇振无反应，稍有光泽，干强度中等，韧性中等，厚度为 0.30～2.50 m。

④层：粉土（Q_4^{al}），灰褐色—灰色，土质较均匀，含铁质条斑，含少量贝壳碎片，湿，中密，摇振反应中等，无光泽反应，干强度低，韧性低，厚度为 0.30～1.90 m。

⑤层：粉质黏土（Q_4^{al}），灰褐色，夹粉土薄层或透镜体，土质不均匀，含铁质条斑，软塑，摇振无反应，稍有光泽，干强度中等，韧性中等，厚度为 5.70～8.20 m。

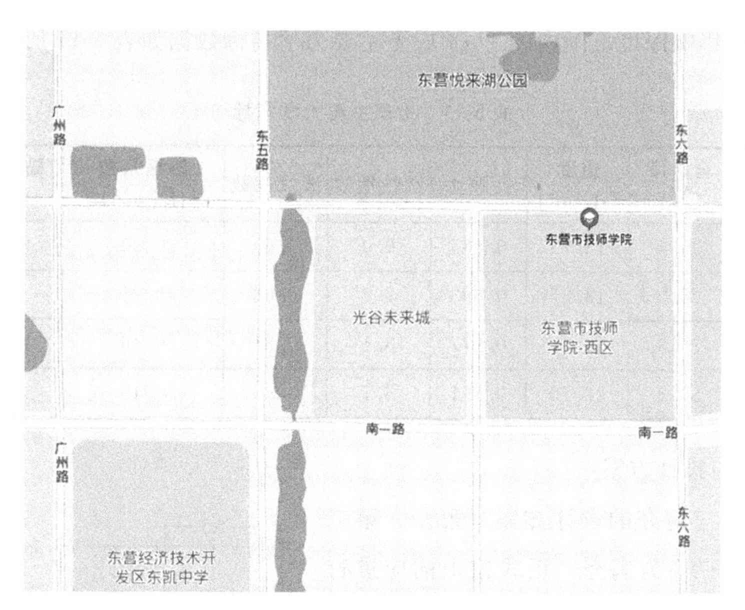

(a) 项目位置图

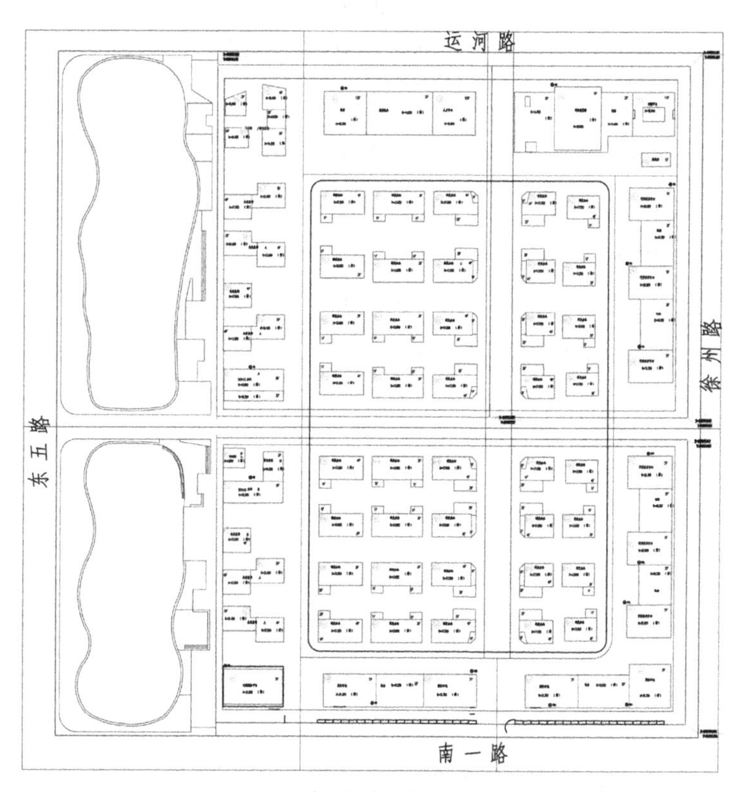

(b) 场地平面图

图 5-8　项目位置图及场地平面图

强夯处理影响深度范围内的1～4层土主要力学指标数据如表5-11所示。

表5-11 土层主要力学指标

层号	岩性	含水率(%)	重度(kN/m^3)	孔隙比	塑性指数	液性指数	压缩系数(MPa^{-1})	黏聚力(kPa)	内摩擦角
1	素填土	30.4	18.73	0.835	9.0	0.69	0.30	10.5	13.9
2	粉土	28.0	18.87	0.883	7.2	0.63	0.21	6.5	20.4
3	粉质黏土	35.3	18.07	0.977	13.1	0.81	0.46	17.0	6.6
4	粉土	27.6	18.76	0.791	6.7	0.60	0.19	6.7	20.7

5.6.2.2 强夯设计方案

强夯采用三遍夯的设计方案，第一、第二遍为点夯，第三遍为满夯，正式施工前应进行典型试夯施工，验证施工参数，试夯区面积按照要求不小于20 m×20 m。点夯夯击能为1000 kN·m，夯击数为4～6击且最后两击的平均夯沉量不大于50 mm，夯锤直径为2～2.5 m，重10 t，夯点布置采用5.5 m×5.5 m的梅花形布置，第一遍夯点位于5.5 m×5.5 m的正方形角点，第二遍夯点位于5.5 m×5.5 m的正方形中心（见图5-9）。点夯要求连续夯击，点夯与满夯之间留有7～14天的间歇时间，具体施工时点夯与满夯之间的间歇视现场情况并结合规范确定。

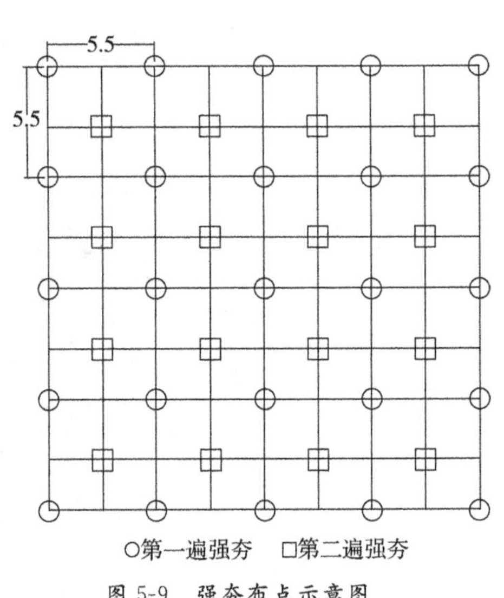

图5-9 强夯布点示意图

点夯完成后再低能满夯一遍，满夯夯击能为700 kN·m，满夯锤印搭接为锤径的1/4～1/3。在施工过程中若出现夯坑过深拔锤困难或夯坑周围土隆起过大情况，可采用多遍少击方法进行施工，或调整夯点间距。如遇部分部位土质含水量过大强夯施工困难时，应及时将该部位的土质翻晒后再回填，回填完成满足强夯需求时再进行强夯处理。施工时夯锤就位要准确，中心位移偏差不得大于15 cm；应及时准确地测量每一击的夯沉量及总锤击数。

对于场地北侧大坑的回填，应确保填筑过程中严格检测填料质量，回填土含水量不宜过大，填土前将杂草及淤泥清除干净，如有渣土，渣土填料粒径不大于100 mm，禁止使用废弃木材、生活垃圾、工业废料；铺填时大块料不应集中，且不得铺设在分段接头处。每虚铺1 m厚，用推土机整平，再回填下一层，依次循环。强夯前如地下水位不能满足强夯要求应采取降水措施，回填及清淤前需将场地的地表水及各蓄水坑内的水排除干净。强夯施工现场状况如图5-10所示。

图5-10　强夯施工现场图

5.6.2.3　成果检测

在建筑单体E8（科研办公楼）处进行了3个现场浅层平板载荷试验，采用方形荷载板，边长为1.41 m，面积为2 m^2，加荷分级为8级，施加最大荷载为220 kPa。通过荷载—沉降关系图（见图5-11）分析地基的变形特征，计算地基土承载力特征值。

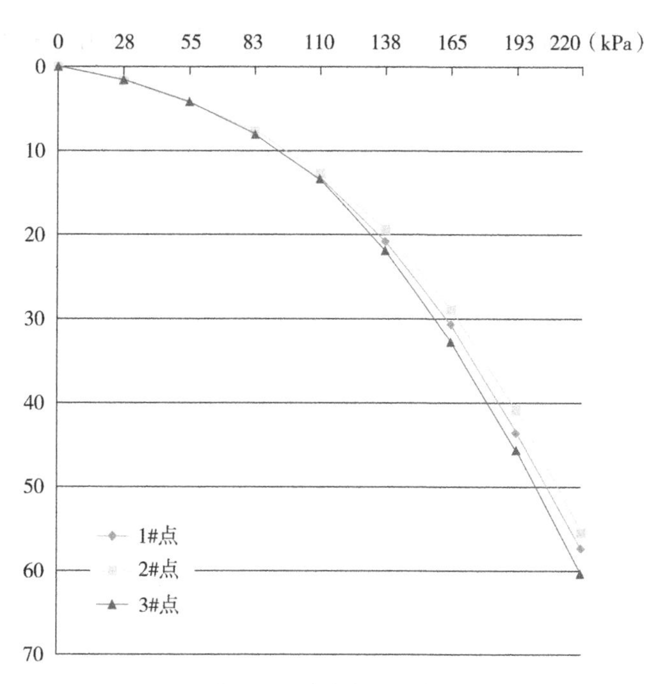

图5-11　荷载试验曲线图

在试验采取的最大荷载下，三个试验区的每个试验点的曲线图都呈现逐渐增大趋势，没有出现拐点。根据规范规定，地基承载力特征值可取沉降值 $s=0.01b$（b 为承压板宽度）所对应的荷载，以此计算得到结果（见表 5-12）。

表 5-12　浅层平板载荷试验承载力特征值

试点号	承压板面积 (m^2)	最终加载分级数	最终荷载值对应沉降量 (mm)	最大荷载值 (kPa)	相对变形值对应荷载 (kPa)	地基承载力特征值 (kPa)
1#	2	8	57.33	220	114	110
2#	2	8	55.40	220	116	110
3#	2	8	57.29	220	114	110

从浅层平板载荷试验结果来看，三组数据较为一致，强夯后地基承载力特征值为 110 kPa，满足地基承载力不小于 100 kPa 的设计要求。

5.6.3　东营某住宅小区项目强夯案例

5.6.3.1　工程概况

该拟建工程为东营某住宅小区项目，位于东营区华山路以西、拟建杭州路以东、北一路以南、花苑路以北（见图 5-12 和图 5-13），地理位置优越，交通便利。该工程主要包括多层住宅楼、高层住宅楼、商业楼、公建、换热站、公厕及地下车库等多种建（构）筑物，其中二层商业建筑采用强夯法处理地基，基础采用片筏基础。

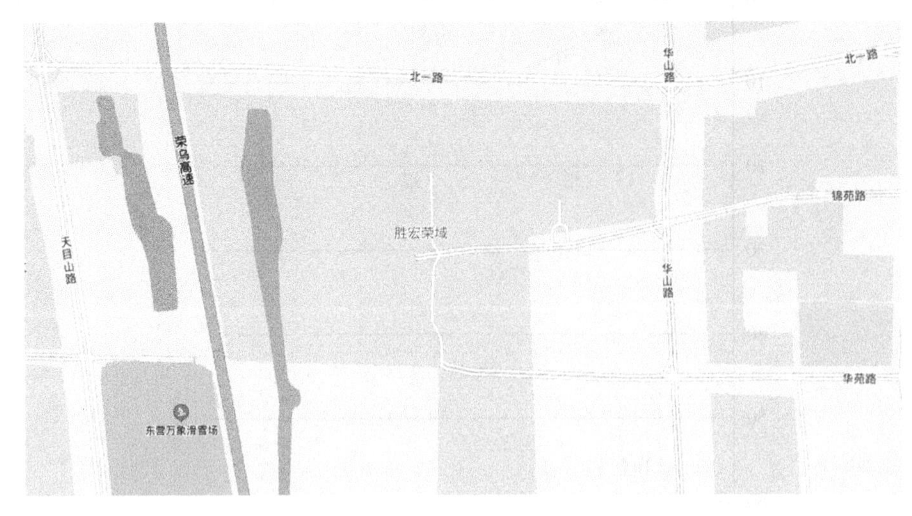

图 5-12　项目位置图

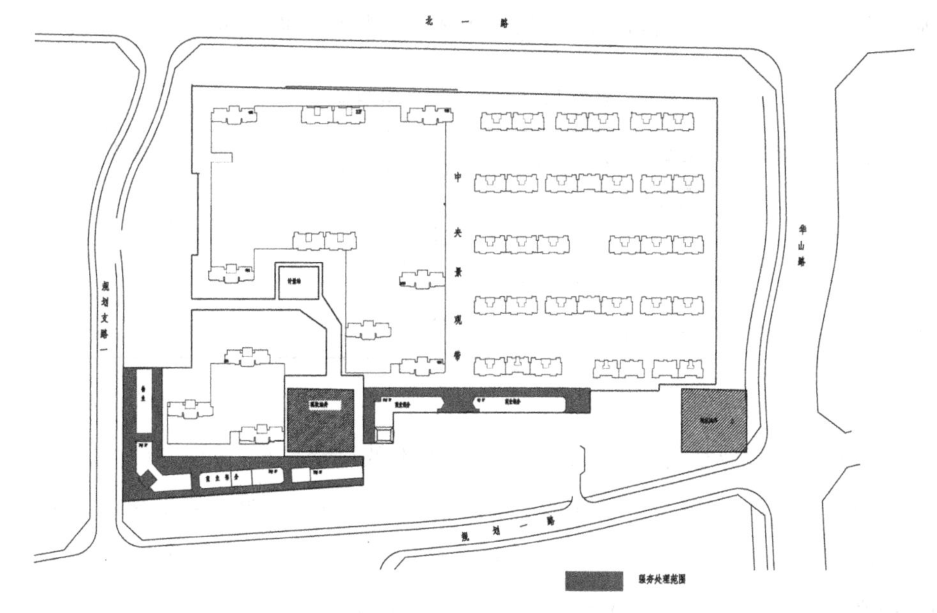

图 5-13　场地平面及强夯处理位置图

该项目场地原始地貌地形起伏大，勘探时场地地面标高为 3.05～6.05 m，相对高差为 3.00 m。其南侧商业区局部存在水坑，经机械排水后，由外部拉土回填并由机械推铲整平，堆积及扰动时间约为半年。对场区南部商业部分采用强夯法进行地基处理，处理面积约为 10000 m^2，强夯有效加固深度不小于 5 m，单击夯击能不小于 1000 kN・m，最后两击平均夯沉量不大于 50 mm，强夯加固后地基承载力不小于 100 kPa。根据勘察资料，参考土体的时代成因、岩性特征和物理力学性质特征，场地自上而下按顺序划分为 5 个大层，每层土层的物理特征描述如下：

①层：素填土（Q_4^{ml}），黄褐色，表层含少量建筑垃圾及植物根系，以粉质黏土为主，土质不均匀。厚度为 0.80～3.20 m，平均 1.86 m。场区南部该层为新建回填土，回填时间约半年。

②层：粉质黏土（Q_4^{al}），黄褐色，土质较均匀，软塑，摇振无反应，稍有光泽，干强度中等，韧性中等。厚度为 0.30～3.90 m，平均 1.60 m。

③层：粉土（Q_4^{al}），黄褐色，土质不均匀，含铁质条斑，湿，中密，摇振反应迅速，无光泽反应，干强度低，韧性低。厚度为 0.40～1.80 m，平均 1.10 m。

④层：粉质黏土（Q_4^{al}），黄褐色，土质较均匀，软塑，摇振无反应，稍有光泽，干强度中等，韧性中等。厚度为 0.40～5.40 m，平均 1.38 m。

⑤层：粉土（Q_4^{al}），灰褐色，土质不均匀，含铁质条斑，湿，中密，摇振反应迅速，无光泽反应，干强度低，韧性低。厚度为 1.40～5.90 m，平均 3.09 m。

强夯处理影响深度范围内的1～4层土主要力学指标数据如表5-13所示。

表5-13 土层主要力学指标

层号	岩性	含水率(%)	重度(kN/m^3)	孔隙比	塑性指数	液性指数	压缩系数(MPa^{-1})	黏聚力(kPa)	内摩擦角 ϕ
1	素填土	—	—	—	—	—	—	—	—
2	粉质黏土	36.4	17.5	1.08	12.0	0.89	0.49	15.6	5.7
3	粉土	26.3	18.6	0.79	3.6	0.62	0.23	6.0	16.1
4	粉质黏土	35.3	17.7	1.04	12.0	0.88	0.47	16.3	6.4

5.6.3.2 强夯设计方案

根据场地质条件及现场状况，强夯采用三遍夯的设计方案：两遍1000 kN·m能级点夯、一遍800 kN·m满夯。正式施工前应进行试夯施工，验证施工参数，试夯区面积按照要求不小于20 m×20 m。点夯夯击能为1000 kN·m，夯击数为10～12击且最后两击的平均夯沉量不大于50 mm，满夯夯击能为800 kN·m，夯击数4～6击且最后两击的平均夯沉量不大于50 mm，点夯布置采用4.5 m×4.5 m的正方形布置，满夯布置采用$d/4$搭接型布置，具体要求如表5-14和图5-14所示。

表5-14 强夯施工参数

夯型	单击夯能(kN·m)	夯点间距	夯点布置	夯击遍数	最后两击平均夯沉量(mm)
点夯	1000	4.5 m	正方形	2遍	≤50
满夯	800	$\frac{d}{4}$	搭接型	1遍	≤50

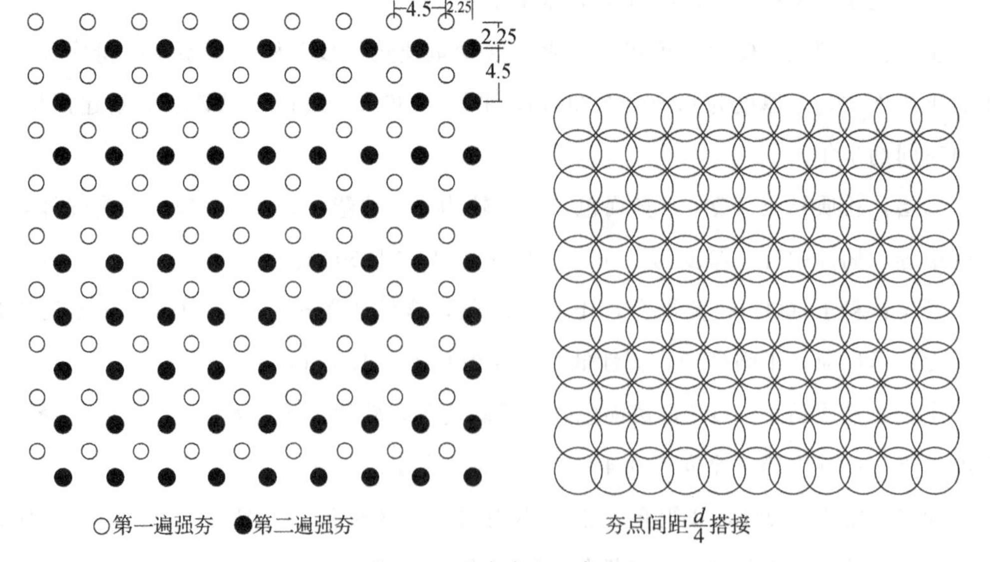

图5-14 强夯布点示意图

在施工过程中若出现夯坑过深拔锤困难或夯坑周围土隆起过大，可采用多遍少击方法进行施工，或调整夯点间距。夯击时应控制场地水位高度，如遇局部地区土质含水量过大、强夯施工困难时，及时将该部位的土质翻晒后再回填，回填完成满足强夯需求时再进行强夯处理。施工时夯锤就位要准确，中心位移偏差不得大于 15 cm；应及时准确地测量每一击的夯沉量及总锤击数。

对于场地回填区域，应确保填筑过程中严格检测填料质量，回填土含水量不宜过大，填土前将杂草及淤泥清除干净，如有渣土，渣土填料粒径不大于 100 mm，禁止使用废弃木材、生活垃圾、工业废料。铺填时大块料不应集中，且不得铺设在分段接头处。每虚铺 1 m 厚，用推土机整平，再回填下一层，依次循环。

5.6.3.3　成果检测

对场地 5 栋单体建筑进行了原位试验，每栋单体分别进行了三个检测点强夯地基平板载荷试验及三处动力触探试验（见图 5-15）。其中载荷试验采用方形荷载板，边长为 1.41 m，面积为 2 m^2，加荷分级为 9 级，每级加载量为 22.5 kPa，承压板最大加载量为 202 kPa。动力触探试验采用重型动力触探，落锤质量为 63.5 Kg。

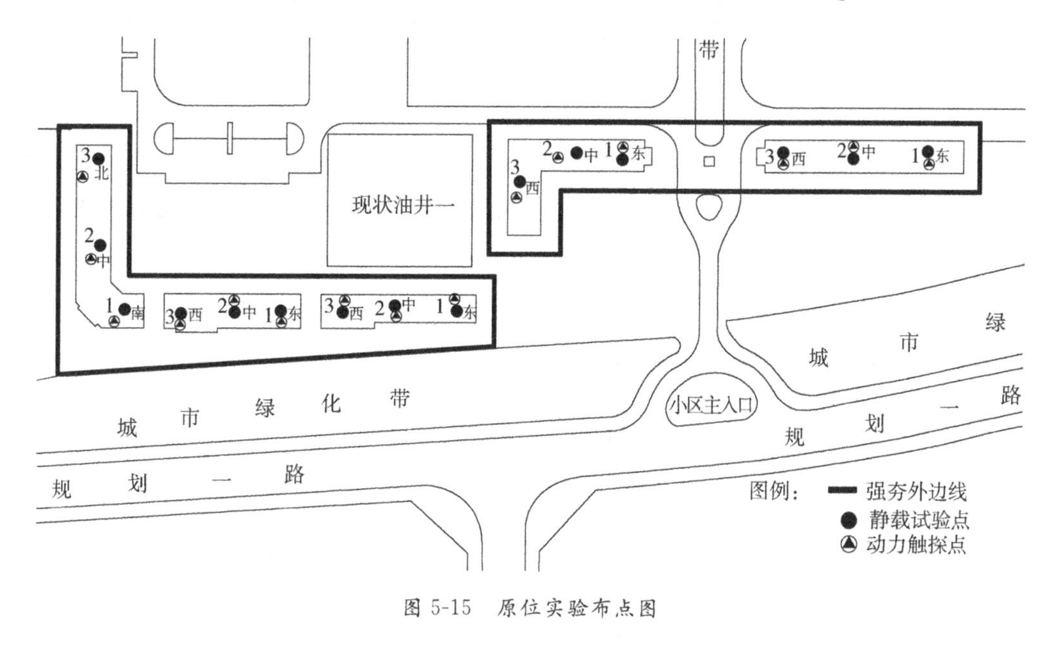

图 5-15　原位实验布点图

本项目以 8♯商业楼为例，通过荷载—沉降关系图（见图 5-16）分析地基的变形特征，计算地基土承载力特征值。

在试验采取的最大荷载下，三个试验点的曲线图都呈现逐渐增大趋势，没有出现拐点。根据规范规定，地基承载力特征值可取沉降值 $s=0.01b$（b 为承压板宽度）所对应的荷载，以此计算得到的结果（见表 5-15）。

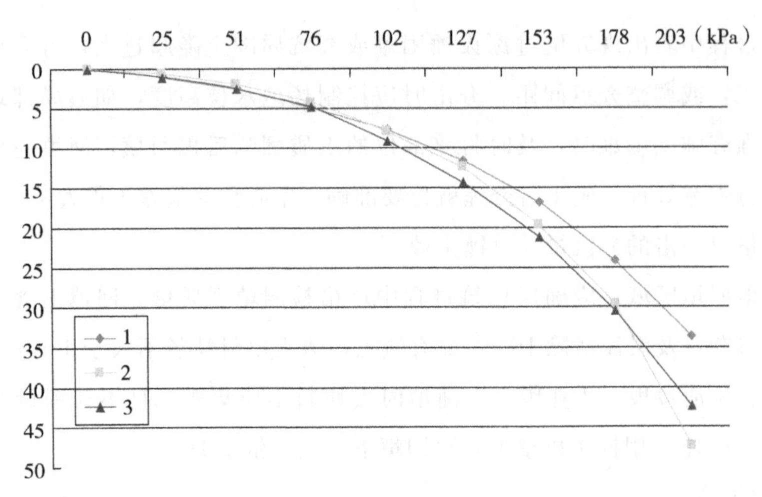

图 5-16　荷载试验曲线图

表 5-15　浅层平板载荷试验承载力特征值

试点号	承压板面积（m^2）	最终加载分级数	最终荷载值对应沉降量（mm）	最大荷载值（kPa）	相对变形值对应荷载（kPa）	地基承载力特征值（kPa）
1	2	9	33.57	202	139	101
2	2	9	47.43	202	133	101
3	2	9	42.34	202	126	101

同样以 8＃商业楼为例，通过重型动力触探实验（见表 5-16），分析地基的变形特征，计算地基土承载力特征值。

表 5-16　重型动力触探实验数据表

分层	分层深度范围（m）	锤击数			承载力特征值（kPa）
		最小值	最大值	平均值	
填土	2.0～2.2	4	7.0	5.0	105
粉质黏土	3.5～4.1	6	7.0	6.5	110
粉土	6.8～7.0	2	3.5	3.0	105
粉质黏土	未贯穿	8	9.0	8.5	115

从浅层平板载荷试验及重型动力触探试验结果分析来看，两类试验三组数据较为一致，强夯后地基承载力特征值为 101 kPa，满足地基承载力的设计要求。

第6章　机械振密排水固结法

6.1　概　述

改革开放以来，随着东部沿海城市的开放，城市经济迅猛发展，土地需求日益增加。特别是国家实行城镇化道路以来，大量流动人口涌入城市，土地资源相对紧缺成为制约城市发展特别是沿海城市发展不可忽视的一个重要问题。同时，我国海域幅员辽阔，蕴藏着丰富的海洋资源，然而大部分岛礁规模较小，并不能充分保障驻岛礁军民安全作业。于是，吹填造陆成为保障国家利益并解决城市土地资源短缺问题的首选途径。

吹填土又名“冲填土”，是在整治和疏通江河航道时，用挖泥船和泥浆泵把江河、港口或浅海底部的泥沙通过水力吹填而形成的沉积土。在吹填过程中，泥沙结构遭到破坏，以细小颗粒的形式缓慢沉积，因而具有天然含水量和孔隙比大、高压缩性、低承载力等特点。由吹填土构成的地基，其工程性质与吹填料的颗粒组成和沉积条件密切相关，一般情况下地基强度很差，不能直接用于工程建设，需要进行地基处理。

目前，吹填土地基处理方法的主要机理是在建立良好排水通道的基础上，通过夯、压、挤等物理方式使土体内外产生压差，在压差作用下使超孔隙水压力快速消散、有效应力显著增长，从而加速排水固结过程，进而使地基在较短时间内产生较高强度。常用的物理加固方法有强夯法、高真空击密法及真空预压法等。

机械振密排水固结地基处理施工工法在研究现有动力排水固结方法的基础上，结合工程的具体要求对施工流程及施工工艺进行优化创新，以其施工快速简便、质量便于控制、整体费用较低的特点，现已在多个大面积饱和吹填土地基处理工程中应用，为社会带来了巨大的经济效益，同时也为今后在大面积饱和吹填土地基处理施工领域的技术发展打下了坚实的基础。

6.2　作用机理

机械振密排水固结地基处理施工工法是通过使用挖掘机清除表层浮土至水位标高后，用推土机对场地进行碾压，使浅层土体产生液化、涌水，然后将挖掘机铲斗插入土中一定深度并加以振冲，使影响深度范围内的深层土体产生液化，并在推土机碾压挤密的双重作用下，使超孔隙水压力在短时间内急剧增大，促使自由水、孔隙水、气沿纵向及横向排水、排气通道排出，并沿设置在场区周围的集水坑用潜水泵抽离场区，从而加速排水固结过程。振冲、碾压的遍数及间隙时间视出水量而定，一般经 3～4 遍振冲、碾压后排水便趋于稳定。振冲、碾压后的场地用经过晾晒后的干土分层回填压实，以减小孔隙比，增大密实度，降低渗透性，从而提高承载力。

该工法加固地基的机理主要表现在动力固结、动力挤密等方面。

6.2.1 动力固结

当采用机械振密法加固饱和土地基时，是基于动力固结的机理，即巨大的振冲能量在土中产生很大的应力波，破坏了土体的原有结构，土粒重新排列并趋密实。另外，振冲荷载使土体发生局部液化并产生许多裂隙，增加了排水通道，使孔隙水顺利逸出，待超孔隙水压力消散后，孔隙比进一步减小，土体固结，干密度和内摩擦角增加，孔隙比减小，渗透性降低，从而改善了地基土物理力学性质。

6.2.2 动力挤密

当采用机械振密法加固多孔隙、粗颗粒、非饱和土地基时，是基于动力密实的加固机理，即用挖掘机铲斗的振冲及推土机碾压产生的冲击型动力荷载，使土体中的孔隙较少，土体变得密实，从而提高地基土强度。非饱和土的振冲密实过程其实就是土中气相被挤出的过程，其动力变形主要是由粗颗粒的相对位移引起的，在冲击能的作用下，地面会产生沉降并形成硬壳层，承载力可比振密前提高 2～3 倍。

6.2.3 砂基预振

经过预振后的砂质土地基基本消除了液化土的不利影响，比未经过预振的地基具有高得多的抗液化性能。

6.3 特点及适用范围

6.3.1 特　点

针对吹填土及类似吹填土的高含水量、大孔隙比、高压缩性和低承载力特性的地基土，通过采用推土机碾压施工工艺，在动力荷载的作用下可使土体在较短时间内产生较大的孔隙水压力。随着水压力的消散、有效应力的增加，土体含水量降低，孔隙比减小。同时，重复碾压可以使土粒重新排列并趋密实，从而降低压缩性，提高承载力。

针对地基土排水性差及碾压后排水通道淤堵的情况，通过采用插入式振捣扰动工艺，撕裂土体形成贯通通道，保证土体内有足够的排水通道，促使自由水、孔隙水、气沿纵向及横向通道迅速排出，加速固结。

针对动力荷载在饱和土体中影响深度有限的情况，通过采用插入式振捣扰动工艺可以使深层土体产生液化，有效增加地基处理深度，形成稳定的硬壳层。

针对饱和填土在动力荷载作用下易液化的特性，通过振冲、碾压的预振工艺，可迅速使土体液化，消散后使有效应力在较短时间内得以提升，消除液化土的不利影响，提高地基土的抗液化性能。

针对沿海吹填土地区地下水位高，处理后的土体易受地下水恢复的不利影响，通过机械碾压、排水固结及分层回填碾压施工工艺，改变土体松散结构，提升密实度，减小孔隙比，降低渗透性，确保土体不受地下水恢复的不利影响。

6.3.2　适用范围

机械振密排水固结地基处理施工工法一般适用于处理以饱和的砂土、粉土及少量黏粒成分为主的欠固结地基，在内陆河道土吹填区域及沿海欠固结区域地基均适用。当新近吹填的饱和土需在短时间获得较高的地基承载力时，其效果尤为显著。

6.4　施工流程及施工要点

6.4.1　施工流程

施工流程如图 6-1 所示。

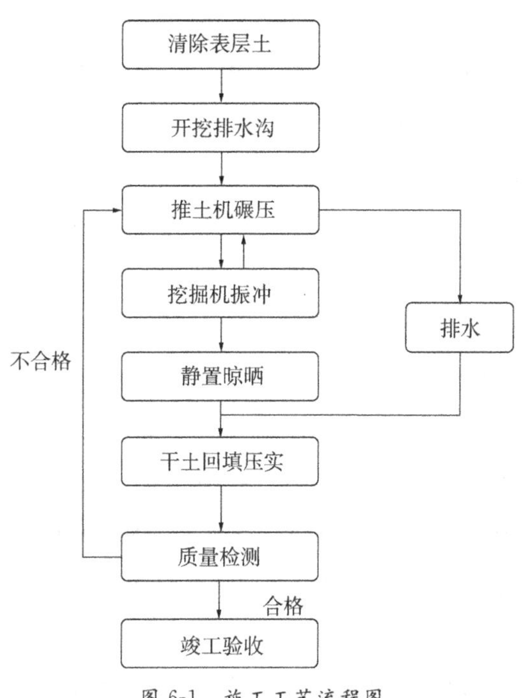

图 6-1　施工工艺流程图

6.4.2　施工要点

6.4.2.1　清除表层土

场地分块，表层清土厚度约 50 cm 或至地下水位处湿润土层即可。清表后开挖面应保证一定的纵向及横向坡度，纵坡度不小于 0.3%，横坡度不小于 1.5%。土方堆放高度不超过 2.5 m，有条件时应对清表土进行晾晒，便于控制后期回填施工质量。

6.4.2.2　开挖排水沟

沿开挖面长度方向在两侧开挖排水沟，沟底深度不小于 1.5 m，纵坡度不小于 0.3%，排水沟沟底较低处设集水坑，将所有明水汇集至此集水坑内，通过潜水泵管排方式排至场区外。

排水沟开挖宽度及深度要同时根据实际的地质情况作适当调整。如果开挖明沟过程中出现明显的透水现象，要加宽开挖宽度，防止出现土方坍塌现象，影响排水。排水沟深度要严格控制，确保排水沟的排水坡度，同时整个明排水过程要有专人进行监护，查看排水沟的排水情况，保证明水的自流性。

6.4.2.3　推土机碾压

排水沟挖好后开始对推平的场地采用推土机进行碾压，碾压时沿直线依次进行，注意相邻碾压线之间不留间隙，通过碾压使场地表面出现涌水现象。经过碾压，处理区地面会产生沉降，此时应采取措施将处理区内的积水及时排至排水沟内。

6.4.2.4　挖掘机振冲

场地经过碾压后，将挖掘机铲斗插入场地土中进行搅动，扰动时宜按先外后内、沿直线逐点进行，搅动点按 3 m×3 m 方块分布，搅动点的深度不小于 1.5 m，每个点的有效搅动时间不小于 1 min，并且搅动影响范围在 4～5 m 范围内（每个区域的土质松软程度不同，搅动时间可根据实际情况适当增加）。若在搅动过程中搅动点周围土中出现水迹、搅动点周围土质变松软，停止搅动，转为下一点进行搅动。整块区域搅动完毕，静止放置，待土壤中水分自行溢出，同时安排专人在场地表面上顺通流水线，确保溢出表层的水能顺利流至排水沟。

6.4.2.5　重复机械碾压及振冲

待场地第一遍搅动完成后，静置 24 h，待表面不再冒水后继续采用推土机进入场地反复碾压，碾压 4 h 后达到场地表面出现较多涌水现象便停止碾压，开始第二遍搅动。

采用挖掘机进行第二遍搅动时，由于经过第一遍搅动后土质已变松软液化，插入搅动点可加大到 4 m×4 m 方块。第二遍搅动时铲斗深入土中深度及搅动时间与第一次相同，但第二次搅动时必须确保搅动区域的土层完全液化成稀泥状，使土中水分完全涌出。

6.4.2.6 排水措施

第二遍挠动完成后场地表面出现大量积水，需将表面积水排除。

由于碾压及挠动作用，土层中的水大量涌出，在第二遍挠动施工前，在场地上沿垂直于排水沟方向开挖几道宽 1 m、深约 50 cm 的横向排水沟，将场地上的水引入主排水沟，排水沟间距为 15 m（间距可根据现场实际出水情况进行适当调整）。

场地挠动后若场地过于泥泞，机械无法进入开挖排水沟，可进行人工开挖排水沟，向主沟引流。

场地挠动排水时可在场地边缘地势较低区域开挖积水坑，采用潜水泵配合排水以加快排水速度。

机械挠动会造成场地内凹凸不平，许多低洼处的水无法通过明沟排出。由于挠动后土壤变为稀泥状，人工无法开挖形成有坡度的排水沟，所以，低洼处的水达不到潜水泵抽水深度时可把真空泵接降水管采用明吸的方式排出。

6.4.2.7 静置晾晒

由于碾压扰动过程对地基土结构、构造的扰动，使其强度暂时有所降低，饱和土体内会产生较高的超孔隙水压。因此，碾压扰动结束后要静置一段时间，使强度恢复，超孔隙水压消散以后再进行载荷试验。恢复期的长短需根据土的性质而定，黏性土孔隙水压力消散的所需时间较长，砂性土孔隙水压力消散得较快。对于饱和黏性土地基，恢复期不宜少于 28 天，对于砂土、粉土地基，不宜少于 7 天。

6.4.2.8 干土回填压实

晾晒后的场地经验收完毕后方可进行干土回填压实。回填土采用开挖的表层土壤进行回填（开挖的土层含水量较大时需对土层进行翻晒）。回填厚度超过 30 cm 时要分层回填压实，严禁采用含水率过高的土壤回填。回填过程中应使用同一标志控制回填标高，避免二次整平作业。回填后使用推土机碾压密实，准备质量检验。

6.5 质量检验

根据处理场区情况按网格布设静力触探孔、钻探取土孔、标准贯入试验孔或圆锥动力触探孔，进行场区普查以确定薄弱点，查明拟建场区范围内地基土的类型、深度、分布、工程特性，分析和评价地基的稳定性、均匀性、适宜性和承载力，提供各层土的物理力学性质统计指标，确定地基承载力特征值和压缩模量值。

结合场区普查结果，随机选择浅层平板载荷试验点的位置，进行静载荷试验，确定地基承载力特征值。

综合静力触探、标准贯入试验数据，结合浅层平板载荷试验结果分析评价，并得出结论。

6.5.1 静力触探试验

静力触探试验主要测定地基土的锥尖阻力及侧壁摩阻力，判定软土、一般黏性土、粉土以及压实、挤密地基的地基承载力、变形参数，结合前期资料评价地基处理效果。

测试设备采用全液压传动触探车，测试仪器采用静探数据自动采集仪（见图 6-2）。采用双桥探头（侧壁面积为 200 cm²，锥尖锥角为 60°，见表 6-1），匀速垂直压入土中。静力触探的贯入设备、探头、记录仪和传送电缆作为整个测试系统在进场前应进行率定。

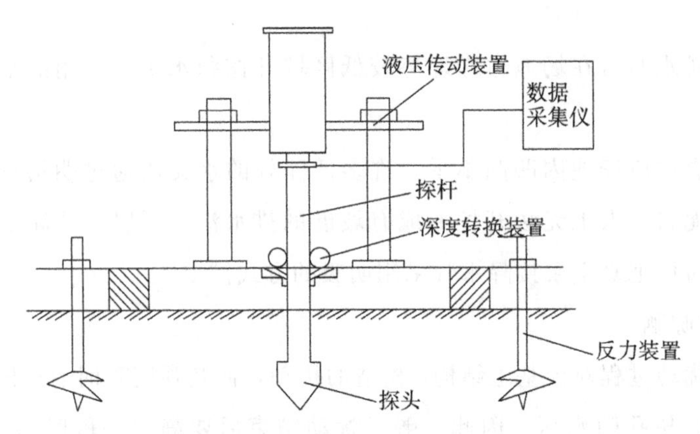

图 6-2 静力触探试验装置示意图

表 6-1 双桥探头的规格

设备	型号	探头直径（mm）	探头截面积（cm²）	摩擦筒表面积（cm²）	锥角（°）
双桥探头	Ⅱ-1	35.7	10	200	60

6.5.1.1 静力触探试验技术要求

（1）贯入前应对探头进行试压，确保顶柱、锥头、摩擦筒能正常工作。

（2）装卸探头时，不应转动触探头。

（3）先将触探头贯入土中 0.5～1.0 m，然后提升 5～10 cm，待记录仪无明显零位漂移时，记录初始读数或调整零位，方能开始正式贯入。

（4）触探的贯入速率应控制为（1.2±0.3）m/min。在同一检测孔的试验过程中宜保持匀速贯入，采样间距为 10 cm。

（5）应及时准确记录贯入过程中发生的各种异常或影响正常贯入的情况。

6.5.1.2 终止试验条件

（1）达到试验要求的贯入深度。

（2）试验记录显示异常。

（3）反力装置失效。

（4）触探杆的倾斜度超过 10°。

6.5.2　标准贯入试验

标准贯入试验主要对人工填土、饱和粉土、砂土的液化进行判别，并确定地基土均匀性和承载能力。对于压实、挤密地基，可结合处理前的相关数据评价地基处理的有效深度。

试验采用质量为 63.5 kg 的重锤，按照 76 cm 的落距自由下落，将标准规格的贯入器（见表 6-2）打入地层，记录相应的锤击数，判定土层性质。

表 6-2　标准规格的贯入器规格

<table>
<tr><td colspan="2" rowspan="2">落锤</td><td>锤的质量（kg）</td><td>63.5</td></tr>
<tr><td>落距（cm）</td><td>76</td></tr>
<tr><td rowspan="6">贯入器</td><td rowspan="3">对开管</td><td>长度（mm）</td><td>500</td></tr>
<tr><td>外径（mm）</td><td>51</td></tr>
<tr><td>内径（mm）</td><td>35</td></tr>
<tr><td rowspan="3">管靴</td><td>长度（mm）</td><td>76</td></tr>
<tr><td>刃口角度（°）</td><td>20</td></tr>
<tr><td>刃口单刃厚度（mm）</td><td>2.5</td></tr>
<tr><td colspan="2" rowspan="2">钻杆</td><td>直径（mm）</td><td>42</td></tr>
<tr><td>相对弯曲</td><td>$<\frac{1}{1000}$</td></tr>
</table>

标准贯入试验的技术要求如下：

（1）试验孔钻至进行试验的土层标高以上 15 cm 处，应清除孔底残土后换用标准贯入器，并应量得深度尺寸后再进行试验。试验应采用自动脱钩的自由落锤法进行锤击，并应采取减小导向杆与锤间的摩阻力、避免锤击时的偏心和侧向晃动以及保持贯入器、探杆、导向杆连接后的垂直度等措施，贯入器打入试验土层中 15 cm 应不计数。

（2）继续贯入，应记录每贯入 10 cm 的锤击数，累计 30 cm 的锤击数即为标准贯入击数。

（3）锤击速率应小于 30 击/min，采样竖向间距应为 1.0 m，终孔深度为 6.0 m。

（4）贯入器拔出后，应对贯入器中的土样进行鉴别、描述、记录，并留取土样进行颗粒分析试验。

6.5.3　浅层平板载荷试验

浅层平板载荷试验主要用于确定浅部地基土层承压板下压力主要影响范围内的承

载力和变形模量。

载荷试验采用慢速维持荷载法，以刚性压重平台作为反力装置，试验板尺寸为1.0 m×1.0 m，用千斤顶配合压力表控制加卸载量，用百分表测量地基沉降。图6-3为浅层平板载荷试验装置示意图。

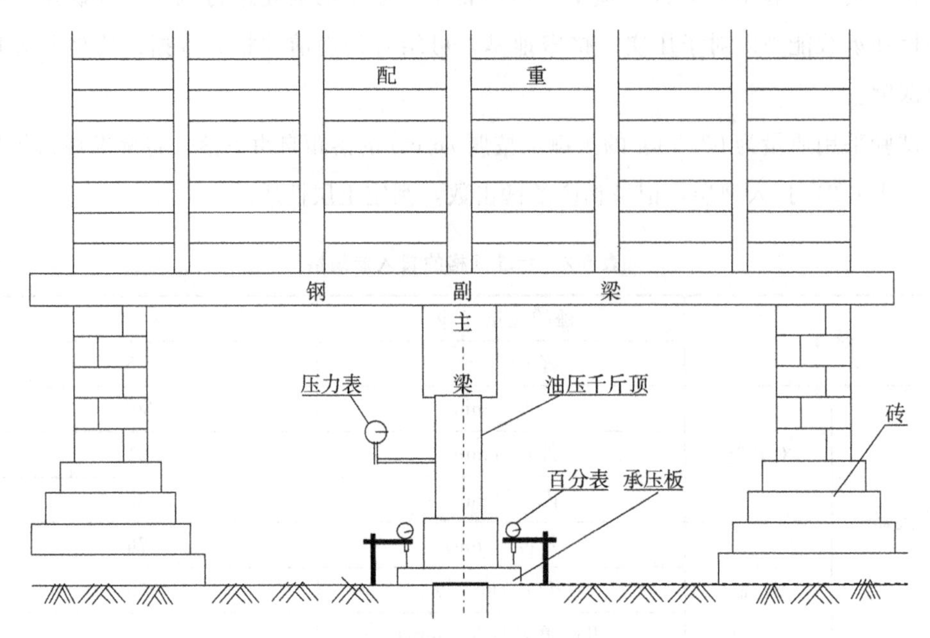

图6-3　浅层平板载荷试验装置示意图

浅层平板载荷试验的技术要求如下：

（1）荷载分级。加载分级为10级，最大加载量不应小于设计要求的2倍。

（2）沉降测读每级加载后，按每隔10 min、10 min、10 min、15 min、15 min，以后为每隔0.5 h测读一次沉隆量。当在连续2 h内，每小时的沉隆量小于0.1 mm，则认为已趋稳定，可加下一级荷载。

（3）终止加载条件方法。按照规程，当试验过程中出现下列情况之一时，终止加载并卸荷：

第一，承压板周围的土明显地侧向挤出。

第二，沉降急骤增大，压力—沉降曲线出现陡降段。

第三，在某一级荷载下，24 h内沉降速率不能达到稳定。

第四，沉降量与承压板宽度或直径之比大于或等于0.06。

表6-3为静载试验仪器设备。

表 6-3　静载试验仪器设备

设备	型号	量程	准确度
千斤顶	QW50t	0～500 kN	0.3%
压力表	YB-150	0～100 MPa	精度0.4级
百分表	0-50-0.01	0～50 mm	0.01 mm

6.6　安全及环保措施

6.6.1　安全措施

6.6.1.1　安全施工措施

（1）现场认真贯彻落实“安全为了生产，生产必须安全”的安全生产方针，严格落实安全生产管理制度。

（2）现场成立文明安全施工领导小组，由本工程项目经理任组长，设专职安全员，根据文明安全施工的规章制度，落实安全管理人员岗位责任制。

（3）地基处理工程施工前，了解周边相关单位的意见并提出切实可行的解决措施，确保周边单位的正常作业安全。

（4）设专人定时定期对施工现场进行检查，如发现问题及时向项目经理部汇报，避免事故的发生。

（5）排水沟区域设安全警示标志。

（6）在挖掘机作业过程中，其回转半径内严禁站人或逗留。

（7）若出现地表下陷情况，机械要迅速后退至安全区域。

（8）开挖土堆放整齐，高度不超过 2.5 m，坡角小于 45°。

（9）布置任务时要进行详细的安全技术交底，做好记录。施工中严格执行安全操作规程。

（10）施工现场禁止吸烟，进入现场必须戴好安全帽，系好帽带。

6.6.1.2　施工机械安全防护措施

（1）施工机械现场维修、保养实行管、用、修一体化的设备管理，并做好日常例行保养，按时填写机械履历书。

（2）机械操作实行定人、定机、定岗的“三定制度”和机长负责制，落实交接班制度，司机必须持证上岗，严格遵守操作规程，杜绝重大机械设备事故发生。

（3）保证现场机械行驶道路畅通，严格控制道路坡度、转弯半径，并平整压实场地，确保机械行走和车辆安全。

6.6.1.3 临时用电安全防护

（1）电气设备的使用必须避免对电气安全不利的环境，如潮湿、水、油等。电气设备在接通电源之前，除进行常规绝缘测试之外，还必须检查是否有工具、异物等存在。

（2）电器电线安装必须由电工操作，非电工不得操作。

（3）施工机具车辆及人员应与内外线路保持安全距离，必要时采取可靠的保护措施。

（4）使用电动、手动工具必须配戴绝缘手套、穿绝缘鞋，机具的电源线、插头、插座应完好。

（5）配电采用三相五线制的接零保护方式，其他项目也应采取相应的接零接地保护方式。施工机械应做到一机一闸，并安装漏电保护器。

6.6.1.4 预防压重平台倾倒措施

（1）承重墙下地基要处理牢固，用建筑垃圾铺平压实，满足试验安全要求。

（2）两个承重墙高度要一致，用水准仪控制承重墙高度。

（3）配重吊装过程中设专人指挥，保证每层组装配重的垂直度。

（4）压重平台四周 5 m 范围内用警戒线围挡，并挂警示牌，允许场地适当放大。

（5）在试验过程中，安全员仍需对配重稳定进行定时或不定时抽查。

6.6.2 环保措施

（1）施工污水经排水泵、截水沟引出施工区，经沉淀后再排入污水管道。

（2）尽量控制使用噪声大的施工机械，及时检修、保养设备，使设备低磨损、低噪声的正常运转，做到尽量少地产生污染。

（3）沉淀池要定时清理，清出的废浆及时运出现场，以防污染周边环境。

（4）施工后的废油、废渣、废液及其他废弃物，不得乱丢乱甩，单独收集，统一处理。

（5）遵守国家环境保护法规，接受当地环保部门指导和监督。

（6）严格执行 ISO14000 环境管理体系，减少工地的粉尘、噪声污染。

（7）施工现场做到“活完料净场地清”，防止污物及粉尘产生。

（8）对扬尘点作防风处理，防止扬尘，在易产尘的部位洒水降尘。

（9）在现场的出入口处路面铺草帘，防止现场内的粉尘带到场外，并适量洒水压尘。

（10）清运垃圾的车辆用苫布进行覆盖，避免途中遗撒和运输过程中扬尘。

6.7 效益分析

该工法严格贯彻执行国家建筑节能法律、法规相关要求，在设计、施工和检测三个环节符合资源节约技术标准。

6.7.1　材料节能

本工法在不使用其他填充材料的情况下，通过优化施工流程及施工工艺，处理效果可以达到设计要求，并且执行国家的节能政策，大大节约了资源，降低了工程成本。

6.7.2　设备节能

主要施工设备为推土机和挖掘机，市场保有量大，选用合理，工作效率高，操作方便灵活，移位简单，省时省力，大大提高了作业效率，降低了操作人员的劳动强度，符合国家设备节能标准的规定。

6.7.3　社会效益

本工法采用的插入式振捣工艺，相比于强夯及高真空击密法具有较为显著的优势，现已在多个大面积饱和吹填土地基处理工程中应用，为社会带来了巨大的经济效益，同时为今后在大面积吹填土地基处理施工领域的技术发展打下了坚实的基础。

6.8　工程案例

6.8.1　东营港某新建工程三通一平工程强夯案例

6.8.1.1　工程概况

本工程为东营港某新建工程三通一平工程，位于河口区北侧东营港，北面紧邻渤海防潮堤，四周均为河沟，地理位置如图 6-4 所示。规划 4 台 1000 MW 机组的场地，一期先行施工 2 台。厂址地貌成因类型为冲积三角洲平原，距黄河入海口约 40 km，原始地貌为滨海低地，吹填后场地现状如图 6-5 和图 6-6 所示。

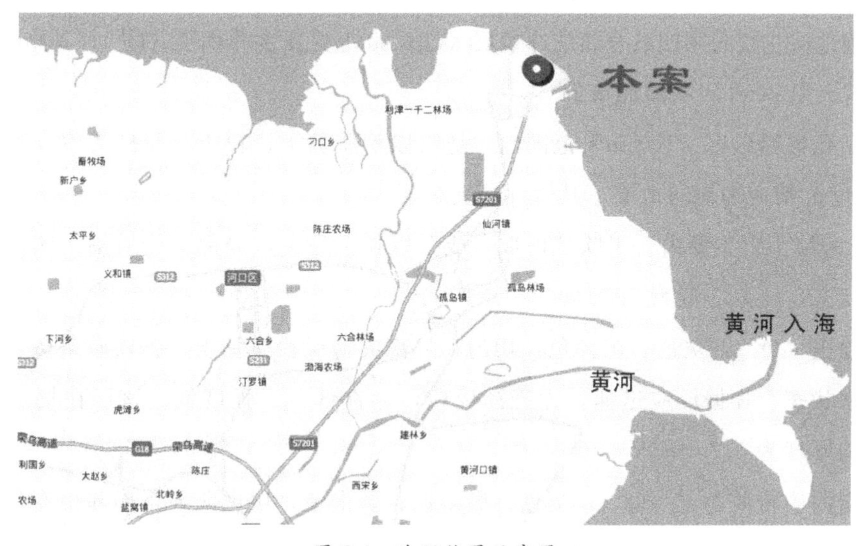

图 6-4　地理位置示意图

图 6-5　场地现状地貌（一）

图 6-6　场地现状地貌（二）

由于场地在动力作用下极易产生液化和沉降，影响工程机械进厂和后续施工，所以必须进行地基处理。处理面积为场区内除煤堆场以外的所有区域，共计 4.25×10^5 m²。业主方要求处理后的地基承载力特征值从 60 kPa 提高至 80 kPa，有效处理深度不小于 3.0 m。

本工程最终选用机械振密排水固结法进行地基处理，分两幅施工，施工时间从 2016 年 3 月 11 日开始，至 4 月 30 日结束，历时 50 天。

6.8.1.2　地质概况

场地地形较为平坦，原始地面高程为－0.23～2.11 m，最大高差约为 2.34 m。场地现已吹填整平，整平后的地面高程为 2.30～2.80 m。

场地地层主要为第四系全新统冲积层（Q_4^{al}）和上更新统冲积层（Q_3^{al}），其中地表 2～3 m 的填土为 2008 年吹填而成的。

在钻孔揭露深度（100 m）范围内，地层以粉质黏土、粉土、粉砂为主。本书摘选 30 m 深度范围内场地的地层，其岩性从上至下为：

①$_1$ 冲填土：主要由人工吹填而成，成分以粉土为主，局部夹粉质黏土团块，松散—稍密状态。层厚一般为 2.50 m。

①粉土（Q_4^{al}）：灰色、黄褐色，均匀，局部夹薄层粉质黏土，含铁质条斑，湿，稍密—中密状态。摇振反应迅速，无光泽反应，韧性低、干强度低。该层在场地普遍存在，平均厚度为 1.70 m。

②淤泥质粉质黏土（Q_4^{al}）：灰色、黑褐色、黄褐色，层理明显，局部相变为淤泥质黏土，流塑状态，局部地段为软塑状态，夹粉土薄层。含有机质、贝壳等，有臭味。

摇振反应中等，稍有光泽，韧性、干强度中等。该层厚度一般为2.50～3.50 m，平均厚度为2.40 m，层顶埋深一般为4.20 m。该层在场地内普遍存在。

③粉土（Q_4^{al}）：灰色、黄褐色，均匀，局部相变为粉砂，局部夹薄层粉质黏土，饱和，以中密状态为主。含铁质条斑。摇振反应中等—迅速，无光泽反应，韧性低、干强度低。厚度一般为9.50～12.00 m，平均厚度为10.80 m，地层埋深一般在6.50 m左右。该层在场地普遍存在。

④粉质黏土（Q_4^{al}）：灰色，土质不均匀，层理明显，部分地段相变为黏土，以软塑状态为主。含有机质及少量贝壳碎片，有臭味，夹粉土、粉砂薄层。摇振反应中等，稍有光泽，韧性中等、干强度中等。该层厚度一般为3.70～10.70 m，平均厚度为7.26 m，层顶埋深一般为17.40 m。该层在场地内普遍存在。

6.8.1.3　设计思路

为保证工程机械进厂和后续施工顺利进行，业主方要求处理后的地基承载力特征值从60 kPa提高至80 kPa，有效处理深度不小于3.0 m。

该工程存在土质条件极差、地下水位高、大型机械难以进场等施工难度问题，项目论证期间曾考虑采用真空降水强夯法和振冲密实法。但考虑到工程实际情况，如冲填土及粉土以下为淤泥质粉质黏土，其层顶埋深较浅（2.2～4.2 m，平均3.44 m）、透水性差、降水效果不明显，在较大的夯击能量下容易形成“橡皮土”，且采用强夯法费用较高，所以不适用于本工程。采用振冲密实法虽能在表层形成硬壳层，允许施工车辆进出，但处理场地面积很大，需要大量填充材料，且这些填充材料在后期建筑物基础施工时会被再次挖除，造成大量资源浪费。经专家优化论证，最终本工程采用机械振密排水固结施工工法进行地基处理，分两幅施工。

6.8.1.4　地基处理方案

第一步：清除表层土。

场地按20 m×100 m进行分块，用白石灰做好标记，用挖掘机将表层的干土清理到场地两侧进行堆放，处理面预留坡度，方便排水。表层清土厚度约为50 cm，或清至地下水位处湿润土层即可，土方堆放高度不超过2.5 m，土堆码放整齐（见图6-7）。

第二步：开挖排水沟。

沿河岸较近位置的场地，沿长度方向两侧开挖深2～2.5 m、宽1.5 m的明排水沟，直接将水排至河内。距离河岸较远位置的场地，明沟无法将水排至河内，采用潜水泵管排方式进行排水。内侧所有场地的排水沟在低侧端位置再挖一道3 m宽的排水沟，将所有明沟贯通，深度根据现场实际情况确定。在此道排水沟距离河较近位置挖4 m×4 m的集水坑，将所有明水汇集至此集水坑内，通过潜水泵管排方式排至河内（见图6-8）。

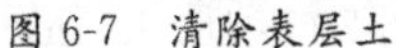

图 6-7 清除表层土

图 6-8 开挖纵向排水沟

第三步：推土机碾压。

排水沟挖好后开始对推平的场地采用推土机进行碾压，碾压时沿直线依次进行，注意相邻碾压线之间不留间隙。碾压时间约 4 h，通过碾压使场地表面出现涌水现象。经过碾压后，处理区地面会产生沉降，此时应采取措施使处理区内积水排至排水沟内（见图 6-9）。

第四步：挖掘机振冲。

场地经过碾压后，将挖掘机铲斗插入场地土中进行搅动，扰动时宜按先外后内、沿直线逐点进行，搅动点按 3 m×3 m 方块分布，搅动点的深度不小于 1.5 m，每个点的搅动时间在 1 min 左右（每个区域土质松软程度不同，搅动时间可根据实际情况适当增加），并且搅动影响范围为 4～5 m。在搅动过程中，若搅动点周围土中出现水迹、土质变松软便停止搅动，转为下一点进行搅动。整块区域搅动完毕，静止放置，待土壤中水分自行溢出，同时安排专人在场地表面上顺通流水线，以确保溢出表层的水顺利流至排水沟（见图 6-10）。

图 6-9 推土机碾压

图 6-10 挖掘机振冲

第五步：重复机械碾压及振冲。

待场地第一遍搅动完成后，让推土机进入场地进行反复碾压，碾压时间约 4 h，达到场地表面出现较多涌水现象便停止碾压，开始第二遍搅动。

采用挖掘机进行第二遍搅动时，由于经过第一遍搅动后土质已变松软液化，插入搅动点可加大到 5 m×5 m 的方块布置。第二遍搅动时铲斗深入土中深度及搅动时间与第一遍相同，但第二遍搅动时必须确保搅动区域的土层完全液化成稀泥状，使土中水分完全涌出（见图 6-11）。

由于碾压及搅动作用，土体内的水大量涌出，在第二遍搅动施工前在场地上沿垂直于排水沟方向开挖几道宽 0.5 m、深约 0.2 m 的横向排水沟，将场地内的水引入主排水沟，排水沟间距为 15 m（间距可根据现场实际出水情况进行适当调整，见图 6-12）。

图 6-11　反复碾压及振冲后场地情况

图 6-12　横向排水沟排水

第六步：静置晾晒。

场地碾压振冲完毕并将明水排出后进行晾晒，晾晒 1～2 周（晾晒时间根据天气情况及土层固结情况适当调整），至表层土壤出现失水固结，形成硬壳层。随后用小型挖掘机扰动翻晒硬壳层，为下部土体水分的蒸发保持畅通通道。表层扰动后，视天气情况继续晾晒 1～2 周，再进行下一步施工（见图 6-13）。

第七步：干土回填压实。

晾晒后的场地经验收完毕后方可进行干土回填压实。回填土采用开挖的表层土壤进行回填（开挖的土层含水量较大时需对土层进行翻晒），回填厚度超过 30 cm 时要分层回填压实，严禁采用含水率过高的土壤回填。回填过程中应使用同一标志控制回填标高，避免二次整平作业。回填后使用推土机碾压密实，准备质量检测（见图 6-14）。

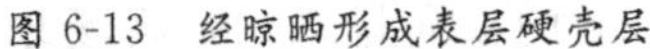

图 6-13　经晾晒形成表层硬壳层

图 6-14　分层回填作业

6.8.1.5　检测评价

1）原位测试评价

地基处理后，对整个场区按 30 m×50 m 间距布置检测点，共布置 183 孔（孔深 6 m）静力触探试验、50 孔（孔深 6 m）标准贯入试验、30 组浅层平板载荷试验，检测点平面布置图如图 6-15 所示。

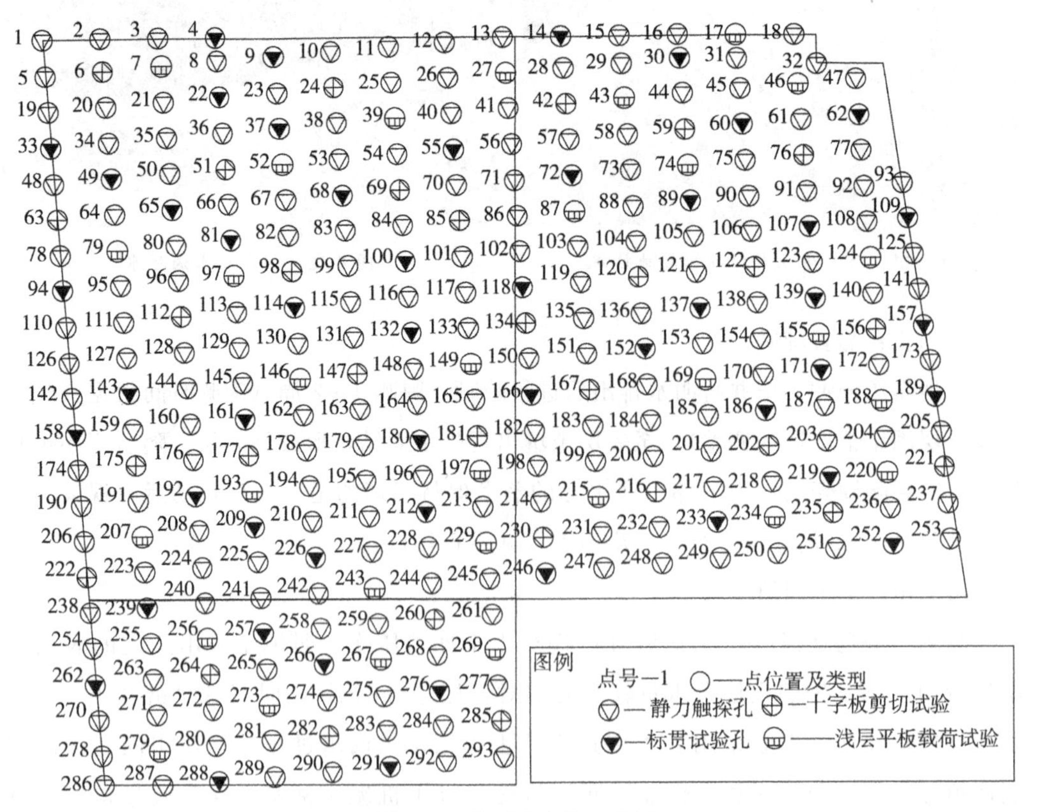

图 6-15　检测点布置平面图

综合确定：处理后填土地基承载力特征值均满足 80 kPa 要求。其中对 14＃及 15＃浅层平板做破坏试验可知，地基承载力特征值最高可达 135～150 kPa。拟建场区地基处理深度：3.20～4.50 m，平均 3.76 m。经机械振密处理后的地基均匀，承载力提高约 2 倍以上，满足设计要求，造价节省，效果显著。检测结果如表 6-4 所示。

表 6-4　机械振密处理前后部分物理力学指标对比表

<table>
<tr><th>试验阶段</th><th colspan="2">试验项目</th><th>平均值</th><th>承载力基本值
(kPa)</th><th>承载力特征值
(kPa)</th></tr>
<tr><td rowspan="3">地基处理前</td><td colspan="2">标准贯入试验</td><td>5.18 击</td><td>110 kPa</td><td rowspan="3">60 kPa</td></tr>
<tr><td rowspan="2">静力触探试验</td><td>锥尖阻力</td><td>0.54 MPa</td><td rowspan="2">65 kPa</td></tr>
<tr><td>侧壁摩阻力</td><td>1.82 kPa</td></tr>
<tr><td rowspan="5">地基处理后</td><td colspan="2">标准贯入试验</td><td>12.2 击</td><td>157 kPa</td><td rowspan="5">满足设计承载力 80 kPa 的要求，两处检测点破坏试验地基承载力特征值可达 135～150 kPa</td></tr>
<tr><td rowspan="2">静力触探试验</td><td>锥尖阻力</td><td>4.55 MPa</td><td rowspan="2">208 kPa</td></tr>
<tr><td>侧壁摩阻力</td><td>93 kPa</td></tr>
<tr><td rowspan="2">浅层平板载荷试验</td><td>设计要求</td><td>>80 kPa</td><td>>80 kPa</td></tr>
<tr><td>破坏试验</td><td>135～150 kPa</td><td>135～150 kPa</td></tr>
</table>

2）经济效益评价

本工程采用机械振密排水固结法进行地基处理，综合单价是 15.44 元/m^2，处理面积为场区内除煤堆场以外的所有区域，共计约 4.25×10^5 m^2，则施工费用为：

$$15.44\ 元/m^2\times4.25\times10^5\ m^2=656.2\ 万元$$

同等条件下，若采用常用的夯击真空降水强夯法，综合单价是 36.9 元/m^2，则施工费用为：

$$36.9\ 元/m^2\times4.25\times10^5\ m^2=1568.25\ 万元$$

采用机械振密排水固结法节省的费用为：

$$1568.25\ 万元-656.2\ 万元=912.05\ 万元$$

3）综合评价

本工程采用机械振密排水固结法加固地基，提高了地基承载力，节省了工期，节约了造价，达到了设计要求的目的。地基处理前后对比情况如图 6-16 和图 6-17 所示。

图 6-16　东营港某新建工程三通一平工程（处理前）

图 6-17　东营港某新建工程三通一平工程（处理后）

6.8.2　广利港某通用码头一期工程陆域地基处理工程

6.8.2.1　工程概况

本工程为广利港某通用码头一期工程陆域地基处理工程，包括堆场、辅建区等，一期占地面积为 4.43×10^5 m^2。该工程位于东营市东城东南、渤海莱州湾西岸，距东营市市中心约 30 km，距黄河入海口约 40 km。厂址地貌成因类型为冲积三角洲平原，原始地貌为滨海低地。拟建场区地理位置如图 6-18 所示。

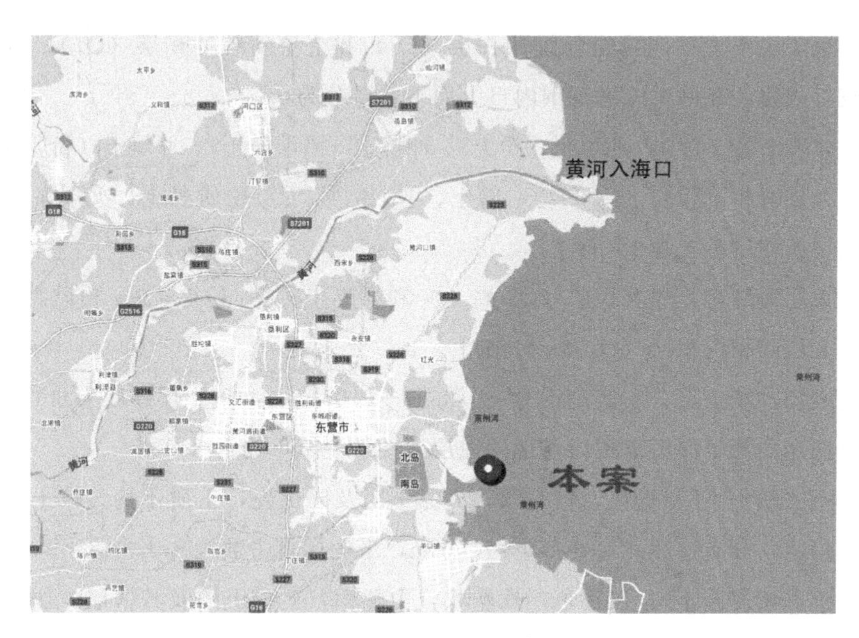

图 6-18　地理位置示意图

6.8.2.2　地质概况

该场地于 2014～2015 年经吹填造陆方式形成，地面高程一般在 5.0 m 左右，场地较为平坦。场地冲填完成时间较短，表层以稍密状粉土或淤泥质土为主，场地表层土质较软。场地现状地貌概况如图 6-19 所示。

图 6-19　场地现状地貌

场地地层主要为第四系全新统冲积层（Q_4）和上更新统冲积层（Q_3^{al}）。该区域土层分布较有规律，在勘察深度范围内自上而下主要分为：

表层冲填土层（Q_4^{ml}）：冲填土（粉土）、冲填土（淤泥质土）、冲填土（粉质黏土）。

第一大层海相沉积层（Q_4^{m}）：$①_{11}$粉土、$①_{12}$粉砂、$①_2$粉质黏土、夹层淤泥质粉质黏土、夹层淤泥质黏土和$①_3$粉土。

第二大层海陆交互相沉积层（Q_4^{mc}）：$②_1$粉质黏土、$②_2$粉土、$②_3$粉质黏土。

第三大层陆相沉积层（Q_3^{al}）：$③_1$粉土。

上述表层冲填土层分布底高程为−0.36～−3.05 m，冲填土层厚度为6.0～8.0 m。

本书摘选的冲填深度范围内场地的地层岩性从上至下为：

冲填土（粉土）：灰褐色，稍密状，夹黏土团及碎贝壳，土质不均。该土层在所有钻孔表层揭示，分布连续，厚3. 50～7. 50 m，平均标贯击数为3. 1击。

冲填土（淤泥质土）：灰褐色，软塑状，中塑性，夹粉土团及其薄层，偶见碎贝壳及腐殖质，土质不均。该土层在个别钻孔中缺失，分布较连续，厚0. 60～3. 00 m，平均标贯击数少于1击。

冲填土（粉质黏土）：褐灰色，软塑状，中塑性，夹粉土团及碎贝壳，土质不均。该土层在个别钻孔中揭示，分布不连续，厚1. 00～3. 50 m，平均标贯击数为1. 6击。

6. 8. 2. 3　设计思路

该场区占地面积为4. 43×10^5 m^2，冲填土来源为南侧广利河口航道疏浚土，以粉土为主，夹粉质黏土薄层，土质松散且不均匀，部分区域呈淤泥质粉质黏土。由于吹填时间较短，属欠固结土，且处于完全饱和状态，在动力荷载作用下极易产生液化和沉降。该项目属于东营市重大基础设施建设项目，工期要求紧迫，迫切需要一种短期内能显著提高地基承载能力的处理方案，以满足后续施工设备进场施工。

对于大面积饱和粉砂土可选用降水强夯法，以在短期内获得较高的承载力，但本项目场地难以满足强夯设备的进场施工。真空预压排水固结法在大面积吹填土地基处理中有成熟的应用经验，但真空预压排水固结法在黏性土中的应用效果较好，不太适宜用在以粉土和砂土为主的地基中，且真空预压排水固结法用时一般为3～6个月，工期较长。本项目经专家优化论证，最终采用明沟排水结合机械振密排水固结施工工法进行地基处理，分两幅施工。

6. 8. 2. 4　地基处理方案

场地放线、分块→去除表层干土→挖纵向排水沟→碾压→表面排水→挖掘机振冲→再次表面排水→重复碾压及振冲步骤→晾晒→回填压实→质量检测。

第一步：测量放线。

场地按 20 m×150 m 进行分块，分块长度可根据现场实际情况进行适当调整，用白石灰做好标记，四角插上彩旗（见图 6-20）。

第二步：清除表层土。

采用履带宽度不小于 1 m 的湿地型挖掘机将标记好的分块场地内表层的干土清理到场地左右两侧堆放。表层清土厚度视干土层深浅而定，一般在 0.4～1 m 内，清至湿润土层即可，预留 0.3%排水坡度。挖出的土方整齐地堆放到离场地边沿 3 m 左右的位置，给后续机械施工作业留出通道。

第三步：挖纵向排水沟。

根据场地总体情况，沿纵向开挖排水沟，较低端设集水坑，纵向排水沟宽 1.5 m、深 2 m，场地预排水如图 6-21 所示。

图 6-20　测量放线

图 6-21　开挖纵向排水沟

第四步：碾压。

因拟处理场区的承载能力不足以承载推土机，故先采用湿地型挖掘机碾压两遍，排水静置后地面有明显的沉降，表层冲填土承载力有所提高。之后采用推土机进行反复碾压，以使深层冲填土液化涌水，如图 6-22 所示。

第五步：挖掘机振冲。

待静置表面排水后，使用挖掘机开始进行第一遍挠动。从排水沟一侧开始，将挖掘机铲斗插入场地土中进行挠动，挠动点按 3 m×3 m 方块分布，挠动点的深度不小于 1.5 m，每个点的挠动时间保证在 1 min。整块区域挠动完毕，静止观察，让土壤中的水分自然溢出，如图 6-23 所示。

安排专人在场地表面上顺通流水线，确保表层的水顺利流至总排水沟，对于低洼存水地方在顺通流水线困难时，应使用潜水泵排水。表层水排净后就可以进行下一遍扰动了。

图 6-22　挖掘机振冲

图 6-23　碾压后液化涌水

第六步：重复碾压及振冲。

第二次碾压及振冲与第一遍扰动方法基本相同，挠动点间距可增大为 6 m×6 m。第二遍挠动时铲斗深入土中深度及挠动时间与第一遍相同，但第二遍挠动时必须确保挠动区域的土层完全液化成稀泥状，使土中水分再次涌出。

第二次表面排水：整块区域挠动完成后场地表面出现大量积水，需将表面积水排除。

场地挠动后若场地过于泥泞机械无法进入开挖排水沟，可进行人工开挖小排水沟向主沟引流。场地挠动排水时可在场地边缘地势较低区域开挖积水坑，采用潜水泵配合排水以加快排水速度。

机械挠动会造成场地内凹凸不平，许多低洼处的水无法排出。由于挠动后土壤变为稀泥状，人工无法开挖形成坡度的排水沟，低洼处的水达不到潜水泵抽水深度时可采用真空泵接降水管明吸的方式排出。

碾压及振冲的同时应对排水沟进行多次清淤，保持排水路径通畅，如图 6-24 所示。

第七步：晾晒。

场地明水排干后进行晾晒，晾晒 2～3 周，待现场验收完毕后进行干土回填压实。

场地在自然干燥时，表层土随着水分的流失表面会板结，不利于下面土壤水分的蒸发，这时通过碾压或用钩机将场地表层土疏松，以增强晾晒效果，缩短晾晒时间。

堆土的晾晒对缩短回填时间影响也很大，堆土的高度一般在 2 m 左右，里面的水分不易蒸发，通过翻晒的方法来去除土壤中的水分，以保证回填压实效果。

第八步：回填整平。

回填时先填本场地纵向排水沟道，边填边用钩机铲斗压实，填到与处理场地一平时，在同场地一同回填。回填用土采用开挖的表层土壤进行回填（开挖的土层含水量较大时需对土层进行翻晒），分层回填，每层回填土厚度为 30 cm，压路机压实，严禁采用含水率过高的土壤回填，如图 6-25 所示。

图 6-24 排水沟清淤

图 6-25 回填整平

6.8.2.5 检测评价

1）原位测试评价

地基处理后，对整个场区按 75 m×75 m 间距布置检测点，共布置检测点 88 个，其中静力触探试验孔 73 个（孔深 6 m）、浅层平板载荷试验 15 组。检测点平面布置图如图 6-26 所示。

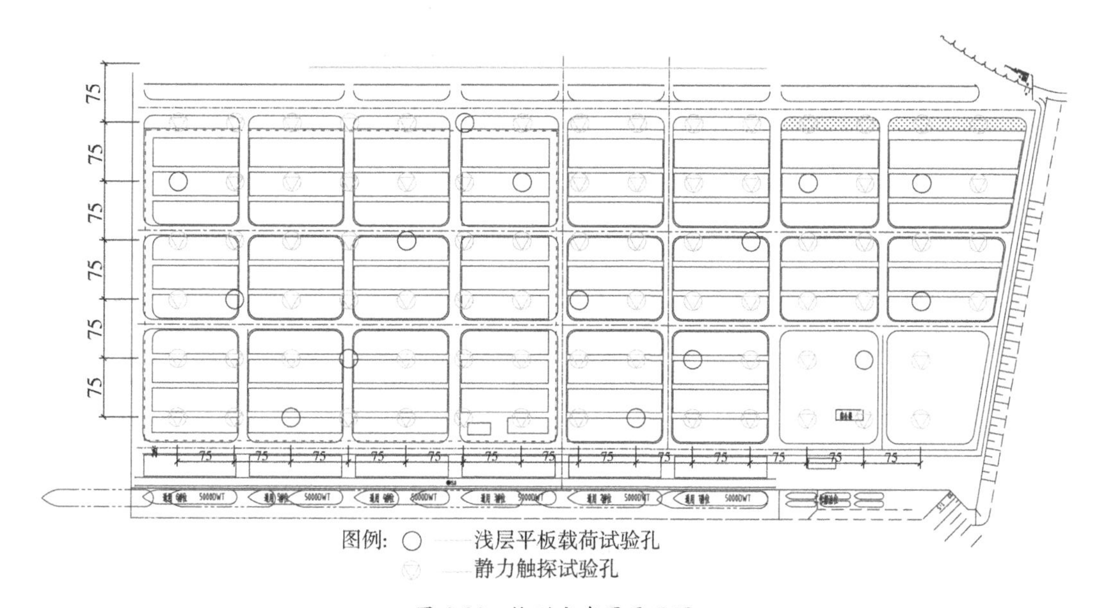

图 6-26 检测点布置平面图

由检测结果表（见表 6-5）和处理前后静力触探曲线对比图（见图 6-27）可以得出：

（1）处理前，机械设备施工过程中的振动液化地基土的锥尖阻力较小，处理后地基土的锥尖阻力明显提高，约为处理前的 6 倍。

（2）只要采取合理的施工工序，明沟排水条件下的机械振密法对饱和砂性吹填土加固效果明显，加固后土层的工程性质得到明显改善。

(3) 加固后土层均匀性明显改善，可以在地基浅层 3～4 m 范围内形成相对均匀的硬壳层，消除地基不均匀沉降，满足后续工程施工条件。

表 6-5　机械振密处理前后部分物理力学指标对比表

试验阶段	试验项目		平均值	承载力基本值(kPa)	承载力特征值(kPa)
地基处理前	静力触探试验	锥尖阻力	0.95 MPa	65 kPa	60 kPa
		侧壁摩阻力	4.87 kPa		
地基处理后	静力触探试验	锥尖阻力	6.13 MPa	213 kPa	满足设计承载力 120 kPa 的要求
		侧壁摩阻力	136 kPa		
	浅层平板载荷试验	设计要求	＞120 kPa	＞120 kPa	

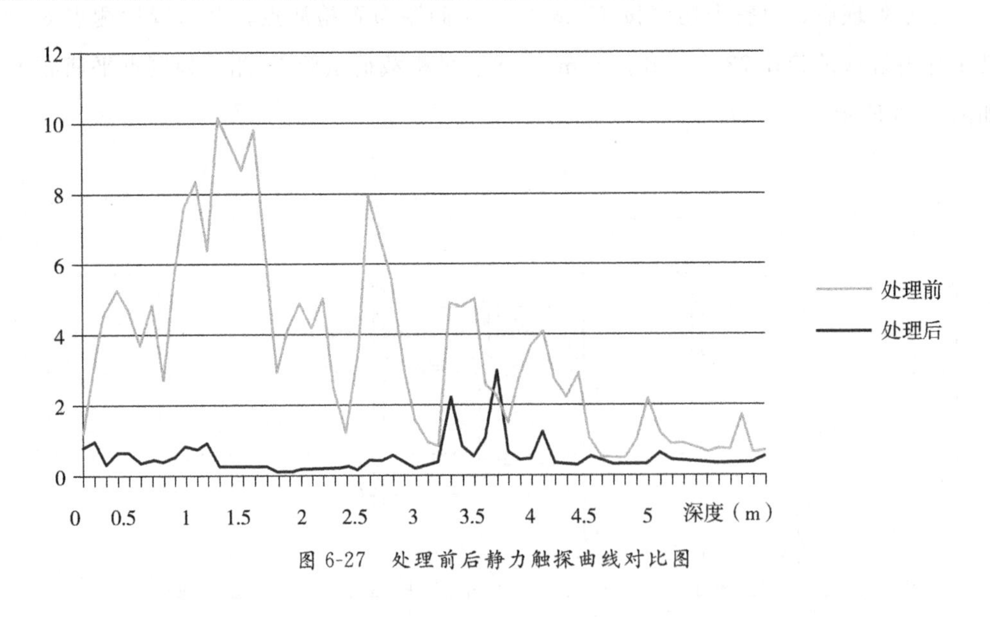

图 6-27　处理前后静力触探曲线对比图

2）经济效益评价

本书结合黄河三角洲地区吹填土处理经验，对于不同的地基处理方法，其经济性比较如表 6-6 所示。

表 6-6　吹填土地基处理方案经济分析表

处理方法	处理面积(m^2)	综合单价(元/m^2)	地基承载力(kPa)	工期
真空预压法	4.43×10^5	70	80	最长

续表

处理方法	处理面积 (m^2)	综合单价 (元/m^2)	地基承载力 (kPa)	工期
高真空击密法	4.43×10^5	65	144	较长
深层搅拌桩	4.43×10^5	337	160	较长
机械振密排水固结法	4.43×10^5	15	120	最短

由表 6-6 可以看出，在各项软土地基处理方法中，加固效果最好的是深层搅拌加固，但是造价较高，对于大面积的加固工程产生的费用较大。综合比较，机械振密排水固结法不仅费用低、处理面积大、工期短，而且处理后的地基承载力高，是一种实用性和经济性很高的软土加固方式，可在后续的地基处理中发挥重要作用。

3）综合评价

本工程采用机械振密排水固结法加固地基，提高了地基承载力，节省了工期，节约了造价，达到了设计要求的目的。地基处理前后对比情况如图 6-28 和图 6-29 所示。

机械振密法是一种较为新型的地基加固方式，其通过机械碾压和深层扰动过程中的振动密实、固结排水和预振作用，对饱和吹填砂性土进行加固，在实际工程应用中已经体现出了优越性。相比之前的传统方法，机械振密法具有费用低、加固效果好以及工期短等优点，特别是随着城市用地的不断紧张，对江河沿海周边区域的利用已经成为趋势，所以其具有良好的发展前景。

图 6-28　广利港某通用码头一期工程陆域地基处理工程（处理前）

图 6-29　广利港某通用码头一期工程陆域地基处理工程（处理后）

第7章 降排水多遍轻夯法

7.1 概 述

随着黄河三角洲地区城市建设及港口码头建设的快速发展，现有的建设用地已不能满足需求，沿海地区的大规模陆域吹填、沟塘填平改造项目越来越多。由于黄河三角洲地区地质情况复杂，地下水位较高，土体含水量大、压缩性高、透水性差、强度低，吹填后的场地地基承载力往往达不到预期要求，严重影响工程建设的开展。目前来说，对不能满足使用要求的软基进行加固处理，使其承载力达到设计要求，是解决用地规模不断扩大的最佳战略。这既解决了建设用地与农业用地问题，又具有重大的经济效益和社会效益。

在软基加固技术方面，近年来随着堆载预压、真空预压、化学注浆等软弱地基加固技术在沿海软基处理中的广泛应用，地基处理技术得到了长足发展，取得的加固效果也越加显著。但现有的单一加固技术因其加固机理、工期和造价等的局限性，使其适用范围受到限制，促使工程技术人员不得不寻找既合理又经济的地基处理方法来破解当前受限的局面。在不断的探索和大量的现场试验研究基础上，人们推出了几种加固技术的联合应用，既能克服单一加固技术的缺点，充分发挥各项技术之间的优势，又能拓宽各项单一加固技术的应用范围，是当前软基处理方法中最理想的加固方法，对软土地基处理工程来说具有非常重要的意义。

降排水联合“轻夯多遍”的软基处理技术，是在降水基础上结合轻夯施工，一方面利用轻夯产生的附加荷载加速超静孔隙水压力的消散、孔隙水的排出，形成动力排水加固效果，大大提高软土地基的排水加固速率，另一方面多遍轻夯后地基土压缩、密实，承载力同步提高。

7.2 作用机理

7.2.1 排水固结的作用机理

在荷载作用下，饱和软黏土地基孔隙中的水被慢慢排出，孔隙体积慢慢减小，地基发生固结变形，同时随着超静水压力逐渐消散，有效应力逐渐提高，地基土的强度逐渐增长。现以图 7-1 为例作说明。当土样的天然固结压力为 σ'_0 时，其孔隙比为 e_0，在 $e-\sigma'_c$ 坐标上其相应的点为 a 点。当压力增加 $\Delta\sigma'$，固结终了时，变为 c 点，孔隙比减小 Δe，曲线 abc 称为"压缩曲线"。与此同时，抗剪强度与固结压力成比例地由 a 点提高到 c 点。所以，土体在受压固结时，一方面孔隙比减小产生压缩，另一方面抗剪强度也得到提高。如从 c 点卸除压力 $\Delta\sigma'$，则土样发生膨胀，图中的 cef 为卸荷膨胀曲线，如从 f 点再加压 $\Delta\sigma'$，土样发生再压缩，沿虚线变化到 c'，其相应的强度包线如图 7-1 所示。从再压曲线 fgc' 可清楚地看出，固结压力同样从 σ'_0 增加 $\Delta\sigma'$，而孔隙比减小值为 $\Delta e'$，$\Delta e'$ 比 Δe 小得多。这说明，如果在建筑场地先加一个和上部建筑物相同的压力进行预压，使土层固结（相当于压缩曲线上从 a 点变化到 c 点），然后卸除荷载（相当于在膨胀曲线上由 c 点变化到 f 点），再建造建筑物（相当于在压曲线上从 f 点变化到 c' 点），这样，建筑物所引起的沉降即可大大减小。如果预压荷载大于建筑物荷载，即所谓"超载预压"，则效果更好。因为经过超载预压，当土层的固结压力大于使用荷载下的固结压力时，原来的正常固结黏土层将处于超固结状态，而使土层在使用荷载下的变形大为减小。

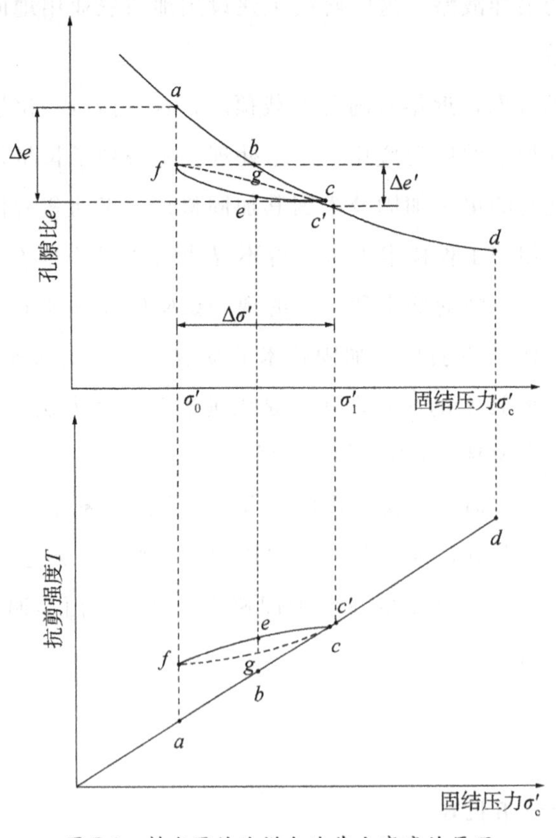

图 7-1　排水固结法增大地基土密度的原理

土层的排水固结效果和它的排水边界条件有关。图 7-2（左）所示的排水边界条件即土层厚度相对荷载宽度（或直径）来说比较小，这时土层中的孔隙水向上面的透水层排出而使土层发生固结，称为"竖向排水固结"。根据固结理论，黏性土固结所需的时间和排水距离的平方成正比，土层越厚，固结延续的时间越长。为了加速土层的固结，最有效的方法是增加土层的排水途径，缩短排水距离。砂井、塑料排水带等竖向排水井就是为此目的而设置的。如图 7-2（右）所示，这时土层中的孔隙水主要从水平向通过砂井和部分从竖向排出。砂井缩短了排水距离，因而大大加速了地基的固结速率（或沉降速率），这一点无论是在理论上还是在工程实践上都得到了证实。

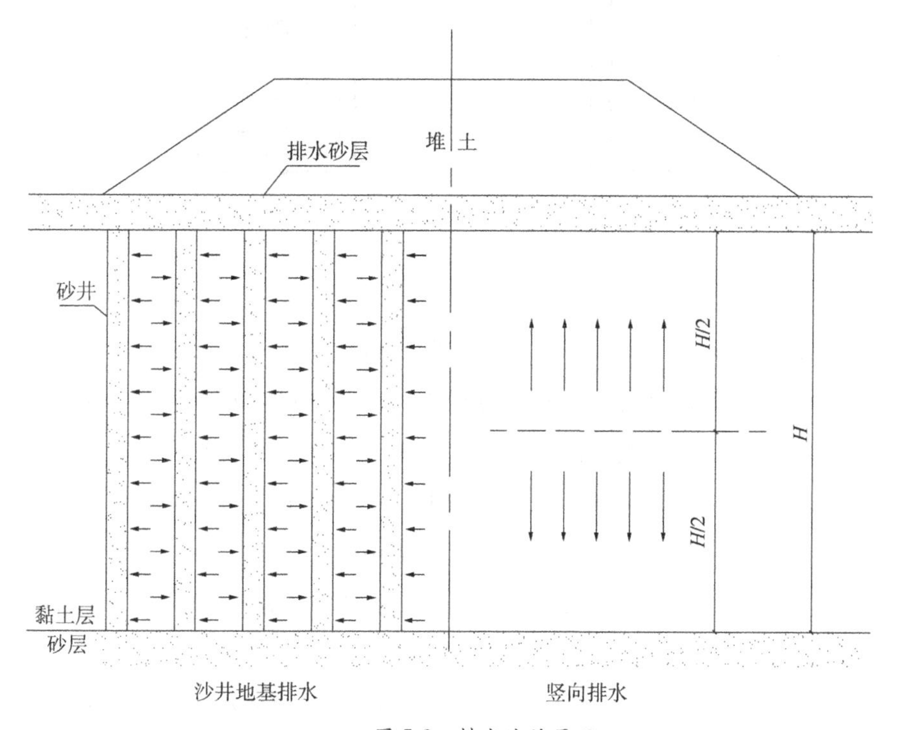

图 7-2　排水法的原理

在荷载作用下，土层的固结过程就是超静孔隙水压力消散和有效应力增加的过程。如地基内某点的总应力增量为 $\Delta\sigma$，有效应力增量为 $\Delta\sigma'$，孔隙水压力增量为 Δu，则满足以下关系：

$$\Delta\sigma' = \Delta\sigma - \Delta u$$

降水预压法是土层在降水范围内土的浸水重度变为饱和重度，因而产生了附加压力，使土层固结，有效应力增加。

7.2.2　强夯法加固饱和土的作用机理

传统的固结理论认为，饱和软土在快速加荷条件下，由于孔隙水无法瞬时排出，所以是不可压缩的，因此，用一个充满不可压缩液体的原筒、一个用弹簧支承着活塞和供排出孔隙水的小孔所组成的模型来表示。梅那则根据饱和土在强夯后瞬时能产生数十厘米的压缩这一事实，提出了新的模型。这两种模型的不同点如图 7-3 所示。

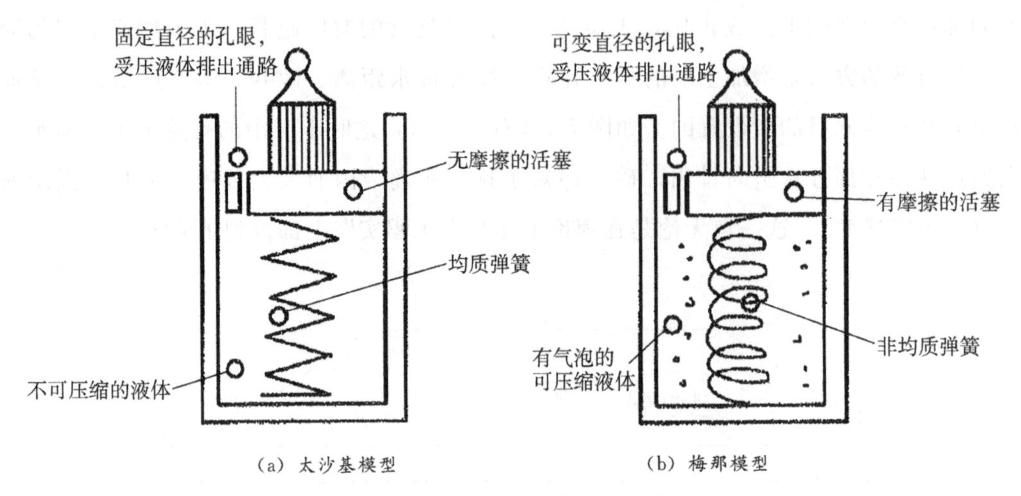

(a) 太沙基模型　　(b) 梅那模型

图 7-3　太沙基模型与梅那模型对比

根据梅那提出的模式，饱和土强夯加固的机理可概述为：

(1) 渗透系数。随时间变化。在强夯过程中，土体有效应力的变化十分显著，且主要为垂直应力的变化。由于垂直向总应力保持不变，超孔隙水压力逐渐增长且不能迅速消散，则有效应力减小，因此在强夯饱和土地基中产生很大的拉应力。水平拉应力使土体产生一系列的竖向裂缝，使孔隙水从裂缝中排出，土体的渗透系数增大，加速饱和土体的固结。当图 7-3 中的超孔隙水压力很快消散，水平拉应力小于周围压力时，这些裂缝又复闭合，土体的渗透性又减小。

此外，由于饱和土中仍含有 1%～4%的封闭气体和溶解在液相中的气体，当落锤反复夯击土层表面时，在地基中产生极大冲击能，形成很大的动应力，同时在夯锤下落过程中会和夯坑土壁发生摩擦，土颗粒在移动过程中也会摩擦生热，即部分冲击能转化成热能。这些热量传入饱和土中后，就会使封闭气泡移动，而且加速可溶性气体从土中释放出来。由于饱和体中的气相体积增加，并且吸收夯击功能后具有较大的活性，这些气体就能从土面逸出，使土的体积进一步减少，并且又减少孔隙水移动时的阻力，增大了土体的渗透性能，加速土体固结。

(2) 饱和土的可压缩性。对于理论上的二相饱和土，由于水的压缩系数 $\beta=5\times10^{-4}\ \mathrm{MPa}^{-1}$，土颗粒本身的压缩性更小（约为 $6\times10^{-5}\ \mathrm{MPa}^{-1}$）。因此，当土中的水未排出时，可以认为饱和土是不可压缩的。但对于含有微量气体的水则不然，如无气水

的压缩系数为 β_0，水在压力 p 时的含气量为 x，此时的压缩系数为 β，则二者之间的关系为：

$$x=\frac{\beta-\beta_0}{\frac{1}{p}-\beta_0}$$

假定 $p=1$ 以及 $x=1\%$（即含气量为 1%），则此含气水的压缩系数 $\beta=\left(\frac{1}{p}-\beta_0\right)x+\beta_0=0.100495\ \text{MPa}^{-1}$。也就是说，含气量为 1%的水的压缩系数比无气水的压缩系数要增大 200 倍左右。因此，含有少量气体的饱和土是具有一定可压缩性的。在强夯能量的作用下，气体体积先压缩，部分封闭气泡被排出，孔隙水压力增大，随后气体有所膨胀，孔隙水排出，超孔隙水压力减少。在此过程中，土中的固相体积是不变的，这样每夯一遍液相体积就减小，气相体积也减少，也就是说，在重锤的夯击作用下会瞬时发生有效的压缩变形。

7.2.3　降排水多遍轻夯的作用机理

单独采用井点降水法来处理软基，由于饱和黏性土渗透性差往往排水周期长、效果不理想，而单一的强夯法在处理饱和黏性土的施工过程中易形成很高的超孔隙水压力，使土体液化而产生“橡皮土”，也不具备适用性。针对饱和黏性土的动力特性和动力固结机理，降排水联合“轻夯多遍”的加固法可充分发挥管井降水和强夯的技术优势，利用强夯产生的超静孔压消散和孔隙水排出来加速井点降水，形成动力排水固结效果。当水位下降到已固结土层以下时，已固结土层对其以下土层将产生预压，从而加快黏土的排水速度和固结速度。同时，“轻夯多遍”的联合使用使饱和软黏土在冲击型动力荷载作用下，土体的孔隙体积减小，密实度增加，从而提高土的强度和地基承载力。对于饱和软黏土软基的处理，当井点深度到达地基土中的透水层时，要求排水量大于地下水补给量，这样才能保证在周围有地下水补给的情况下，降低地基土层中的水位，形成水力坡降。降水预压是在水力梯度形成后开始工作的，直至水位降至预定深度、沉降量稳定（固结度达到要求或沉降量达到要求）后降水工作才结束。其作用一方面为消除软弱下卧层的沉降量，另一方面与“轻夯多遍”形成动力排水固结效果，促进超静孔隙水压力的快速消散，不仅可以与“轻夯多遍”同时进行，而且可以一直工作至结构层完成，使软土层中的排水、固结快速完成，加速达到提高强度和地基承载力的目的。

7.3　降排水多遍轻夯法的设计

由于目前的降排水多遍轻夯法尚无成熟的设计计算方法，主要设计参数如降水系统（井点类型、井深、降水深度等）、排水系统（排水管、砂井、砂垫层等）、有效加固深度、夯击能、夯击次数、夯击遍数、间隔时间、夯击点布置和处理范围等都是根据规范、工程经验以及加固区域的勘察报告初步选定，其中有些参数还应通过试验性施工进行验证，并经必要的修改调整，最后确定适合现场土质条件的设计参数。

7.3.1 降排水常用方法

黄河三角洲高水位地区在进行软土地基的强夯处理前，为保证表层土体达到一定承载力，满足强夯机械、设备施工承载力要求，前期的降排水固结已经成为必不可少的施工措施。目前，本地区常用的降排水方式主要有四种：轻型井点、管井（深井）井点（夯前降水）、砂井和塑料排水板（夯击过程中排水）。具体适用条件如表 7-1 所示。

表 7-1 常用的降排水方式和适用条件

降排水方法	降水深度(m)	降水宽度范围(m)	渗透系数(cm/s)	适用地层
轻型井点	＜8	＜12	$1\times10^{-7}\sim2\times10^{-4}$	填土，含薄层粉土的粉质黏土，黏质粉土，粉土，粉细砂
管井（深井）井点	不限	不限	$>1\times10^{-6}$	填土，粉土，各类砂土
砂井	＜30	2～3	不限	不限
塑料排水板	＜35	1～2	不限	不限

7.3.1.1 轻型井点

轻型井点是在加固场地内结合夯点布置设计，按照一定间距布置，将直径较细的井管沉入含水层内，井管上部与集水总管连接，通过集水总管利用抽水设备在管路内形成真空，强制将地下水从井管内不断抽出，从而降低地下水位。

轻型井点一般适用于以下条件：

（1）高水位冲填区域、饱和含水层、夹粉土黏土层管井降水效果不理想时。

（2）周边 15 m 范围内有对降水影响较大的建（构）筑物，设置止水帷幕性价比较低时。

（3）要求降低水位一般小于 10 m。但是当要求水位降低较大时，可根据夯击遍数、夯沉量重复施工轻型井点，适当加深井管，形成阶梯接力迭加降深。

轻型井点系统由井点管（包括滤管）、集水总管和抽水设备组成。

（1）井点管：一般采用直径 38～50 mm 的钢管或 PVC 管，管长 4～9 m。

(2) 过滤管：采用与井点管同规格的钢管或PVC管，一般长度为0.8～2 m，管壁上钻孔12～18 mm，梅花形布置。管壁外应缠绕两层滤网，内层滤网宜采用100目左右的金属网或尼龙网，外层滤网宜采用60目左右的金属网或尼龙网。管壁与滤网间用铁丝绕成螺旋形隔开，滤网外面再绕一层粗金属丝，并用塑料卡子分段固定。滤管下端封死防止进砂。

(3) 集水总管：一般采用直径75～150 mm的钢管或PVC管。每个集水总管与井点管采用软管连接。

(4) 抽水设备：主要由真空泵（或射流泵）、离心泵和集水箱组成。根据抽水设备的不同，可分为真空泵轻型井点、射流泵轻型井点和隔膜泵轻型井点，前两种常用，应用最多的为射流泵轻型井点。下面主要介绍下常用的这两种设备。

真空泵轻型井点由真空泵、离心泵、水气分离箱等组成（见图7-4）。优点为安装方便，真空度高（67～80 kPa），带动井点数多（可达100根），降水深度及出水量大，形成的真空较稳定。缺点为设备复杂，耗电多，维护费用高，造价高。

射流泵轻型井点由射流泵、离心泵、循环水箱等组成，利用射流技术产生真空抽取地下水（见图7-5）。优点为设备构造简单，易于加工制造，操作维修方便，功率一般为7.5 kW，耗电少，重量轻，体积小，较灵活。缺点为排气量小，射流泵喷嘴易磨损，稍有漏气真空度易下降，带动的井点根数少（一般为20～30根）。

图7-4 真空泵轻型井点设备

图7-5 射流泵轻型井点设备

7.3.1.2 管井（深井）井点

管井井点是沿场地集合夯点布置每隔一定距离设置一个管井，每个管井单独用一台水泵不断抽水来降低水位。这在地下水量大的情况下比较适用，也是目前本地区最普遍的降水方法。一般当管井深度大于15 m时，也可称为“深井井点降水”。它可以满足大降深、大面积工程降水的需要。

管井井点降水系统主要包括滤水井管、砂滤层、滤网、吸水管和水泵等。管井的孔径一般为400～800 mm，管径一般为200～500 mm，深度超过100 m，最大排水量可达1000 m^3/h，最大降水深度超过100 m，应用范围广，施工方便。

(1) 井管：一般采用直径360 mm的钢筋砼井管、无砂砼管等。管井的吸水管一般采用与离心泵、潜水泵配套的塑料管，价格便宜，维修方便。

(2) 抽水水泵：常见的有离心泵、深井泵、潜水泵。离心泵降水深度一般小于7.0 m。当降水深度要求大于7 m时，可视情况采用不同扬程和流量的潜水泵，每个井用一台潜水泵单独抽水。潜水泵的特点是使用方便、能耗少、效率高、成本低、维修方便等。

(3) 滤网：滤网的类型主要有方织网、斜织网和平织网，要求如表7-2所示。

表7-2　滤网选择表

滤网类型	最适合的网眼孔径		说明
	在均一砂中	在非均一砂中	
方织网	(2.5～3.0)d_{cp}	(3.0～4.0)d_{cp}	d_{cp}为平均粒径，d_{50}为相当于过筛量50%的粒径
斜织网	(1.25～1.5)d_{cp}	(1.5～2.0)d_{cp}	
平织网	(1.5～2.0)d_{cp}	(2.0～2.5)d_{cp}	

滤水管的滤网在细砂中适宜采用平织网，在中砂中适宜采用斜织网，在粗砂、砾石中则适宜采用方织网。

各种滤网均应采用耐水防锈材料制成，如钢网、青铜网和尼龙丝布网等。

7.3.1.3　砂　井

砂井是指为加固在软土地基中设置的柱状砂体。根据作用原理不同，又可分为挤密砂井（砂桩）和排水砂井两种。挤密砂井间距较小，用砂量大，用砂将土挤实。排水砂井的作用主要是为低透水性软黏土提供一个排水通道，以加快土层固结的速度。砂井的直径一般为30～40 cm，深度在30 m以内（视不同土层要求），间距为2～3 m。砂井的设置方法是将带有桩靴的钢管沉入土中，形成桩孔，在拔出钢管的同时灌入砂子。钢管沉入的方法有锤击打入法、水冲法和振动法。

砂井常被用来加速土体的固结。从最初的大直径砂井、袋装砂井，发展到纸板以及较为普及的塑料排水板，砂井加速软土固结已被成功地应用于机场跑道、港口、高速公路、尾扩池及围海造田工程中。砂井指的是为加速软弱地基排水固结，在地基中钻孔，灌入中、粗砂而成的排水柱体。将砂灌入织袋放进孔内形成的井，称为“袋装砂井”。袋装砂井通常不作为基础支承桩，而只用作挤密土层，排出地下水，从而使土壤固结和土层挤密，以提高土壤的承载力。通常用振动打桩机、柴油打桩机（冲击式和振动式）以及下端有活瓣钢桩靴的桩管，将砂（含泥量不大于3%）或砂和角砾混合料（含泥量不大于5%）形成砂井。

在强夯过程中一般用作排水的砂井，称为“排水砂井”。排水砂井法是指在软弱地基中利用各种打桩机具击入钢管，或用高压射水、爆破等在地基中获得按一定规律排列的孔眼，灌入中、粗砂形成柱状排水体，以加速地基排水固结的方法。这种砂井在饱和软黏土中起排水通道的作用，所以称为“排水砂井”。砂井顶面铺设砂垫层，以构成完整的地基排水系统。软土地基设置砂井后，改善了地基的排水条件，缩短了排水途径，因而地基承受附加荷载后，排水固结过程大大加快，进而使地基强度得以提高。砂井适用于路堤高度大于极限高度、软土层厚度大于5 m的情况。砂井的间距、深度要根据软土的地层情况、允许的施工期，由计算确定。砂井直径一般为20～30 cm，视施工机械而定。砂井的施工方法有空心管打入法、射水法、爆破法，也可采用袋装砂井。袋装砂井是采用钢管打入式和射水式打孔，在孔中插入袋装砂粒而形成柱状排水体，其直径为7～10 cm，省料且价格低。

7.3.1.4　塑料排水板

1）定　义

塑料排水板别名“塑料排水带”，有波浪形、口琴形等多种形状。中间是挤出成形的塑料芯板，是排水带的骨架和通道，其断面呈并联十字，两面以非织造土工织物包裹作滤层，芯带起支撑作用并将滤层渗进来的水向上排出，是淤泥、淤质土、冲填土等饱和性黏土及杂填土运用排水固结法进行软基处理的良好垂直通道，可大大缩短软土固结时间。

2）产品外观

(1）包装外形：采用中心收卷成圆形的饼状，200 m/卷，直径为0.8～1.3 m，高度为0.1 m。

(2）截面：芯板为并联十字形，而且组成口琴状。

3）使用材料

(1）芯板采用聚丙烯（PP）和聚乙烯（PE）混合掺配而制，其既具有聚丙烯的刚性，又具有聚乙烯的柔性和耐候性。

(2）滤膜采用长纤热扎无纺布，具有耐水浸性，渗水性能极为优良。

(3）滤膜包覆芯板时使用超声波振结法使滤膜牢固地融为一体。

4）塑料排水板各种型号的适用情况

（1）SPB-A 型塑料排水板，深度在 15 m 内的软土地基竖向排水。

（2）SPB-B 型塑料排水板，深度在 15～25 m 内的软土地基竖向排水。

（3）SPB-C 型塑料排水板，深度在 25～35 m 内的软土地基竖向排水。

（4）SPB-D 型塑料排水板，深度在 35 m 以上的软土地基竖向排水。

5）塑料排水板工作原理

塑料排水板用插板机插入软土地基，在上部预压荷载作用下，软土地基中的空隙水由塑料排水板排到上部铺垫的砂层或水平塑料排水管中，由其他地方排出，加速软基固结。在软土地基处理中，塑料排水板的作用设计、施工设备基本与袋装砂井相同。

6）塑料排水板加固软土地基的优点

（1）滤水性好，排水畅通，排水效果有保证。

（2）材料有良好的强度和延展性，能适合地基变形能力而不影响排水力。

（3）排水板断面尺寸小，施打排水板过程中对地基扰动小。

（4）可在超软弱地基上进行插板施工。

（5）施工快、工期短，每台插板机每日可插板 15000 m 以上，造价比袋装砂井低。对于深厚的软土地基采用排水固结法进行加固时，从技术和经济上考虑，采用排水板几乎是唯一经济、有效、可行的方法。

7.3.2 降排水设计

7.3.2.1 轻型井点设计

1）井点数量确定

$$n = \frac{1.1Q}{q}$$

式中：n——降水井管数量。

Q——场地（场地）涌水量（m^3/天）。

q——单根轻型井点管的最大允许出水量（m^3/天）。

单根轻型井点管的最大允许出水量的计算公式为：

$$q = 120 r_w l_w k^{1/3}$$

其中，r_w 为滤水管的半径（m），l_w 为滤水管浸水部分的长度（m），k 为土层的渗透系数（m/天）。

2）井点管的长度

井点管的长度可按下式计算：

$$H = \Delta h + h_w + s + l_w + iL$$

式中：H——井点管的总长度（m）。

Δh——地面以上的井点管长度（m）。

h_w——初始地下水位埋深（m）。

s——设计水位降深（m）。

i——水力梯度，双排或环形井点系统 $i=1/10 \sim 1/8$，单排井点系统 $i=1/5 \sim 1/4$。

L——井点管至场地中心的短边距离（m）。

H 按上式计算出后，还需参考当地工程的经验及工程水位降深的实际需要适当调整，一般再增加滤管长度的一半。

3）井点管的直径

井点管的直径按下式计算：

$$D = 2(q/\pi V)^{0.5}$$

式中：q——轻型井点单井抽水量（m^3/h）。

V——允许流速（一般为 0.3～0.5 m/s）。

目前，常用的轻型井点管直径为 20 mm、25 mm、38 mm、50 mm。

4）轻型井点的平面布置

轻型井点的平面布置主要取决于场地的平面形状、土质条件、水位降低的要求以及夯击点的布置，一般分为单排井点、双排井点（正方形、矩形）和环形井点。

7.3.2.2　管井设计

1）场地涌水量估算

对于设置帷幕处理场地降水，涌水量可按下述经验公式估算：

$$Q = \mu \cdot A \cdot s$$

式中：Q——场地涌水量（疏干降水排水总量，m^3）。

μ——含水层的给水度。

A——场地开挖面积（m^2）。

s——水位降深（m）。

对于半封闭或敞开型降水，涌水量按规范 JGJ 120—2012 附录 E 计算。

2）井点数量确定

$$n = \frac{1.1Q}{q}$$

式中：n——管井井点数量。

Q——场地涌水量（m^3/天）。

q——单井点的最大允许出水量（m^3/天）。其计算公式同上，根据抽水试验数据或当地工程经验进行调整。

3）井点管长度的确定

井点管的长度可按下式计算：

$$H = \Delta h + h_w + s + l_w + iL$$

其中，i 为水力梯度，对于群井通常取 $i=1/10\sim1/8$。其余符号意义同前。H 按上式计算出后，还需参考当地工程的经验及工程水位降深的实际需要适当调整，通常管井底部埋深应大于场地开挖深度 6.0 m。

4）管井平面布置

管井井间距需根据场地的平面形状、宽度、止水桩设置类型、土层情况以及夯点布置等综合确定，一般间距为 10～20 m。应注意井间距不宜布置过小，过小则不能充分发挥单井的降水效果。根据吉哈尔特（Sichardt）理论计算，井间距应满足 $B\geqslant5\pi D$（D 为管井直径）。管井平面布置可按梅花形或矩形布置。

7.3.2.3　砂井设计

1）砂井的直径和间距

砂井的直径和间距以保证顺利排水和途径最短为宜，主要取决于土的固结特性和施工期的要求。根据固结理论和工程实践可知，缩短砂井间距比增大砂井直径对加速固结的效果要好，即井径与其间距的关系是“细而密”比“粗而稀”佳。但也不是越细越密固结效果越好，太细不能保证灌砂的密实和连续，太密则对周围土扰动较大而降低土的强度和渗透性，反而影响加固效果。所以，常用的普通砂井直径可取 300～500 mm，袋装砂井直径可取 70～120 mm，塑料排水板已标准化，一般相当于直径 60～70 mm。井距则按一定范围的井径比（砂井有效排水范围等效直径 d_e 与砂井直径 d_w 之比）选取，工程上普通砂井的间距可按 $n=6\sim8$ 选用，袋装砂井和塑料排水板的间距可按 $n=15\sim22$ 选用。应当指出，砂石桩中的砂桩与排水砂井均是以砂为填料的桩体，但两者的作用是不同的。砂桩的主要作用是挤密土层，故桩径宜较大，而砂井的主要作用是排水固结，故井径相对较小。

2）砂井的长度

砂井的长度应根据土层地质情况、加固深度和工期确定。当压缩土层不厚、底部有透水层时，砂井应尽可能贯穿压缩土层；当压缩土层较厚，但间有砂层或砂透镜体时，砂井应尽可能打至砂层或透镜体；当压缩土层很厚，其中又无透水层时，可按加固深度来确定，砂井长度宜穿透主要的压缩加固处理土层。

3）砂井的布置和范围

砂井常按梅花形和正方形布置。假设每个砂井的有效影响面积为圆面积，如砂井

间距为 l，则等效圆（有效排水范围）的直径 d_e 与 l 的关系为：梅花形时，$d_e=1.05l$，正方形时，$d_e=1.13l$。由于梅花形排列较正方形紧凑和有效，应用较多。砂井的布置范围可由基础轮廓线向外扩大 2～4 m。

4）砂垫层

在砂井顶面应铺设排水砂垫层，以连通各个砂井形成通畅的排水面，将水排到场地外。砂垫层厚度不应小于 0.5 m，水下施工时，砂垫层厚度一般为 1.0 m 左右。为节省砂料，也可采用连通砂井的纵横砂沟代替整片砂垫层，砂沟的高度一般为 0.5～1.0 m，砂沟宽度取砂井直径的 2 倍。

7.3.2.4　塑料排水板设计

1）塑料排水板的间距

塑料排水板的间距一般较管井间距密，根据地质情况以及夯点布置情况，一般控制在 4～12 m 范围内。

2）塑料排水板的长度

塑料排水板的长度应根据土层地质情况、加固深度和工期确定。当压缩土层不厚、底部有透水层时，应尽可能贯穿压缩土层；当压缩土层较厚，但间有砂层或砂透镜体时，应尽可能打至砂层或透镜体；当压缩土层很厚，其中又无透水层时，可按加固深度来决定，长度宜穿透主要的压缩加固处理土层。

3）塑料排水板的布置和范围

塑料排水板常按梅花形和正方形布置，参照砂井布置。

4）砂垫层

在塑料排水板顶面应铺设排水砂垫层，以连通各个塑料排水板形成通畅的排水面，将水排到场地外。砂垫层厚度不应小于 0.5 m，水下施工时，砂垫层厚度一般为 1.0 m 左右。为节省砂料，也可采用连通塑料排水板的纵横砂沟代替整片砂垫层，砂沟的高度一般为 0.5～1.0 m，砂沟宽度取塑料排水板直径的 3～5 倍。

7.3.3　多遍轻夯法设计

多遍轻夯法实施前一般先进行场地预处理：降水、排水、表层振动、翻晒、淋漓排水等工序处理后，使得吹填区块表层形成浅层硬壳，以满足后续多变轻夯设备的进场施工承载力要求。

多遍轻夯施工前，应在有代表性的场地上进行试验性施工，确定其适用性、加固效果和施工工艺。试验区数最应该根据场地复杂程度、工程规模、工程类型及施工工艺等确定。

其具体设计参照强夯法设计，包括每遍能级、夯点间距及布置、单点夯击数、夯击遍数、前后两遍夯击间歇时间和夯击范围等内容。

7.4 降排水多遍轻夯法的施工

降排水多遍轻夯法地基处理施工主要针对黄河三角洲地区吹填土软基处理，施工主要指两部分施工：降排水系统施工和轻夯法施工。

黄河三角洲地区吹填泥沙主要成分为粉土和粉质黏土，具有含水量高、孔隙比大、压缩性高、承载力极低等特点。由吹填泥沙构成的软基，其工程性质与吹填泥沙的粗细颗粒组成和沉积条件密切相关。一般情况下的软基强度较差，根本无法直接用于工程建设，需要先进行软地基处理。吹填粉质黏土由于颗粒细、透水性差，软基自然固结周期较长。根据地区经验，厚度在 1.50 m 以内的吹填泥沙软基需要五年以上的自然固结周期才能达到施工机械进场的作业条件，但局部依然存在陷机隐患。

黄河三角洲地区吹填土土质黏粒含量高、土质分布不均、吹填泥沙含水量极高，且渗透性差、固结速率慢、承载力极低。由于一般施工机械无法进场施工，使用常规的软基处理方法，如真空预压法和高真空挤密法等软基处理方法具有一定的局限性，且施工成本高、工期较长，难以发挥有效作用。

吹填软地基处理方法的主要机理是在建立良好降排水体系的基础上，经过扰动、振捣、强压、挤密、高真空负压降水等物理方式使土体内外产生压差，在压差作用下使超孔隙水压力快速消散、有效应力显著增长，从而加速降排水，缩短固结过程，进而使地基在较短时间内产生较高强度。

7.4.1 施工机具

降排水系统施工机具如下：

轻型井点施工机具主要有冲管水枪、长螺旋钻机、循环回转钻机、真空泵等，用于成井、降水。

管井施工机具主要有循环回转钻机、长螺旋钻机、潜水泵等。

砂井施工机具主要有振动（或锤击）沉管打桩机（或汽锤、落锤、柴油打桩机等）、履带（或轮胎）式起重机、机动翻斗车、桩管（带活瓣桩尖）、桩砂石料斗、铁锹、手推胶轮车等。

塑料排水带施工机具基本上可与砂井打设机械共用，专门插板机械有步履式插带机（振动式）。

多变轻夯施工机具一般与常规强夯机具设备一致，区别在于夯锤重量轻、直径大一些。

7.4.2　施工流程

场地预处理达到初步上人条件→划定试验区→降排水系统施工→预降水→多变轻夯，其间配合降排水→质量检测→满足条件后大面积开展施工。

施工前应对吹填完工的区域进行勘察、测量、土工试验分析，对吹填区进行详细的测量测绘和地质勘察，全面摸清吹填区面积及地形地貌、地面平整度、高低差系数、水文地质情况，并进行地质环境土壤性质分析、土体各项物理及力学指标等相关试验。

(1) 测量吹填区面积，查看分析工况环境。

(2) 勘察、测量吹填高程及吹填泥沙深度。

(3) 化验分析土壤分类及性质，分析吹填厚度各层段含水比、空隙比及抗剪情况，为软基处理作出准确的判断分析，按要点规程制订施工方案。

(4) 吹填完工后将地表所有明水彻底引流排放干净，清理干净所有杂物。

后续具体步骤如下：

第一步：疏排区块内所有明水。

第二步：将明水排净后，首先进行浆化处理，使用大型特种多功能设备，利用扰动导流强排法，适度间隔多次多变强力扰动引流，经过沉淀、密实使吹填区块表层形成浅层地壳，以充分满足下一道工序施工要求为准。

第三步：实施高频振捣分级引流法，运用适度间隔多次多变振捣强排，使区块表层地壳密实度进一步加强、加深、加厚，达到特定程度的地层硬度，为进一步加快固结奠定基础。

第四步：施工降水井，降水固结。

第五步：利用特种专用机械设备，实施“轻夯多遍”加固，使地层软体密实强度进一步增加，间隔一定时间的消散期后，采用机械平整区块场地（这道固结工序的实施可以远超所吹填泥土 2～3 m 的要求挤密强度和深度）。

第六步：地基固结处理施工完工，经检测达到承载力要求后，吹填区块按设计要求进行场地整平、碾压、交付。

7.4.3　降排水施工

降排水施工质量是影响降排水效果的一个重要因素。据不完全统计，约有 1/3 的地基处理工程失败是由降排水系统失效造成的。因此，掌握降排水的施工工艺至关重要。

7.4.3.1　轻型井点施工工艺

1) 井点成孔施工

轻型井点的主要成孔方法有水冲法、钻孔法、套管法、射水法。具体工艺如下：

（1）水冲法成孔施工。将直径50～70 mm的冲管水枪对准井点位置，启动高压水泵，利用高压水流冲开泥土，通过不断升降冲管水枪依靠自重下沉，一般砂性土10～15 min井点管可下沉10 m左右。水压控制在砂性土中为0.25～0.5 MPa，黏性土中为0.6～0.7 MPa。成孔直径应达到300 mm左右，保证能填充足够的滤料。冲孔深度应比滤管设计深度低500 mm以上，作为沉淀层，防止冲管提升拔出时部分土塌落，并使滤管底部存有足够的滤料。

砂石滤料的充填质量直接影响井点降水的效果，应重点注意以下几点：滤料规格必须按设计要求执行，通常采用粗砂或绿豆砂，不得采用中砂或细砂，以防止堵塞滤管的网眼；滤管应居中放置，滤层的厚度应在60～100 mm之间，填砂厚度要均匀，速度要快，中途不得中断，以防孔壁塌土；井点填砂后，地表以下1.0～1.5 m用黏土封口压实，防止漏气。

（2）钻孔法成孔施工。适用于坚硬地层或井点紧邻建筑物，一般采用长螺旋钻机或循环回转钻机成孔。优点是成孔垂直度、孔径有保证，缺点是施工速度较慢、成本略高。需注意的是，长螺旋钻机在含砂土层水下施工时易塌孔，在黏性土层中易形成泥浆护壁，增加洗井难度，影响渗透性。

（3）套管法成孔施工。用吊车将套管吊装到位，然后开动水泵抽水。当套管下沉时，逐渐加大水泵的压力，一般水压为1.2～1.5 MPa。当达到设计标高（一般比设计孔深深1.0 m左右）后，需继续冲击一段时间，视土质情况减小或维持工作水压大小。先向套管内倒入少量滤料，主要是防止井点管插入黏土层中，然后将井点管放入套管内，填入滤料。滤料的填入应分次进行，边填滤料边上拔套管，直至完成井点管埋设。

（4）射水法成孔施工。在井点管下安装射水管，利用高压水在井管下端冲刷土体，使井点管下沉。射水压力为0.4～0.6 MPa，当为大颗粒砂性土时，应为0.9～1.0 MPa。冲孔深度比设计深0.5 m左右，用于沉渣。本法优点为冲孔、埋管一次完成，缺点是弱透水的黏性土层及砂性土与黏土互层的地层不适用，易堵塞过滤器。

2）井点管埋设

（1）水冲法成孔达到设计深度后，应降低水压、拔出冲孔管，向孔内沉入井点管，并在井点管外壁与孔壁之间快速回填滤料（粗砂、砾砂）。

（2）钻孔法成孔达到设计深度后，向孔内沉入井点管，在井点管外壁与孔壁之间回填滤料（粗砂、砾砂）。

（3）回填滤料施工完成后，在距地表约1.0 m深度内，采用黏土封口捣实，以防止漏气。

3）冲洗井管

洗井是井点施工的重要一步，可在井点周围形成良好的渗透通道，排除滤料周围多余的泥浆，确保滤管正常出水。洗井的好坏决定降水方案能否符合设计要求。常用的洗井方法有空压机洗井、冲孔器洗井、水泵加压注水洗井、射流泵洗井等。井管应逐根进行清洗，避免出现“死井”。

4）管路安装

井点管埋设完成后，采用塑料软管将井点管连接到集水总管上。集水总管的流水坡度应按向水泵方向倾斜2.5‰～5.0‰的坡度设置。

5）检查管路

在正式抽水前应进行试抽，检查井点管与总管各个接头是否漏气。在水泵的进水管上安装一个真空表，在水泵的出水管上安装一个压力表。真空度应达到55～75 kPa或更高，方可正式投入抽水。如果真空度不够，应检查管路及场地的漏气情况，及时处理。

7.4.3.2　管井施工工艺

1）井点成孔施工

成孔工艺即管井钻进工艺，方法包括冲击钻进、回转钻进、潜孔锤钻进、反循环钻进等。选择降水管井钻井方法时，应根据钻井地层的岩性和钻进设备等因素进行选择。一般以卵石和漂石为主的地层，宜采用冲击钻进或潜孔锤钻进，其他地层宜采用回转钻进。为防止塌孔，通常采用泥浆护壁。钻孔直径应比井管外径大200～300 mm。

2）井点管安装

井孔钻探完成后，应稀释井内泥浆并下入井管，下管时注意保护滤管部位的滤网包扎质量，井管应高出地面0.3 m以上，井底应封死。安装方法有：

（1）提吊下管法，宜用于井管自重（或浮重）小于井管允许抗拉力和起重的安全负荷。

（2）托盘或浮板下管法，宜用于井管自重（或浮重）超过井管允许抗拉力和起重的安全负荷。

（3）多级下管法，宜用于结构复杂和沉设深度过大的井管。

3）填滤料

填滤料前应做好以下准备工作：井内泥浆稀释至密度小于1.10（高压含水层除外）；检查滤料的规格和数量；清理井口现场，挖好排水沟。

滤料的相关要求：用于井点降水的黄砂和小砾石砂滤料应洁净，其黄砂含泥量应小于2%，砾石含泥量应小于1%。

4）洗　井

为防止泥皮硬化，在填充滤料后应立即进行洗井。洗井方法较多，一般分为水泵洗井、活塞洗井、空压机洗井及两种或两种以上洗井方法的组合洗井法。松散含水层中宜选用空压机洗井或水泵洗井。

5）安装水泵和吸水管

吸水管宜采用50～100 mm的塑料管或者钢管，其下端应该沉入管井抽吸时的最低水位线以下，并装逆止阀。每个管井单独用一台水泵。在降水深度小于7 m时可采用离心式水泵，大于7 m时多采用潜水泵或深水泵。

6）试抽水

井点安装完成后，应进行试抽水，检查管井出水是否正常，有无淤塞，记录出水量的大小、水位降深等数据。

7.4.3.3　砂井施工工艺

根据我国应用排水固结法加固软土地基多年的实践经验，以及国内外技术发展情况，竖向排水井随着工程的不断扩大及科研技术的发展，先后应用过200～500 mm直径的普通砂井和70～120 mm直径的袋装砂井。

砂井施工工艺直接影响到砂井的施工效率及排水效果，施工一般采用导管法，只是沉管工艺不同、下竖向排水井的方式及底部密封工艺不同。选择工艺时主要从以下三个方面考虑：

（1）保证砂井连续、密实，并且不出现颈缩现象。

（2）施工时尽量减小对周围土的扰功。

（3）施工后砂井的长度、直径和间距满足设计要求。

通常用振动打桩机、柴油打桩机（冲击式和振动式）以及下端有活瓣钢桩靴的桩管，将砂（含泥量不大于3%）或砂和角砾混合料（含泥量不大于5%）形成砂井。

砂井的施工方法有空心管打入法、射水法、爆破法，也可采用袋装砂井。袋装砂井是采用钢管打入式和射水式打孔，在孔中插入袋装砂粒而形成的柱状排水体，其直径为7～10 cm，省料且价格低。

7.4.3.4　塑料排水板施工工艺

1）塑料排水带插板机

塑料带排水法的施工机械基本上可与砂井打设机械共用，可用圆形导管或矩形导管。日本使用一种专门插带机，其机械化和自动化程度较高。根据我国软基加固工程施工经验，以轻型门架型为主体，但只要软基承载能力能满足施工机械要求可兼用其他机型。竖向排水带施工时，机械应具有以下特点：整机重量轻，适应软基承载能力低的特点，结构简单，移动方便，定位快，施工效率高，施工质量易控制且稳定。

采用振动打设工艺时一般采用单管打设机械，振动锤激振力大小可根据导管截面大小、加固深度、土层结构、表面硬壳层的性质具体确定。

2）塑料排水带导管靴与桩尖

对于打设塑料带的导管，我国通常采用棱形或圆形导管加矩形管靴，均为开口与活动桩类组合型。由于矩形管靴断面不同，所用桩尖各异。桩尖的主要作用是在打设塑料带过程中对塑料带起锚定作用，将排水带带到预定深度，而且防止淤泥进入导管内，增加管靴内壁与塑料带的摩阻力，提管时将塑料带一并带出。

3）施工工艺

塑料排水带打设工艺为：

（1）将配备好的竖向排水带施工机械就位。

（2）定位：在排水砂垫层表面作好桩位标记。

（3）穿板：将竖向排水带经导管内穿出管靴，与桩尖连接后拉紧，使桩尖与管靴贴紧。

（4）沉管：将导管沉入桩位，校准主导管垂直度后随绳下沉，后再开振动锤沉入设计深度。

（5）拔管：首先将导管内排水带放松，使其在导管内自然下垂，边振动边拔管。当塑料排水带与软黏土黏结锚固时，停止振动静拔至地面。

（6）在砂垫层上预留 20～30 cm 剪断塑料排水带，并检查管靴内是否进入淤泥，而后再将排水带与桩尖连接、拉紧，移向下一桩位。

（7）重复步骤（3）至步骤（6）。

塑料排水带在施工过程中应注意以下几点：

（1）排水带滤膜在搬运、开包和打设过程中避免损坏，防止淤泥进入带芯堵塞输水孔，影响塑料排水带的排水效果。

（2）塑料排水带与桩尖连接要牢固，避免提管时脱开，不能将塑料排水带一并带出。

（3）桩尖平端与导管靴间配合要好，避免不平错缝使淤泥在打设过程中进入导管抱带，增大对塑料排水带的阻力，将塑料排水带带出。当塑料排水带带上 1 m 以上时应及时查找原因、采取措施并同时补打。

（4）定位沉管时宜拉绳下沉，避免导管弯曲影响径向距离。

（5）在塑料排水带需要接长连接时，应采用滤膜开口相对内插平搭接的连接方法，搭接长度应超过 20 cm 以上。

（6）塑料排水带布设后，首先清理干净排水砂垫层内塑料排水带周围的淤泥，使排水及真空，传递压力连接通道畅通，同时认真检查塑料排水带导孔收缩恢复情况，凡未完全收缩恢复的必须用砂填满捣实。

(7) 将塑料排水带板头埋入排水砂垫层中。

7.4.4 多遍轻夯施工

7.4.4.1 试夯或试验性施工

施工前应根据初步确定的强夯参数，在施工现场有代表性的场地上选取一个或几个试验区进行试夯或试验性施工，并通过测试，检验轻夯效果，以便最终确定工程采用的各项参数。

7.4.4.2 平整场地

预先估计轻夯能产生的平均地面变形，并以此确定夯前地面高程，然后用推土机平整。同时，应认真查明场地范围内的地下构筑物和各种地下管线的位置及标高等，尽量避开在其上进行夯击施工，否则应根据轻夯的影响深度，估计可能产生的危害。必要时应采取措施，以免因夯击施工而造成损坏。

7.4.4.3 降低地下水位或铺垫层

当场地表土软弱或地下水位高时，宜降低地下水位，或在表层铺填一定厚度的松散性材料。这样做的目的是在地表形成硬层，可以用以支承起重设备，确保机械设备通行和施工，又可加大地下水和地表面的距离，防止夯击时夯坑积水。

7.4.4.4 环境保护措施

当轻夯施工所产生的振动对邻近建筑物或设备产生有害的影响时，应设置监测点，并采取挖隔振沟等隔振或防振措施。

7.4.4.5 强夯法施工步骤

(1) 清理并平整施工场地。

(2) 标出第一遍开点位置，并测量场地高程。

(3) 起重机就位，夯锤置于夯点位置。

(4) 测量夯前锤顶高程。

(5) 将夯锤起吊到预定高度，开启脱钩装置，待夯锤自由下落后，放下吊钩，测量锤顶高程。若发现因坑底倾斜而造成夯锤歪斜时，应及时将坑底整平。

(6) 重复步骤 (5)，按设计规定的夯击次数及控制标准，完成一个夯点的夯击。

(7) 换夯点重复步骤 (3) 至 (6)，完成第一遍全部夯点的夯击。

(8) 用推土机将夯坑填平，并测量场地高程。

(9) 在规定的间隔时间后，按上述步骤逐次完成全部夯击遍数，最后用低能量满夯，将场地表层松土夯实，并测量夯后场地高程。

7.5　质量检验

（1）降水前应检查降水井井深、井间距、成井质量等，施工过程中应检查单井出水量及水位下降情况，轻夯施工前应检查锤重、落距等，施工过程中应检查各项测试数据和施工记录，不符合设计要求时应补夯或采取其他有效措施。

（2）降排水多遍轻夯施工结束后应间隔一定时间方能进行竣工验收检验，低饱和度的粉土和黏性土地基可取2～4周。

（3）降排水多遍轻夯地基竣工验收时，承载力检验可选用载荷试验、静力触探实验、标注贯入试验、十字板剪切试验、圆锥动力触探试验、多道瞬态面波法等多种原位测试方法和天然重度、天然含水量、比重、液塑限、压缩试验和抗剪强度试验等多种室内土工试验等不少于三种方法进行检测，对照处理前的测试结果，综合判断加固效果。

（4）质量检验的数量应根据场地复杂程度和建筑物的重要性确定。对于简单场地上的一般建筑物，每个建筑物地基的检验点不应少于三处。对于复杂场地或重要建筑物，应增加检验点数。检验深度应不小于设计处理的深度。

7.6　工程案例

7.6.1　东营港某道路项目地基加固工程

7.6.1.1　工程概况与加固方案

在建某工程道路表层为吹填土，吹填土部分区域以粉细砂为主，夹层状泥质黏性土，土质松散且不均匀，部分区域呈淤泥质黏土夹粉土，流塑状态。吹填土厚度一般为2.2～3.8 m。由于吹填土形成时间短，属欠固结土，其含水量高、孔隙比大、强度低，在动力作用下易产生沉降和液化，为了确保路基强度和稳定，需对路基进行处理。在经济合理且又安全可靠的前提下，技术难度大，一般地基加固方案无法达到预期目的。通过多种方案的比较论证，决定采用真空降水联合低能量多遍强夯法对其进行加固。

7.6.1.2　设计要求

路基承载力和加固深度应符合以下要求：

（1）地基加固的有效深度为4～5 m。

（2）0～2.5 m深度范围内的地基承载力特征值不小于120 kPa，2.5～5 m深度范围内的地基承载力特征值不小于80 kPa。

（3）路基的工后沉降不大于 30 cm。

（4）满足路基压实度要求。

（5）路基回弹模量要求：表层回弹模量不小于 46 MPa。

7.6.1.3 施工工艺及参数

真空降水联合低能量强夯动力固结法在本工程中采用的是三遍降水、三遍轻夯的施工工艺。

1）真空降水施工

井点降水的施工流程为：回填土后场地整平、井点放线定位→成孔设备凿孔并埋设井点管、地下水位监测管布置→井点管与水平干管连接→安装抽水设备、试抽与检查→典型施工、降水作业→管线拆除与二次布置。如此与强夯施工循环三次，井点管布置的间距、深度以及降水要求与抽水时间需满足设计文件的要求。

具体工艺及施工注意事项如下：

第一次降水：均为 3 m 井点管，滤头长度为 1.5 m，井点管卧管间距为 3 m，井点管间距为 3 m，要求井点管周围灌粗砂至地面以下 50 cm，孔口地面以下 50 cm 内用黏土或淤泥土封死，降水至 3 m 以下，连续 5 天不间断降水。完毕后，拆管并进行第一遍强夯。井点降水排水管平面布置示意图（第一遍）如图 7-6 所示。

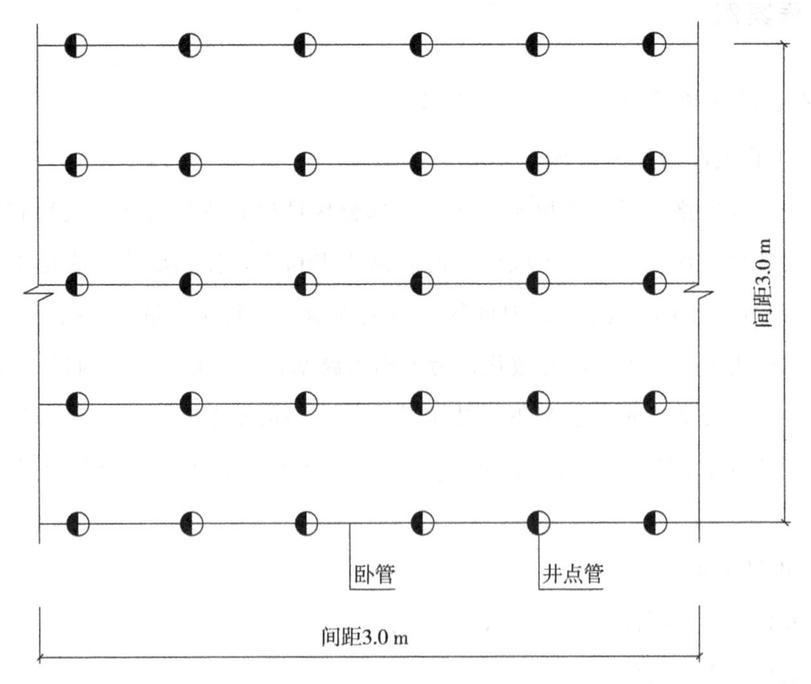

图 7-6 井点降水排水管平面布置示意图（第一遍）

第二次降水：在第一遍强夯后，采用 4 m 和 6 m 的长短管相间布置井点管，间距为 3 m，卧管间距为 3 m。要求井点管周围灌粗砂至地面以下 50 cm，孔口地面以下 50 cm 内用黏土或淤泥土封死，降水至 4 m 以下，连续 5 天不间断降水。完毕后，拆管并进行第二遍强夯。

第三次降水与第二次降水要求相同。井点降水排水管平面布置示意图（第二遍、第三遍）如图 7-7 所示。

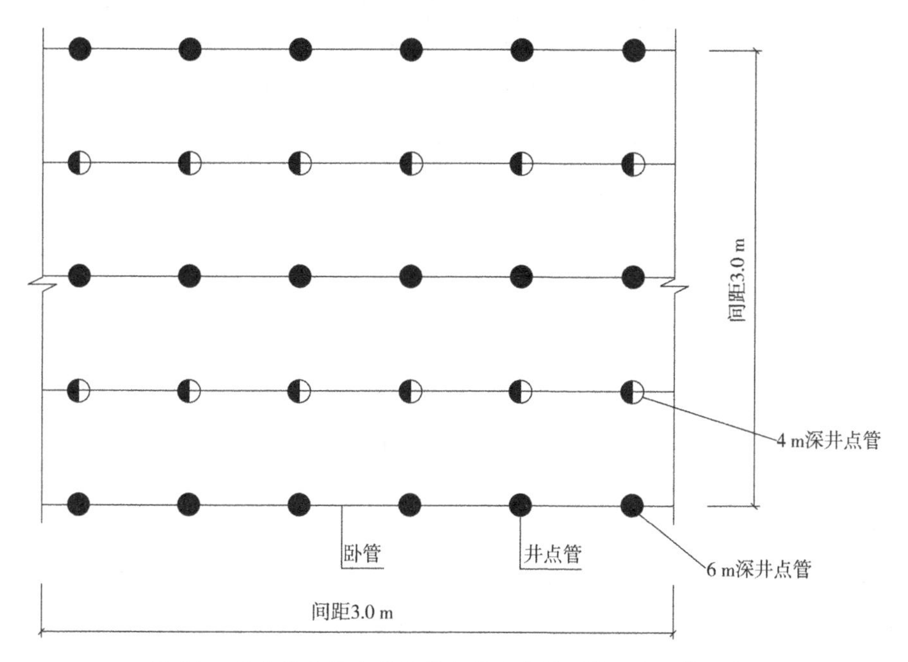

图 7-7　井点降水排水管平面布置示意图（第二遍、第三遍）

2）低能量强夯

低能量强夯设计参数表如表 7-3 所示，夯点平面布置示意图如图 7-8 所示。

表 7-3　低能量强夯设计参数表

夯点间距（m）	第一遍正方形 4 m×4 m，第二、三遍插空布置
强夯遍数（遍）	3 遍
每遍强夯击数及能量	第一遍强夯，单击夯击能 800 kJ，点夯击数 2 击
	第二遍强夯，单击夯击能 1000 kJ，点夯击数 3 击
	第三遍强夯，单击夯击能 1200 kJ，点夯击数 3 击
振动碾压	270 kN 振动碾，碾压 4～6 遍，稳压 1 遍

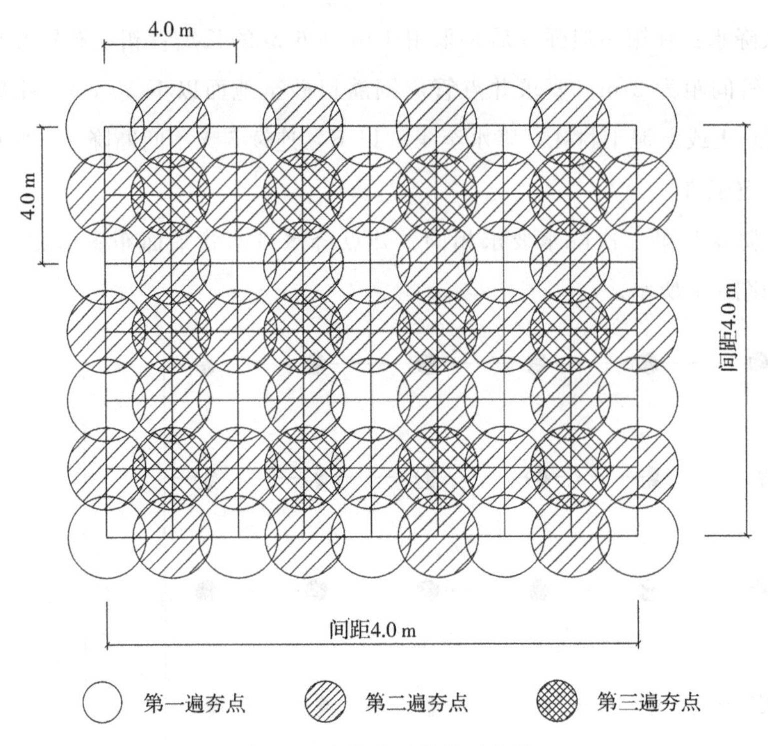

图 7-8　夯点平面布置示意图

7.6.1.4　理论分析与研究

强夯法虽然已在工程中得到广泛的应用，但到目前为止人们对于强夯设计没有公认和成熟的设计计算方法，上述参数亦是根据土质情况按经验设计确定的。主要设计参数包括有效加固深度、单击夯击能、夯击次数、夯击点布置、夯击遍数、遍数间隔时间、处理范围等。

1）有效加固深度

强夯法的有效加固深度既是反应处理效果的重要参数，又是选择地基处理方案的重要依据。在实际工程中，普遍采用如下公式：

$$H = \alpha\sqrt{Mh}$$

式中：α——修正系数，范围为 0.34～0.80。

M——夯锤重量（t）。

H——落距（m）。

在工程实践中，一般辅助结合经验或试验来确定有效加固深度。

2）单击夯击能

夯击能的确定主要依据场地的地质条件和工程使用要求，以及根据工程要求的加固深度和加固后需要的地基土承载力来确定单击夯击能。由于目前尚无成熟的计算方法来统一规范，因此，一般选择仍按修正公式计算。

$$G = Mh = \frac{H^2}{\alpha^2}$$

式中：G——单击夯击能（kN・m）。

其他参数与上式相同。

根据已求得的夯击能，选定锤重、落距与相应的夯击设备。对于软黏土，大能量夯击容易破坏土的结构，产生“橡皮土”；对于高饱和吹填土，大能量夯击容易使表层出现液化现象。因此，在施工中应采用“由轻到重、少击多遍”的施工工艺，严格控制强夯动力和夯击能，使土体产生的超孔隙水压力不过快上升。其基本原理是以小能量将浅层率先加固，在表层形成“硬壳层”后就可以逐渐加大能级，加固深层土体。

3）夯击次数

对于饱和度较高的黏性土地基，随着夯击次数的增加，土的孔隙体积因压缩而逐渐减少，但因为此类土的渗透性较差，故孔隙水压力将逐渐增长，并促使夯坑下的地基土产生较大的侧向挤出，而引起夯坑周围地面的明显隆起。此时如继续夯击，并不能使地基土得到有效的夯实，反而造成浪费。

目前，夯击次数一般通过现场试夯确定，常以夯坑的压缩量最大、夯坑周围隆起量最小为确定的原则，通过现场试夯得到的夯击次数与夯沉量的关系曲线确定。此外，还要考虑施工的便利性，不能因夯坑过深而发生起锤困难的情况。

4）夯击点布置

夯击点布置是否合理，将影响强夯的加固效果，应综合建（构）筑物平面形状、基础类型、场地土情况及含水量大小和工程要求等因素来选择布点方案。

夯击点位置根据建筑结构类型一般可采用等边三角形、等腰三角形或正方形布点。对于某些基础面积较大的建（构）筑物（如油罐、筒仓等），为便于施工，可按等边三角形或正方形布置夯点；对于办公楼和住宅建筑，则根据承重墙的位置布置夯点更合适，如某住宅工程的夯点布置采用了等腰三角形布置，这样就保证了横向承重墙以及纵墙和横墙交接处墙基下均有夯击点；对于单层工业厂房，可按柱网来设置夯击点，这样既保证了重点，又减少了夯击面积。因此，夯击点的布置应视建筑结构类型、荷载大小、地基条件等具体情况区别对待。

夯击点间距的确定一般根据地基土性质和要求加固深度而定。对于细颗粒土，为便于超静孔隙水压力的消散，夯点间距不宜过小，且实践证明，间隔夯击比连夯好。在采用多遍强夯时，每遍强夯的夯击点应相互错开，使夯击点在强夯区域内错落有致。

5）其他参数

夯击遍数应根据地基土的性质和工程要求来确定。对于软黏土和高饱和吹填土等，应采取“少击多遍”的原则，避免出现“橡皮土”或表层土发生液化现象。

夯击的间隔时间取决于超静孔隙水压力的消散时间。当降水已经达到要求时，即可拔管进行强夯。

由于基础的应力扩散作用，强夯处理的范围应大于建（构）筑物的基础范围，具体放大范围可根据结构类型和重要性等因素确定。

7.6.1.5　效果分析

本工程真空降水强夯法是将真空降水和动力固结两种工艺有机结合而成的一种复合型新工法。该工法能快速有效地改善排水条件，工期短，处理效果显著，主要适合于软黏土及高饱和土，扩大了强夯的应用范围，应用时需要根据场地条件的不同选择合理的施工参数。与一般的动力排水固结法相比，该工法显著节省工期，具有十分广阔的应用前景。图 7-9 和图 7-10 为项目处理前后对比图。

图 7-9　项目处理前

图 7-10　项目处理后

7.6.2　东营某石化产业园区软地基处理工程

7.6.2.1　工程概况与加固方案

某石化产业园区工程总面积约为 1.5×10^5 m^2，场地上覆约 3 m 厚的吹填土，下层为粉质黏土与粉土互层，具有含水量高、孔隙比大、压缩性高、承载力极低等特点，工程机械设备难以进场，必须采取特定的软基处理措施，使浅层吹填土体承载力提高，以满足后续施工的开展。通过多种方案的比较论证，决定采用轻型井点降水联合低能量多遍强夯法对其进行加固。

7.6.2.2　设计要求

具体设计要求如表 7-4 所示。

表 7-4　地基加固后各区域地基的土体物理性指标（有效加固范围内）

项目名称	有效加固深度 (m)	土体承载力 (kPa)	标准贯入 *N* 击	静力触探 (MPa)	密实度 (%)
加固目标	①吹填土、$①_2$ 淤泥质粉质黏土	120	15	2.0	85

7.6.2.3　地基处理设计方案

地基处理设计工艺包括“强排水（轻型井点）＋多遍轻夯”。轻夯工艺拟采用两遍点夯、两遍普夯，每遍点夯夯能为 1500 kJ，夯锤底面积按 4.0～4.5 m^2 计算，夯点间距为 3.5 m×7 m，夯点布置为梅花形布点，每遍夯点击数暂定为 3～5 击，且最后一遍最后两击平均贯入量小于 10 cm。普夯夯能为 1000 kJ，普夯两遍，搭接夯，标准为二击点夯，间距为点间互压 1/3 锤径。强夯时采用井点降水，降低地下水位。井点降水可采用真空泵强排水，立管深度、井点间距可根据现场实际情况布置，强夯点夯施工过程中要求降低地下水位不小于 2 m。

7.6.2.4　施工工艺及参数

1）基本参数

轻型井点降水联合低能量强夯动力固结法在本工程中采用的是“轻井降水＋4 遍轻夯”的施工工艺。夯锤选用圆形带气孔的夯锤，锤重为 12～17 t，夯锤直径为 2.3～2.4 m，强夯机械采用 YTQH300 型、YTQH400 型、ZL300 型起重式强夯机。强夯试验工艺参数如表 7-5 所示。

表 7-5　强夯试验工艺参数一览表

处理方式	处理深度 (m)	工艺工序	夯点布置形式	夯击能量	夯点间距	夯击击数
点夯	4～5	强排水＋轻夯	梅花形两遍	1500 kN·M 两遍	3.5 m×7.0 m	3～5 击
普夯	50～100 cm	轻夯	普夯两击搭	1000～1200 kN·M	接 1/3	2 击
井点降水	降低水位 2.0 m，井点管间距 2 m，排距 6 m，井点管插设深度 4～6 m 间隔布置					

2）降水联合轻夯多遍工艺流程

建立排水系统→井点降水→第一遍强夯→夯坑回填→第二遍强夯→夯坑回填→两

遍普夯→地基检测→交工验收。

3）降水施工工艺

安装、井点管装配成形→插管位置及水位观测管→成孔、排管、插管→铺总管→孔口封密→连接试抽→确定原始水位、开机。

本工程在降水管插管前采取高压水冲成孔，成孔深度即为井点管插管深度。立管下段约 1.2 m 位置处滤管先钻数孔后，用纱布双层包裹，起隔砂渗水的作用。成孔结束后立即插管，并注意保护好滤膜，同时掩埋成孔的孔洞。降水至地面 2.0 m 以下后，方可进行强夯。

为保证降水效果，抽出的水均排放到指定地点。

施工区内布置水位观测孔，孔深 2.5 m，以便观察水位情况。水位观测按每 1600 m^2 一根。每天对地下水位变化情况进行观测，以确定降水时间，一般连续降水 3～7 天。当地下水位降至原砂面 2.0 m 以下时，进行第一遍强夯施工。为加强强夯效果、确保工程质量，在强夯施工过程中，外围封管真空降水管继续进行真空降水。强夯工艺采用 3 遍强夯，每遍之间的间隙时间根据试验确定。第二遍强夯施工完成后，拔去真空降水管，进行场地平整。

在强夯施工过程中，降水施工在满夯前不间断。

4）轻夯施工工艺

在强夯施工过程中，对于场区管沟位置加强控制，对于出现的异常情况及时和业主、设计院联系，采取相应的方案进行地基加固。

第一遍夯坑回填后再进行第二遍点夯，对场区内进行加长时间降水，保证设备安全及夯击加固效果。

查看勘察资料，结合现场地理位置条件进行强夯，对出现的异常情况及时和业主、设计联系，调整施工参数，编制有针对性的施工方案。

在强夯施工过程中，对于达不到停锤标准的，采取在夯坑内推填砂子继续强夯，待表层达到一定强度后再进行第二遍夯击。

道路两端与大堤或现有道路接壤处，为保证原有构筑物不受强夯施工影响，该区域 18 m 范围采用夯能 1000 kJ，每点 5～8 击。

根据夯点布置图施放第一遍夯点位置，根据设计单击能及锤重确定落锤的有效高度，根据此高度设置自动脱钩系统。

夯机就位，夯锤对准夯点位置，测量夯前锤顶标高及场地标高，并做好记录。

将夯锤起吊到预定高度，待夯锤脱钩自由下落，夯入地面后，再测量夯锤顶标高，计算出第一击夯沉量，并作好原始记录。

重复以上步骤，按强夯设计要求的夯击击数及控制标准完成一个夯坑的点夯施工，同样完成第一遍点夯。

待间隙时间到后，推平夯坑，再进行第二遍点夯。每次点夯完成后测量夯后地面标高。

强夯时应注意，雨天不能进行施工，雨后要及时排水并适当晾干后继续施工，夯沉量过大时应调整施工。

7.6.2.5　效果分析

本工程地基处理施工完成达到验收条件后，建设方组织有关部门和第三方技术检测单位，对处理后承载力及处理深度进行了相关检测，达到了设计处理要求，满足后续工程建设要求。加固前后涂层参数对比如表 7-6 所示，效果对比如图 7-11 和图 7-12 所示。

表 7-6　加固前后涂层参数对比

项目名称	土体承载力（kPa）	标准贯入 *N* 击	静力触探（MPa）	密实度（%）
加固前	60	3	0.5	48
加固目标	120	15	2.0	85
加固后	125	16	2.2	87

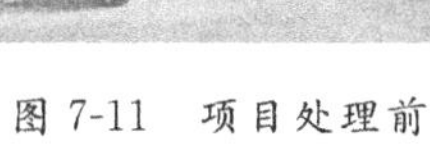

图 7-11　项目处理前

图 7-12　项目处理后

7.7　小　结

降排水联合多变轻夯加固软土地基处理技术也伴随着软土地基处理的发展得到了发展，且针对现有的单一处理技术无法解决的软土地基问题，联合加固软基技术也将得到更多的关注。该工艺施工快速、操作简便、质量可靠、整体费用低，由该工艺处理后的地基一般都能达到地基承载力的强度要求。

该种处理工艺一般适用于沿海地区冲填土、含有淤泥质粉质黏土夹砂质粉土地层等地基的处理，适用于直接采用强夯处理易产生“橡皮土”的地基。其处理的前提是在建立良好降排水体系的基础上，经过扰动、振捣、轻夯多遍挤密等物理方式使土体内外产生压差，在压差作用下使超孔隙水压力快速消散，有效应力显著增长，从而加速降排水、缩短固结过程，进而使地基在较短时间内产生较高强度。该工艺的科学合理应用能推动我国的软土地基处理方法进一步发展，并提供可靠的质量保证，具有推广应用的价值。

第8章　复合地基

8.1　概　述

8.1.1　复合地基

复合地基一词源自国外，而形成复合地基理论和工程应用体系则在我国。20世纪60年代，国外采用碎石桩加固地基，并将加固后的地基称为“复合地基”。复合地基在当时是一个新概念。改革开放以后，我国引进碎石桩等许多地基处理新技术，同时也引进了复合地基。自国外1962年首次使用“复合地基”（Composite-Foundation）一词以来，复合地基的概念已成为很多地基处理方法的理论基础。近年来，复合地基的研究已引起国内外岩土工程界的广泛重视。

复合地基最初是指采用碎石桩加固后形成的人工地基。随着复合地基技术在我国土木工程建设中的推广应用，复合地基概念和复合地基理论得到了很大的发展。随着深层搅拌桩加固技术在工程中的应用，水泥土桩复合地基的概念得到了发展。碎石桩是散体材料桩，水泥搅拌桩是黏结材料桩。在荷载作用下，由碎石桩和水泥搅拌桩形成的两类人工地基的性状有较大的区别。水泥土桩复合地基的应用促进了复合地基理论的发展，由散体材料桩复合地基扩展到柔性桩复合地基。随着低强度桩复合地基和长短桩复合地基等新技术的应用，复合地基概念得到了进一步的发展，形成了刚性桩复合地基的概念。如果将由碎石桩等散体材料桩形成的人工地基称为“狭义复合地基”，则可将包括散体材料桩、各种刚度的黏结材料桩形成的人工地基以及各种形式的长短桩复合地基称为“广义复合地基”。

复合地基概念引进我国后得到了工程界和学术界的重视是与我国工程建设对它的需求分不开的。我国地域辽阔，工程地质条件复杂，改革开放后的工程建设规模大，而我国作为发展中国家，建设资金短缺，这为复合地基理论和实践的发展提供了很好的机遇。20多年来，复合地基理论和实践在我国得到了很大的发展。1990年在河北承德，中国建筑学会地基基础专业委员会在黄熙龄院士主持下召开了我国第一次以复合地基为专题的学术讨论会。会上交流、总结了复合地基技术在我国的应用情况，有力地促进了复合地基理论和实践在我国的发展。1996年，中国土木工程学会土力学及基础工程学会地基处理学术委员会在浙江大学召开了全国复合地基理论和实践学术讨论会，并出版了论文集，总结成绩、交流经验，共同探讨发展中的问题，促进了复合地基理论和实践水平的进一步提高。近年来，复合地基理论研究和工程实践日益得到重视，复合地基技术在我国各地得到了广泛应用，复合地基在我国已成为一种常用的地基基础形式。

目前，我国应用的复合地基类型主要有：由多种施工方法形成的各类砂石桩复合地基、水泥土桩复合地基、低强度桩复合地基、土桩和灰土桩复合地基、钢筋混凝土桩复合地基、薄壁筒桩复合地基、加筋土地基等。复合地基技术在房屋建筑（包括高层建筑）、高等级公路、铁路、堆场、机场、堤坝等土木工程建设中得到了广泛应用。复合地基技术的推广应用产生了良好的社会效益和经济效益。

8.1.2 复合地基的分类

所谓“复合地基”，一般认为由两种刚度（或模量）不同的材料（桩体和桩间土）组成，是在相对刚性基础下两者共同分担上部荷载并协调变形的地基。在复合地基的桩和桩间土中，桩的作用是主要的，而地基处理中桩的类型较多，性能变化也较大。因此，复合地基的类型通常也按桩的类型进行划分。

一般按桩体材料可分为散体土类桩（如碎石桩、砂桩）、水泥土类桩（如水泥土搅拌桩、旋喷桩等）及混合土类桩（如树根桩、CFG桩等），按桩体强度或刚度可分为柔性桩（如散体土类桩属于此类桩）、半刚性桩（如水泥土类桩）及刚性桩（如混凝土类桩）。由柔性桩和桩间土所组成的复合地基为柔性桩复合地基，其他依次为半刚性桩复合地基和刚性桩复合地基。

8.1.3 复合地基的作用机理

不论是何种复合地基，都具备以下一种或多种作用，分别是桩体作用、垫层作用、加速固结作用、挤密作用和加筋作用。

8.1.3.1 桩体作用

由于复合地基中桩体的刚度较周围土体大，在刚性基础下等量变形时，地基中应力将按材料变形模量的大小进行分布。因此，桩体上产生应力集中现象，大部分荷载将由桩体承担，桩间土上的应力相应减小。这样就使得复合地基承载力较原地基有所提高，沉降量有所减小。随着桩体刚度增加，其桩体作用发挥得更加明显。在刚性基础下面的复合地基中，基础的平均接触基底压力为P，而基础与桩的接触附加压力为

σ_p，基础与桩间土的接触附加压力为σ_s。由拉压虎克定律可得：

桩的变形ΔH_p为：

$$\Delta H_p = \frac{\sigma_p}{E_p} H$$

桩侧土的变形ΔH_S为：

$$\Delta H_S = \frac{\sigma_s}{E_p} H$$

又由桩与桩侧土的变形协调条件或$\Delta H_p = \Delta H_S$或$\varepsilon_p = \varepsilon_s$，可得：

$$\frac{\sigma_p}{E_p} = \frac{\sigma_s}{E_S} \text{或} \frac{\sigma_P}{\sigma_s} = \frac{E_P}{E_S} = n$$

称之为“应力比”。

从而可知

$$\sigma_p = \frac{E_P \sigma_s}{E_S} = n\sigma_s \text{ 或 } \sigma_s = \frac{E_S \sigma_P}{E_P} = \frac{\sigma_P}{n}$$

桩土应力比n可按BAUMANN公式计算：

$$n = \frac{E_P}{2K_P \cdot \ln(R/r) E_S} + \frac{K_S}{K_P}$$

式中：r，R——分别为桩土半径。

K_P，K_S——分别为桩土侧压力系数。

由竖向力平衡条件可知：

$$P_0(A_S + A_P) = \sigma_s A_S + \sigma_P A_P = \sigma_s A_S + n\sigma_s A_P$$

$$\sigma_s = \frac{P_0(A_S + A_P)}{(A_S + nA_P)}$$

$$\sigma_P = n\sigma_s = n\frac{P_0(A_S + A_P)}{(A_S + nA_P)}$$

$$P_0 = \frac{F + G}{A} - rh$$

式中：A_S，A_P——分别为桩和桩间土的面积。

A——复合地基计算单元的总面积，$A = A_S + A_P$。

E_P，E_S——分别为桩和桩间土的弹性模量。

n——桩土模量比，也即桩土应力比，$n = \sigma_p / \sigma_s$。

F——上部结构传来的荷载。

P_0——基础底面附应力标准值。

G——基础及回填土的自重。

r——基础以上各层土的加权平均重度。

H——复合地基的厚度。

h——基础埋置深度。

由于复合地基本身的复杂性，国内外目前尚无复合地基附加应力计算公式。目前，借助计算机通过有限单元法计算的结果得到在荷载作用下复合地基中竖向附加应力 σ_z 的等值线图，也表明了复合地基中桩体范围内产生应力集中的现象。

8.1.3.2 垫层作用

桩与桩间土复合形成的复合地基（或称“复合层”），由于其性能优于原天然地基，可起到类似垫层的换土层，能起到均匀地基应力和增大应力扩散角等作用。在桩体没有贯穿整个软弱土层的地基中，垫层的作用尤其明显。此时要求复合地基下面的软弱下卧层应满足承载力的要求，即：

$$P_Z + P_{CZ} \leqslant F_a$$

式中：P_Z——复合地基中桩底平面处土的附加压力标准值。

P_{CZ}——复合地基中桩底平面处土的自重压力标准值。

F_a——经深度修正后复合地基桩底面处软弱土层的地基承载力特征值。

复合地基桩底平面处土的附加压力值 P_Z 可按压力扩散角 θ 进行简化计算。

条形基础为：

$$P_Z = \frac{b(P_k - P_C)}{(b + 2 \cdot H \cdot \tan\theta)}$$

矩形基础为：

$$P_Z = \frac{bl(P_k - P_c)}{[(b + 2 \cdot H\tan\theta)(l + 2 \cdot H\tan\theta)]}$$

复合地基的宽度 B 应满足基础底面应力扩散的要求，可按下式计算：

$$B \geqslant b + 2H\tan\theta$$

式中：B——复合地基的宽度。

b——矩形基础或条基的宽度（m）。

l——矩形基础底面的长度（m）。

P_k——基础底面处平均压力的标准值（kPa）。

P_C——基础底面处土的自重压力标准值（kPa）。

H——基础底面下复合地基的厚度（m）。

θ——复合地基的压力扩散角（°）。

8.1.3.3 加速固结作用

除碎石桩、砂桩具有良好的透水性、可加速地基的固结外，水泥土类和混凝土类桩在某种程度上也可加速地基的固结。因为地基固结不仅与地基土的排水性能有关，而且还与地基土的变形特性有关。这可以从固结系数 C_v 的计算式 $C_v=k(1+e_v)/(r_w \cdot a)$ 中看出。虽然水泥土类桩会降地低基土的渗透系数 k，但它同样会减小地基土的压缩系数 a，而且通常后者的减小幅度要比前者大。致使加固后的水泥土的固结系数大于加固前原地基土的固结系数，从而起到加速固结的作用，而且工程实践也证明增大桩与桩间土的模量之比对加速复合地基固结是有利的。复合地基的固结变形可采用复合模量代替原土模量的方法，按常规变形计算公式进行计算。

$$\Delta H = \sum \frac{\sigma_{zi} \cdot \Delta Z_i}{E_{psi}}$$

$$E_{psi} = m \cdot E_{pi} + (1-m)E_{si} \text{ 或 } E_{psi} = [1+m(n-1)]E_{si}$$

式中：ΔH——复合地基的固结变形（m）。

σ_{zi}——第 i 层复合地基的平均附加应力（kPa）。

ΔZ_i——第 i 层复合地基的分层厚度（m）。

m——桩土面积置换率。

n——桩土模量比。

E_{psi}，E_{pi}，E_{si}——分别为第 i 层复合地基、桩体和桩间土的压缩模量。

8.1.3.4　挤密作用

砂桩、土桩、石灰桩、砂石桩等在施工过程中由于振动、挤压、排土等原因，可使桩间土起到一定的挤密作用。采用生石灰桩，由于其材料具有吸水、发热和膨胀等作用，对桩间土同样可起到挤密作用。对于深层搅拌桩，有试验结果发现，深层搅拌桩同样存在排土现象，使地基土桩周侧向挤进，粉喷桩的挤密作用有待进一步考证。

由于复合地基中桩的模量大于桩间土的模量，在荷载作用下，桩上会产生应力集中现象，而桩间土上的应力相应得到减小，由此诱发的桩间土内的超静孔隙水压力也较小，从而加速了桩间土的固结速度，这已得到理论和试验实测资料的证实。由于复合地基是由桩和桩间土所组成的复合体，其固结特性远比天然地基的复杂，所以本书只给出按双固结体系理论分析的结果。桩与桩间土分别单独考虑为一个固结体系，它们的垂直变形相等，不考虑桩体的水平位移和水平向排水。双固结体系模型的固结速率可按 TerzAghi 理论考虑，其最终固结微分方程为：

$$\frac{\partial u_p}{\partial t} = c_{vp} \cdot \frac{\partial^2 u_p}{\partial Z^2} + \eta_1 \cdot \frac{\partial \bar{u}_p}{\partial t} - \eta_2 \cdot \frac{\partial \bar{u}_p}{\partial t}$$

$$\frac{\partial u_s}{\partial t} = c_w \cdot \frac{\partial^2 u_s}{\partial Z^2} + \xi_1 \cdot \frac{\partial \bar{u}_s}{\partial t} - \xi_2 \cdot \frac{\partial \bar{u}_p}{\partial t}$$

$$\eta_1 = \frac{1/M}{1/M + 1/A}, \eta_2 = \frac{1}{1/M + 1/A}$$

$$\xi_1 = \frac{M}{M + A}, \xi_2 = \frac{1}{M + A}$$

$$M = \frac{m_w}{m_{vp}}, A = \frac{1 - m}{m}$$

式中：u_p——桩体的孔隙水压力和平均孔隙水压力（kPa）。

u_s——桩间土的空隙水压力和平均空隙水压力（kPa）。

c_{vp}，c_w——桩体和桩间土的固结系数。

m_{vp}，m_w——桩体和桩间土的体积压缩系数。

m——面积置换率。

8.1.3.5　加筋作用

复合地基犹似钢筋混凝土，而地基中的桩体犹如混凝土中的钢筋。它的实质就是考虑桩与土的共同作用，这无疑比仅仅认为荷载由桩体来承担要经济和合理。桩土复合地基的加筋作用主要表现在两个方面。

首先，可提高地基的承载力，其值可通过载荷试验资料按如下公式计算：

$$R'_a = f'_p A_p + f'_s A_s ; f'_{sp} = \frac{R'_a}{A}$$

式中：R'_a——复合地基极限承载力（kPa）。

f'_{sp}——复合地基单位面积极限承载力实测值（kPa）。

f'_p——桩体单位面积极限承载力实测值（kPa）。

f'_s——桩间土单位面积极限承载力实测值（kPa）。

A——单根桩体所承担的加固地基面积（m^2）。

A_p——单根桩体的横截面面积（m^2）。

A_s——单根桩体所承担的加固范围内桩间土面积（m^2）。

其次，还可用来提高土体的抗剪强度、增加土坡的抗滑能力。复合地基的抗剪特性可根据圆弧滑动面来进行计算。为简化计算，考虑桩土同时发挥抗剪作用，复合地基的抗剪强度可按下式计算：

$$\tau_{ps} = m\tau_p + (1 - m)\tau_s$$

式中：τ_{ps}，τ_p，τ_s——复合地基、桩体和桩土间的抗剪强度。

目前，在国内，深层搅拌桩、粉体喷搅桩和旋喷桩等已被广泛用作基坑开挖时的支护；在国外，碎石桩和砂桩常用于离速公路等路基或路堤的加固。这都利用了复合地基中桩体的加筋作用。

8.2　水泥土搅拌桩复合地基

8.2.1　概　述

水泥土搅拌桩是用于加固饱和软黏土地基的一种方法。它利用水泥作为固化剂，通过特制的搅拌机械，在地基深处将软土和固化剂强制搅拌，利用固化剂和软土之间所产生的一系列物理化学反应，使软土硬结成具有整体性、水稳定性和一定强度的优质地基。加固深度通常超过 5 m，干法加固深度不宜超过 15 m，湿法加固深度不宜超过 20 m。用回转的搅拌叶片将压入软土内的水泥浆与周围软土强制拌和形成泥加固体。

水泥土搅拌桩就是过去我们习惯上所称的“深层搅拌桩”，按生产工艺可分为浆液喷射搅拌桩（浆喷型搅拌桩）和粉体喷射搅拌桩（粉喷型搅拌桩）。两者的固化剂及掺入量都是一样的，仅仅生产工艺有所不同。

浆液喷射搅拌桩简称“浆喷桩”，是利用湿法生产工艺进行制桩，即将固化剂用水稀释拌和后以浆液的状态高压喷入桩孔，与原位土搅拌混合凝固成桩。

粉体喷射搅拌桩简称“粉喷桩”，是利用干法生产工艺进行制桩，即将固化剂粉料拌和后以干粉状态高压喷入桩孔，与原位土搅拌混合凝固成桩。

因浆液喷射搅拌桩和粉体喷射搅拌桩的作用机理一样，主要区别在于生产工艺，故本章将着重介绍粉体喷射搅拌桩的相关内容。

粉体喷射搅拌桩是利用特制的深层搅拌机械，在加固土层中将水泥或石灰等固化剂粉料，与软土就地原位强制搅拌混合、凝结、硬化而形成桩体。由于桩体强度高，并置换了一部分土体以及桩周土受到挤压而密实，所以桩和桩间土共同形成具有整体性、水稳定性和一定强度的优质复合地基。

粉体喷射搅拌桩适用于处理正常固结的淤泥和淤泥质土、粉土、饱和黄土、黏性土、素填土以及无流动地下水的饱和松散砂土等地基，尤其适用于地下水含水量在30％～70％的天然土层中。如果土层的天然含水量小于 30％（黄土含水量小于 25％）、大于 70％或地下水的 pH 小于 4，将不能采用干法生产工艺，即不再使用粉喷桩。当处理泥炭土、有机质土、塑性指数 IP 大于 25 的黏土、地下水具有腐蚀性及无工程经验的地区时，必须通过现场试验确定其适用性。

粉体喷射搅拌桩是通过压力泵将准备好的固化剂（水泥或生石灰粉、消石灰粉）以干粉状态喷入疏松过的孔中，并与孔中原位土搅拌混合均匀，经过一段时间凝固成桩。水泥和石灰质量应符合现行国家标准规定，水泥强度等级一般不低于 32.5 级，品种应为普通硅酸盐水泥。桩体含灰量应通过试验确定，通常含灰量为被加固湿土质量的7%～20%，但多数情况下都采用12%～20%。一般土质情况都是用水泥作固化剂，当要求的承载力较低时则用石灰粉作固化剂。

粉体喷射搅拌桩可用于复合地基加固、基坑护岸墙、防渗帷幕、大体积水泥稳定土。粉体喷射搅拌桩的加固体形状根据被加固对象可分为柱状、壁状、格栅状和块状等。当用于复合地基加固，即提高竖向承载情况时，桩体强度取90天龄期标准试块立方体抗压强度平均值。对于水平承载情况（如支护工程），桩体强度取28天龄期标准试块立方体抗压强度平均值。

确定加固处理方案前应搜集拟处理区域内详细的岩土工程资料，尤其是填土层的厚度和组成，软土层的分布范围、分层情况，地下水位及水的pH，土的含水量、塑性指数、物理力学性质、有机质含量等。

粉体喷射搅拌桩设计前，应进行拟处理土的室内配比试验。针对现场拟处理的最弱层软土的性质，选择合适的固化剂（固化料）、外加剂、粉煤灰及其掺量，根据设计所要求强度进行配比试验，为设计提供各种龄期、各种配比的强度参数。

8.2.2 作用原理

粉体喷射搅拌桩的作用原理与性质和浆液喷射搅拌桩是相同的。也就是说，粉喷桩加固地基是利用专门的粉体喷射搅拌机械，在钻孔过程中用压缩空气将粉状加固剂以雾状喷入被加固的软土中，凭借特别的钻头叶片的旋转，使加固剂与原位软土就地强制搅拌混合，加固剂吸水后进行一系列的物理化学反应，使软土硬结，形成整体性强、水稳性好和强度足够的桩体。桩体连同桩间土共同形成复合地基。实践证明，这种复合地基承载力比天然软土地基承载力有大幅提高。

粉喷桩使用的加固剂有水泥、石灰（生石灰、消石灰）、石膏、矿渣等，还可以用粉煤灰、外加剂（增强剂、速凝剂、缓凝剂等）作掺和料，以节约固化剂。目前，我国在工程中主要采用水泥和石灰来拌制水泥土桩或石灰土桩。因石灰土桩的性能低于水泥土桩，所以在中、高层房屋建设及地基承载力要求较高的其他工程中多采用水泥作为固化剂材料进行地基加固，而普通公路地基、低层房屋地基等可采用石灰作为固化剂材料。

粉喷桩加固地基的机理在于固化剂与原位土充分搅拌混合后，由于固化剂吸收周围土层中的水分而发生物理化学反应，使混合桩体凝结硬化，既提高了自身的强度，又稳定了桩体周围土层，从而使天然的软土地基改变成优质的复合地基，大大提高地基的承载能力及其稳定性。

当采用水泥作固化剂时，水泥与土层中的水产生水化反应及水解反应，生成氢氧化钙、含水硅酸钙、含水铝酸钙、含水铁铝酸钙等化合物，在水和空气中逐渐硬化。

这些化合物中的钙离子再与土粒中的钠离子、钾离子等矿物成分发生交换作用，从而胶结土粒，使土颗粒集合成较大团粒，形成强度较高的水泥土。水泥和土搅拌越充分，混合越均匀，则水泥土结构的离散性越小，地基的总体强度也越高。

当采用生石灰作固化剂时，石灰在土层中吸水、膨胀、发热，并进行一系列的化学反应，如离子交换、土微粒凝聚、火山灰反应、碳酸钙反应、固结反应等，从而形成复杂的化合物。这些化合物在水和空气中逐渐硬化，使土颗粒得到牢固结合和加强，促进周围土体固结，形成较高强度的石灰土。

因为水泥和石灰的重度都稍轻于软土，两者相差不大，所以水泥土或石灰土的重度均与软土的重度很接近，但由于加固土经过充分搅拌，其密实性好于原状土，故水泥土或石灰土重度软土稍大。

8.2.3 粉体喷射搅拌桩设计计算

8.2.3.1 复合地基承载力计算

群桩与处理后的桩间土形成复合地基。粉喷桩复合地基承载力特征值应通过现场复合地基试验确定。初步设计时，单桩和桩间土共同的承载力特征值仍按下式估算：

$$f_{spk} = m\frac{R_a}{A_p} + \beta(1-m)f_{sk}$$

式中：f_{spk}——粉喷桩复合地基承载力特征值（kPa）。

f_{sk}——处理后的桩间土承载力特征值（kPa），宜按当地经验取值。当缺少实际资料时，可按天然地基承载力特征值采用。

β——桩间土承载力折减系数。当桩端土未经修正的承载力特征值大于桩周土承载力特征值的平均值时，可取 0.1～0.4，差值大时取低值。当桩端土未经修正的承载力特征值小于或等于桩周土承载力特征值的平均值时，可取 0.5～0.9，差值大或设置褥垫层时取高值。

R_a——单桩竖向承载力特征值（kN）。

m——桩土面积置换率，具体应通过计算得出。

$$m = \frac{A_p}{A} = \frac{d^2}{d_e^2}$$

式中：A_p——单桩截面积（m^2）。

8.2.3.2 单桩竖向承载力计算

单桩竖向承载力特征值可通过现场试验确定，亦可按下式估算，并同时满足 $R_a = \eta f_{cu} A_p$ 的要求，应使由桩身材料强度确定的单桩承载力大于或等于由桩周土和桩端土所确定的单桩承载力。

$$R_a = u_p \sum_{i=1}^{n} q_{si} l_i + \alpha q_p A_p$$

式中：R_a——单桩竖向承载力特征值（kN）。

u_p——桩的周长（m）。

l_i——桩长范围内第 i 层土的厚度（m）。

q_{si}——桩周第 i 层土的侧阻力特征值（kPa），对淤泥可取 4～7 kPa，对淤泥质土可取 6～12 kPa，对软塑状态的黏性土可取 10～15 kPa，对可塑状态的黏性土可取 12～18 kPa。

q_p——桩端地基土未经修正的天然土层端阻力特征值（kPa），按《建筑地基基础设计规范》（GB 50007—2011）相关规定确定。

A_p——单桩截面积（m^2）。

α——桩端天然地基土的承载力折减系数，可取 0.4～0.6，承载力高时取低值。

n——桩长范围内所划分的土层数。

η——桩身强度折减系数，可取 0.2～0.3。

f_{cu}——与设计桩身配比相同的室内加固土试块（70.7 mm×70.7 mm×70.7 mm 立方体，也可采用边长为 50 mm 的立方体），在标准养护条件下 90 天龄期的立方体抗压强度平均值（kPa）。

8.2.3.3　复合地基压缩变形计算

粉喷桩复合地基压缩变形计算应符合现行国家标准《建筑地基基础设计规范》(GB 50007—2011)的有关规定，其沉降计算表达公式如下：

$$s = s_1 + s_2$$

式中：s——在基础以上荷载作用下，复合地基总沉降量（mm）。

s_1——复合地基的加固体下沉量（mm）。《建筑地基处理技术规范》（JGJ 79—2012）给出了计算式。

$$s_1 = \frac{(p_z + p_{zl})L}{2E_{cp}}$$

式中：s_2——复合地基加固体以下未加固土层的下沉量（mm），按规范计算。

p_z——复合土层顶面的附加应力（kPa）。

p_{zl}——复合土层底面的附加应力（kPa）。

E_{cp}——复合土层的压缩模量（kPa）。

L——有效桩长（m）。

在实际计算中，如果桩体穿透了压缩层，则复合地基下沉就只有 s_1，而没有 s_2。

在这种情况下，$s=s_1$。

8.2.3.4　复合地基压缩模量计算

粉喷桩复合地基压缩模量计算公式为：

$$E_{cp}=mE_p+(1-m)E_e$$

式中：E_{cp}——复合土层的压缩模量（kPa）。

E_e——桩间土的压缩模量（kPa），宜按当地经验取值，如缺少经验，可取天然土层的压缩模量。

E_p——桩体的压缩模量（kPa），可取（100～120）f_{cu}，对桩较短或桩身强度较低可取低值，反之取高值。

f_{cu}——桩体试块标准养护90天的抗压强度平均值（kPa）。

m——面积置换率。

8.2.4　粉喷桩的施工

8.2.4.1　施工机具

粉体喷射搅拌桩的施工机械主要是主机——粉喷桩机，配套设备有固化剂罐、空压机、储气罐、气水分离器等。主机由桩架、钻杆、钻头、卷扬机、电动机、操作台、步履底座及传动系统组成。

粉体喷射搅拌桩的施工机械有多种型号的喷粉桩机，国产机桩径为500 mm，最大桩长为18 m，进口机桩径有500 mm、800 mm、1000 mm，桩长有10 m、15 m。

粉喷桩机不像浆喷桩机那样没有行走机构，粉喷桩机带有行走机构。国产机的行走机构是步履式，进口机的行走机构既有步履式也有履带式。

8.2.4.2　设备布置

通常施工所用的机械、机具、设备、设施等都要针对场地情况和主要机具台数进行合理布置，应遵循方便施工、互不干扰、提高速度、节约资金的原则。

粉喷桩机是制桩的主要机械，应布置在有利位置，便于移位。控制操作台（或称"电气操作台"）起着指挥作用，应布置在距孔位较近的地方。灰浆泵、空压机及输气管路要方便供料。

粉喷桩机应视土质情况、工作量和设备台数进行合理布置。

8.2.4.3　施工方法

粉体喷射搅拌桩施工原理：在搅拌机转轴下端安装有叶片，叶片随转轴的旋转而转动，从而把叶片回转范围内的原状土搅拌疏松，配制好的固化剂粉以高压气体为动力，从不断回转的空心轴端向四周被搅松的土中喷出，经叶片搅拌和物理化学反应而形成水泥土（或石灰土）柱体，硬化后成桩。该施工方法在施工过程中无振动、无污染、噪声小，对周边环境及建筑物影响很小，从而得到了广泛应用。

施工走向视机械台数和施工任务大小而定。当施工量很大时，可分成3～4块用3～4台机械同时施工。当施工现场距已有围墙或建筑物很近时，应先进行靠近已有围墙或建筑物处的制桩。当施工量一般时，可采用2台机械同时从中心部位开始，向两侧逐渐退出。当施工量较少时，则用1台机械从一侧向另一侧逐渐退出。

粉喷桩施工布置方式与浆喷桩相同，粉喷桩施工时应注意以下事项：

(1) 施工前应仔细检查搅拌机械、供粉泵、送气管路、输粉管路、接头和阀门的密封性及可靠性。输送气、粉管路的长度不宜大于60 m。

(2) 施工时必须配置经国家计量部门确认的、具有能瞬时检测并记录出粉量的粉体计量装置及搅拌深度自动记录仪。

(3) 搅拌头每旋转一周，其提升高度不得超过16 mm。

(4) 搅拌头的直径应定期复核检查，其磨耗量不得大于10 mm。

(5) 当搅拌头达到设计桩底以上1.5 m时，应立即开启喷粉机，提前进行喷粉作业。当搅拌头提升至地面下50 cm时，喷粉机应停止喷粉。

(6) 成桩过程中因故停止喷粉，应将搅拌头下沉至停灰面以下1 m处，待恢复喷粉时再喷粉、搅拌、提升。

(7) 需在地基上天然含水量小于30%的土层中喷粉成桩时，应采用地面人工注水搅拌工艺。

(8) 粉喷桩施工前应根据设计进行工艺性试验，数量不得少于2根。当桩周为成层土时，应对相对软弱土层增加搅拌次数或增加固化料掺量。

(9) 搅拌头翼片（叶片）的枚数、宽度、与搅拌轴的垂直夹角、搅拌头的回转数、提升速度等均应相互匹配，以确保加固深度范围内土体的任何一点均能经过20次以上的搅拌。

(10) 竖向承载搅拌桩施工时，停灰面应高于桩顶设计标高300～500 mm。在开挖基坑时，应将搅拌桩顶端施工质量较差的桩段用人工截除。

8.2.4.4 施工准备

粉喷桩的施工准备工作如下：

(1) 施工技术、施工人员、施工机具、材料供应、生产物资、生活物资、施工用房等的准备。

(2) 三通一平准备，主要是水通、电通、路通和施工场地平整。水通指供水质量和数量应满足工程生产生活需要，供水设施齐全，输水管路畅通，排水系统畅通，防止污水乱排乱泄。电通指供电设施齐全，电压、电流、电量应满足工程生产生活负荷要求，输电线路的规格符合规定。路通指场内外交通畅通无阻，满足材料供应、生产物资、生活物资的运输要求。场地平整主要指铲除施工场区的土丘、树根、孤石等障碍，填平坑洼，确保施工场地基本平整，便于机械移动、材料运输，使施工能够顺利进行。

(3) 制定技术供应保障措施、生产安全保障措施、施工质量保障措施。

(4) 做好施工场地布置，主要是输水管路、供电线路、交通道路、填料堆场。另外，还应考虑机械停放场、配电室、机修房、工人休息室、生产用房、生活用房、办公用房等的合理布设。

(5) 桩的定位。平整场地后，测量地面高程并符合设计要求。桩的定位主要是根据设计图纸的布桩要求，将各桩定点到实地位置，并在桩位打小木桩标出，桩位偏差不得大于 3 cm。

8.2.4.5 制桩工艺流程

根据所定桩位进行制桩作业，制桩机械台数依工程量大小而定，通常可同时采用2～4 台搅拌机械实施制桩。粉体搅拌机的施工程序如下：

(1) 粉体桩机自行纵横向移位，钻头对准孔位中心。

(2) 启动搅拌钻机，钻机转动，钻头正向旋转，实施钻进作业。为了不致堵塞钻头上的喷射口，钻进过程中不喷固化剂，只喷压缩空气，既确保顺利钻进，又减小负载扭矩。随着钻进，使被加固的土体在原位受到搅拌。

(3) 钻至设计孔底标高后停钻。

(4) 再次启动搅拌钻机，反向旋转提升钻头，同时打开发送器前面的控制阀，按需要量向已被搅动疏松的土体中喷射固化料，边喷射、边搅拌、边提升，尽量做到均匀搅拌，使软土与固化料充分混合。固化料的喷射量与控制阀的开启大小成正比，与钻头的提升速度成反比。

(5) 当钻头提升至高出设计桩顶 30～50 cm 时，发送器停止向孔内喷射固化料，桩柱形成，将钻头提出地面。

实践证明，在喷射固化料过程中，在提升钻头的最后阶段应注意控制，使钻头距地表面尚有 50 cm 时停止喷射，则粉体不会被带出地面而向空中飞散。因此，桩顶设计标高不得距地面太浅，应大于 90 cm。

(6) 有时，为了确保固化剂与土体的充分混合，或当感到喷射质量欠佳时，对原孔应复钻（搅拌），一次至孔底。

(7) 再次反向旋转提升钻头，边搅拌边提升（不喷固化料），直到钻头提出地面。

(8) 利用粉喷桩机底座的步履功能移动钻机至新的孔位。重复上述步骤直至完成全部制桩。

8.2.5 粉喷桩的质量检验

粉喷桩的施工质量应按以下控制：

（1）粉喷桩的施工质量应贯穿于施工的全过程，并坚持全过程施工监理。施工过程中必须随时检查施工记录和计量记录，并对照施工工艺对每根桩进行质量评定。检查重点是水泥用量、桩长、桩径、搅拌头数量和提升速度、复搅次数和复搅深度、停浆处理方法等。

（2）粉喷桩的施工质量检查可采用以下方法：

成桩 3 天内，可用轻型动力触探（N_{10}）检查每米桩身的均匀性，检查数量为施工总桩数的 1%，且不少于 3 根。

成桩 7 天后，采用浅部开挖桩头进行检查，深度宜超过停灰面以下 0.5 m，目测检查搅拌的均匀性，量测成桩宜径，检查数量不少于总桩数的 5%。

（3）载荷试验宜在成桩 28 天后进行。水泥土搅拌桩复合地基承载力检验应采用复合地基载荷试验和单桩载荷试验，检查数量不少于总桩数的 1%，且复合地基静载荷试验不少于 3 台（多轴搅拌为 3 组）。

（4）对变形有严格要求的工程，应在成桩 28 天后采用单动取样器钻取芯样作水泥土抗压强度检验，检验数量为施工总桩数的 0.5%，且不少于 6 点。

（5）基槽开挖后，应检验桩位、桩数与桩顶桩身质量，如不符合设计要求，应采取有效补强措施。

8.2.6 工程案例

8.2.6.1 运通商业广场项目 2＃楼工程案例（东营市）

1）工程概况

运通商业广场项目 2＃楼工程（位于东营市黄河路以北、明镜路以东）由东营交运置业有限责任公司开发建设，由山东省华都建筑设计院有限公司设计。根据东营市海天勘察测绘有限公司提供的《运通商业广场项目岩土工程勘察报告》，该场区地层自上而下分为：第 1 层，素填土；第 2 层，粉土；第 3 层，粉质黏土；第 4 层，粉土；第 5 层，粉质黏土；第 6 层，粉土；第 7 层，粉质黏土；第 8 层，粉质黏土；第 9 夹层，粉质黏土；第 9 层，粉土。

2）设计参数

（1）水泥土搅拌桩桩径 500 mm，施工有效桩长为 9.0 m，桩间距均为 1.0 m，总桩数为 1230 根，桩端落在第 6 层粉土层上，停灰面设在桩顶以上 500 mm 处。

（2）水泥土搅拌桩采用 42.5 级普通硅酸盐水泥，水泥一定要以现场检验合格为准，不得使用过期水泥。水泥掺入量沿桩长每延米不少于50 kg，复喷长度为桩顶以下2.5 m范围内，复喷部分水泥掺入量沿桩长每延米增加25 kg。在标准养护条件下，90天龄期桩身强度达到2.5 MPa。

（3）水泥土搅拌桩施工及质量检验应严格执行《建筑地基处理技术规范》（JGJ 79—2012）。

（4）水泥土搅拌桩地基竖向承载力竣工验收时，检验应采用复合地基载荷试验和单桩载荷试验，试验要求达到单桩竖向承载力特征值120 kN，复合地基承载力特征值130 kPa。

（5）载荷试验检验数量为桩总数的0.5%，且不少于3根。

（6）桩的垂直度偏差不得超过1%，桩位的偏差不得大于50 mm。

（7）桩土面积置换率m=0.196。

（8）因地下水具有腐蚀性，必须通过现场试验确定水泥土搅拌桩（干法）的适用性。

（9）桩顶部设300 mm厚褥垫层，褥垫层采用中粗砂，压实系数为0.97。

3）复合地基承载力及单桩承载力检验

该项目复合地基承载力及单桩承载力检测由东营恒科地基基础工程检测有限公司承接，检测结论及相关数据如下（检测报告部分结论及曲线）：

（1）通过对该工程进行7组单桩复合地基载荷试验，确定该工程单桩复合地基承载力特征值为135 kPa，满足130 kPa的设计要求。2根典型试验桩单桩复合地基竖向静载试验汇总表如表8-1和表8-2所示，对应的单桩复合地基竖向静载曲线如表8-3和表8-4所示。

表8-1 单桩复合地基竖向静载试验汇总表

<table>
<tr><td colspan="3">工程名称：运通商业广场项目2#楼</td><td colspan="3">试验点号：57#</td></tr>
<tr><td colspan="2">测试日期：2014-04-30</td><td colspan="2">压板面积：1 m²</td><td colspan="2">置换率：0.196</td></tr>
<tr><td rowspan="2">序号</td><td rowspan="2">荷载（kPa）</td><td colspan="2">历时（min）</td><td colspan="2">沉降（mm）</td></tr>
<tr><td>本级</td><td>累计</td><td>本级</td><td>累计</td></tr>
<tr><td>0</td><td>0</td><td>0</td><td>0</td><td>0.00</td><td>0.00</td></tr>
<tr><td>1</td><td>27</td><td>120</td><td>120</td><td>0.25</td><td>0.25</td></tr>
<tr><td>2</td><td>54</td><td>120</td><td>240</td><td>0.57</td><td>0.82</td></tr>
<tr><td>3</td><td>81</td><td>120</td><td>360</td><td>0.76</td><td>1.58</td></tr>
<tr><td>4</td><td>108</td><td>120</td><td>480</td><td>1.04</td><td>2.62</td></tr>
<tr><td>5</td><td>135</td><td>120</td><td>600</td><td>1.54</td><td>4.16</td></tr>
<tr><td>6</td><td>162</td><td>120</td><td>720</td><td>2.05</td><td>6.21</td></tr>
<tr><td>7</td><td>189</td><td>120</td><td>840</td><td>2.99</td><td>9.20</td></tr>
<tr><td>8</td><td>216</td><td>120</td><td>960</td><td>3.94</td><td>13.14</td></tr>
</table>

续表

工程名称：运通商业广场项目2#楼				试验点号：57#	
测试日期：2014-04-30		压板面积：1 m^2		置换率：0.196	
序号	荷载（kPa）	历时（min）		沉降（mm）	
		本级	累计	本级	累计
9	243	120	1080	4.89	18.03
10	270	120	1200	6.53	24.56
11	216	30	1230	−0.42	24.14
12	162	30	1260	−1.07	23.07
13	108	30	1290	−1.74	21.33
14	54	30	1320	−2.67	18.66
15	0	180	1500	−6.21	12.45
最大沉降量：24.56 mm　最大回弹量：12.11 mm　回弹率：49.3%					

表 8-2　单桩复合地基竖向静载试验汇总表

工程名称：运通商业广场项目2#楼				试验点号：111#	
测试日期：2014-04-29		压板面积：1 m^2		置换率：0.196	
序号	荷载（kPa）	历时（min）		沉降（mm）	
		本级	累计	本级	累计
0	0	0	0	0.00	0.00
1	27	120	120	0.28	0.28
2	54	120	240	0.46	0.74
3	81	120	360	0.79	1.53
4	108	120	480	0.91	2.44
5	135	120	600	1.30	3.74
6	162	120	720	1.65	5.39
7	189	120	840	2.47	7.86
8	216	120	960	3.31	11.17
9	243	120	1080	4.06	15.23
10	270	120	1200	5.32	20.55
11	216	30	1230	−0.16	20.39
12	162	30	1260	−0.51	19.88
13	108	30	1290	−1.50	18.38
14	54	30	1320	−2.47	15.91
15	0	180	1500	−5.53	10.38
最大沉降量：20.55 mm　最大回弹量：10.17 mm　回弹率：49.5%					

表 8-3　单桩复合地基竖向静载试验曲线图

工程名称：运通商业广场项目 2＃楼						试验点号：57＃					
测试日期：2014-04-30				置换率：0. 196				压板面积：1 m^2			
荷载（kPa）	0	27	54	81	108	135	162	189	216	243	270
本级沉降（mm）	0. 00	0. 25	0. 57	0. 76	1. 04	1. 54	2. 05	2. 99	3. 94	4. 89	6. 53
累计沉降（mm）	0. 00	0. 25	0. 82	1. 58	2. 62	4. 16	6. 21	9. 20	13. 14	18. 03	24. 56

p–s 曲线

0 27 54 81 108 135 162 189 216 243 270
p(kPa)
0.00
3.00
6.00
9.00
12.00
15.00
18.00
21.00
24.00
27.00
30.00
s(mm)
159 kPa
6.00 mm

s–lg$t$ 曲线

30 60 90 120 240
t(min)
27 kPa
54 kPa
81 kPa
108 kPa
135 kPa
162 kPa
189 kPa
216 kPa
243 kPa
270 kPa
0.00
3.00
6.00
9.00
12.00
15.00
18.00
21.00
24.00
27.00
30.00
s(mm)

s–lg$p$ 曲线

27 54 81 270
p(kPa)
0.00
3.00
6.00
9.00
12.00
15.00
18.00
21.00
24.00
27.00
30.00
s(mm)

表 8-4 单桩复合地基竖向静载试验曲线图

工程名称：运通商业广场项目2＃楼						试验点号：111＃					
测试日期：2014-04-29			置换率：0.196				压板面积：1 m²				
荷载（kPa）	0	27	54	81	108	135	162	189	216	243	270
本级沉降（mm）	0.00	0.28	0.46	0.79	0.91	1.30	1.65	2.47	3.31	4.06	5.32
累计沉降（mm）	0.00	0.28	0.74	1.53	2.44	3.74	5.39	7.86	11.17	15.23	20.55

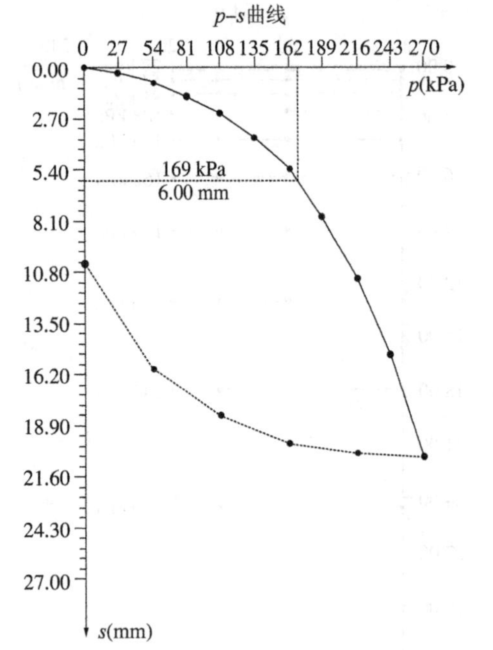

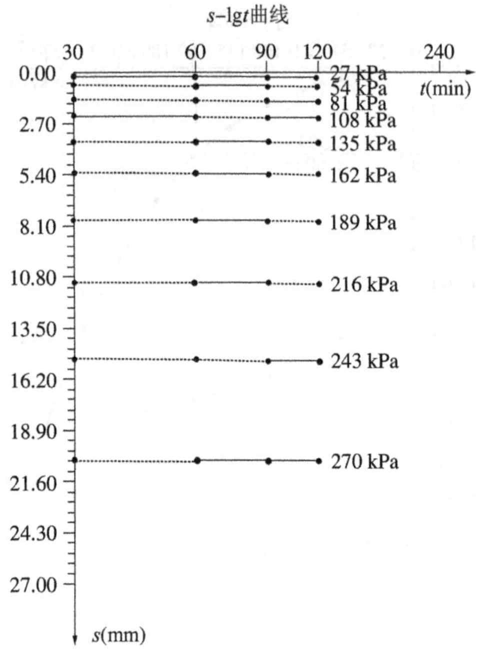

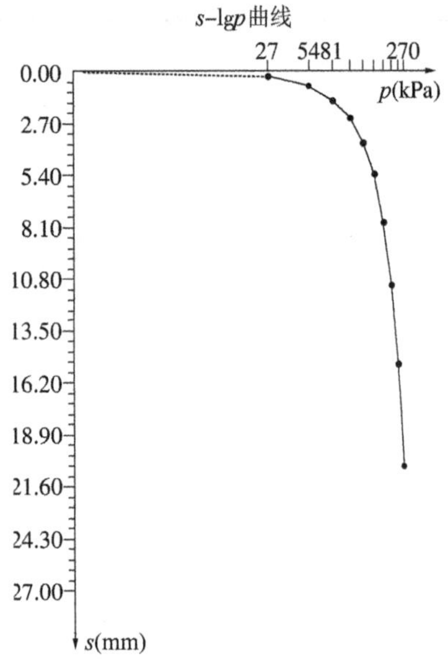

p-s曲线

s-lgt曲线

s-lgp曲线

(2) 通过对该工程进行6根复合地基增强体单桩竖向抗压静载试验，确定该工程复合地基增强体单桩竖向抗压承载力特征值为120 kN，满足120 kN的设计要求。

单桩竖向静载试验汇总表如表8-5和表8-6所示，对应的单桩竖向静载试验曲线如表8-7和表8-8所示。

表8-5　单桩竖向静载试验汇总表

工程名称：运通商业广场项目2#楼				试验桩号：91#	
测试日期：2014-04-29		桩长：9 m		桩径：500 mm	
序号	荷载（kN）	历时（min）		沉降（mm）	
		本级	累计	本级	累计
0	0	0	0	0.00	0.00
1	48	120	120	0.25	0.25
2	72	120	240	0.45	0.70
3	96	120	360	0.62	1.32
4	120	120	480	0.93	2.25
5	144	150	630	1.18	3.43
6	168	150	780	1.75	5.18
7	192	150	930	2.73	7.91
8	216	180	1110	3.18	11.09
9	240	180	1290	4.16	15.25
10	192	60	1350	−0.27	14.98
11	144	60	1410	−0.68	14.30
12	96	60	1470	−0.98	13.32
13	48	60	1530	−1.64	11.68
14	0	180	1710	−3.73	7.95
最大沉降量：15.25 mm　最大回弹量：7.30 mm　回弹率：47.9%					

表 8-6　单桩竖向静载试验汇总表

工程名称：运通商业广场项目 2#楼			试验桩号：528#		
测试日期：2014-04-24		桩长：9 m		桩径：500 mm	
序号	荷载（kN）	历时（min）		沉降（mm）	
		本级	累计	本级	累计
0	0	0	0	0.00	0.00
1	48	120	120	0.13	0.13
2	72	120	240	0.36	0.49
3	96	120	360	0.63	1.12
4	120	120	480	0.96	2.08
5	144	150	630	1.27	3.35
6	168	150	780	1.68	5.03
7	192	150	930	2.34	7.37
8	216	180	1110	2.82	10.19
9	240	180	1290	4.73	14.92
10	192	60	1350	−0.15	14.77
11	144	60	1410	−0.55	14.22
12	96	60	1470	−1.04	13.18
13	48	60	1530	−1.78	11.40
14	0	180	1710	−3.99	7.41
最大沉降量：14.92 mm　最大回弹量：7.51 mm　回弹率：50.3%					

表 8-7　单桩竖向静载试验曲线图

工程名称：运通商业广场项目 2＃楼						试验桩号：91＃				
测试日期：2014-04-29			桩长：9 m				桩径：500 mm			
荷载（kN）	0	48	72	96	120	144	168	192	216	240
本级沉降（mm）	0.00	0.25	0.45	0.62	0.93	1.18	1.75	2.73	3.18	4.16
累计沉降（mm）	0.00	0.25	0.70	1.32	2.25	3.43	5.18	7.91	11.09	15.25

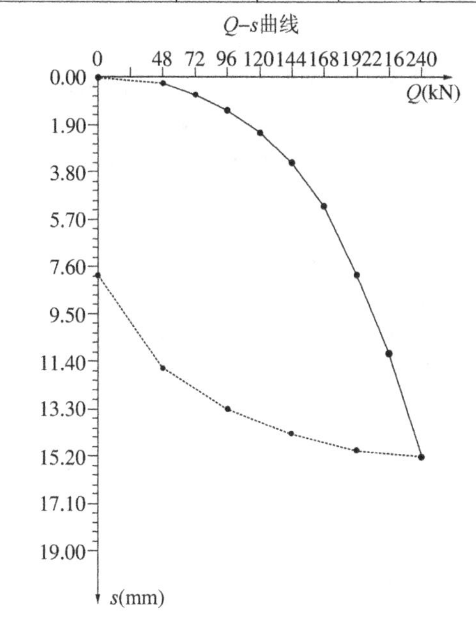

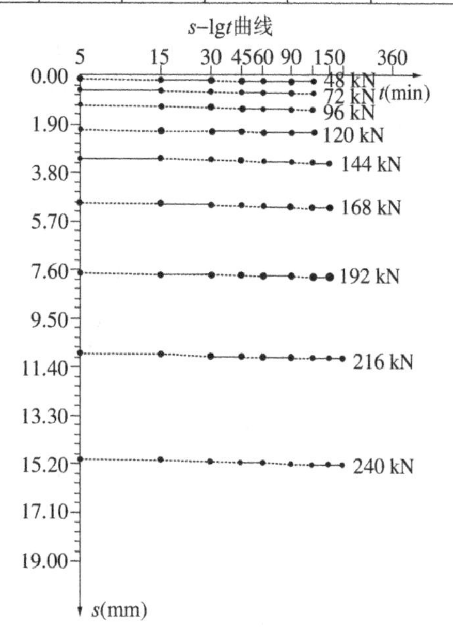

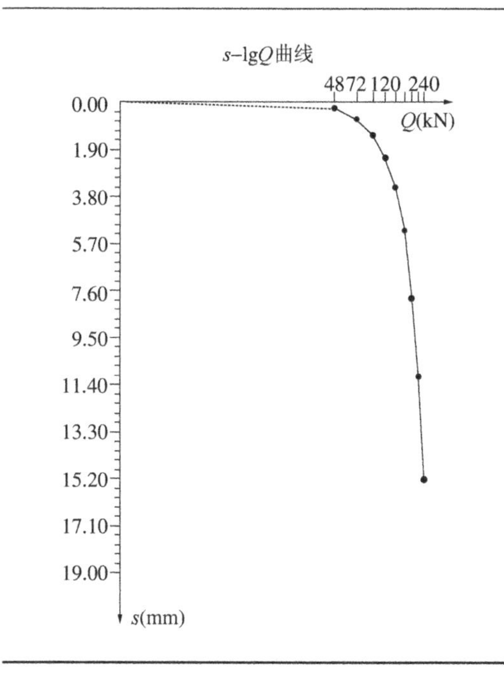

表 8-8　单桩竖向静载试验曲线图

工程名称：运通商业广场项目 2＃楼						试验桩号：528＃				
测试日期：2014-04-24			桩长：9 m				桩径：500 mm			
荷载（kN）	0	48	72	96	120	144	168	192	216	240
本级沉降（mm）	0.00	0.13	0.36	0.63	0.96	1.27	1.68	2.34	2.82	4.73
累计沉降（mm）	0.00	0.13	0.49	1.12	2.08	3.35	5.03	7.37	10.19	14.92

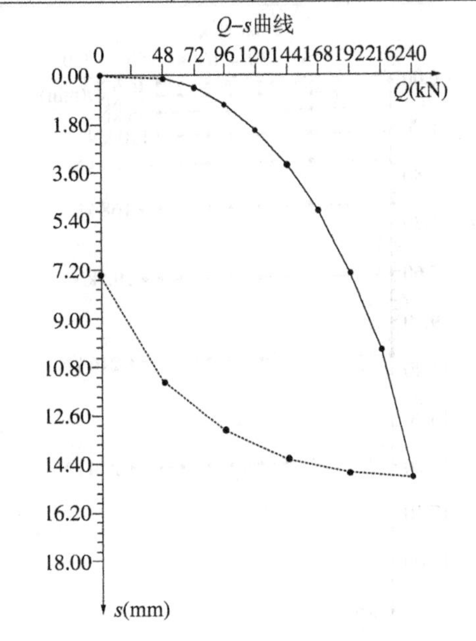

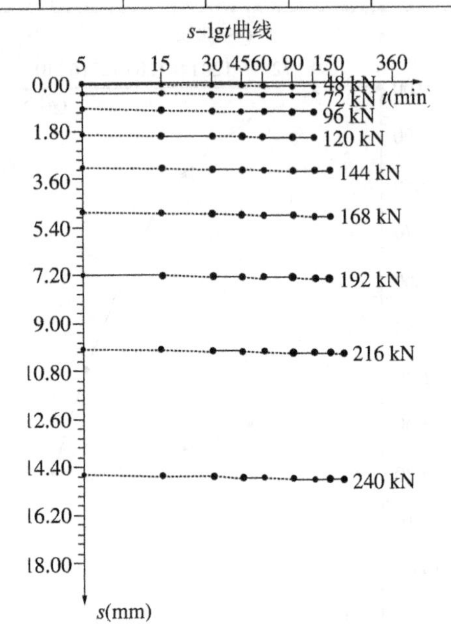

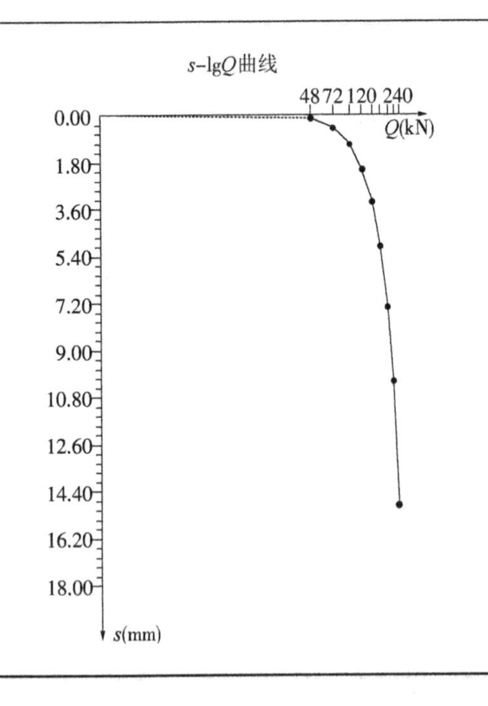

8.2.6.2　恒基山庄（一期）16＃楼工程（滨州市）

1）工程概况

恒基山庄（一期）16＃楼工程（位于滨州市北海经济开发区北海二路以北、滨港七路以东）由滨州恒基伟业置业有限公司开发建设，由山东天宇建筑勘察设计有限公司设计。根据滨州市建筑设计研究院提供的地质勘察报告，该场区地层自上而下分为：第 1 层，素填土；第 2 层，黏土；第 3 层，粉质黏土；第 4 层，粉土；第 5 层，粉砂；第 6 层，粉土；第 7 层，黏土；第 8 层，粉土。

2）设计参数

（1）水泥土搅拌桩桩径 500 mm，施工有效桩长为 6.5 m，桩间距均为 1.0 m，总桩数为 598 根，停灰面设在桩顶以上 500 mm 处。

（2）水泥土搅拌桩施工及质量检验应严格执行《建筑地基处理技术规范》（JGJ 79—2012）。

（3）水泥土搅拌桩地基竖向承载力竣工验收时，检验应采用复合地基载荷试验和单桩载荷试验，试验要求达到单桩竖向承载力特征值 137.2 kN、复合地基承载力特征值 155 kPa。

（4）载荷试验检验数量为桩总数的 0.5%，且不少于 3 根。

（5）桩的垂直度偏差不得超过 1%，桩位的偏差不得大于 50 mm。

（6）桩土面积置换率 m=0.196。

（7）未尽事宜详见国家有关规范规程。

3）复合地基承载力及单桩承载力检验

该项目复合地基承载力及单桩承载力检测由滨州市诚信建设工程检测有限公司承接，检测结论及相关数据如下（检测报告部分结论及曲线）：

（1）该工程复合地基地基承载力特征值为 155 kPa，复合地基增强体单桩承载力特征值为 137.5kN，满足设计要求。单桩竖向静载试验汇总表如表 8-9 和表 8-10 所示，对应的单桩竖向静载试验曲线如表 8-11 和表 8-12 所示。

表 8-9　单桩竖向静载试验汇总表

工程名称：恒基山庄（一期）16＃楼			试桩编号：562＃		
桩径：500 mm		桩长：6.5 m		开始检测日期：2018-08-06	
级数	荷载（kN）	本级位移（mm）	累计位移（mm）	本级历时（min）	累计历时（min）
1	55	1.22	1.22	120	120
2	82	0.46	1.68	120	240

续表

工程名称：恒基山庄（一期）16＃楼			试桩编号：562＃		
桩径：500 mm		桩长：6.5 m		开始检测日期：2018-08-06	
级数	荷载（kN）	本级位移（mm）	累计位移（mm）	本级历时（min）	累计历时（min）
3	110	0.81	2.49	120	360
4	137	0.87	3.36	150	510
5	165	0.90	4.26	120	630
6	192	0.89	5.15	120	750
7	220	1.09	6.24	180	930
8	247	1.39	7.63	150	1080
9	275	2.09	9.72	120	1200
10	220	−0.26	9.46	60	1260
11	165	−0.90	8.56	60	1320
12	110	−1.30	7.26	60	1380
13	55	−0.74	6.52	60	1440
14	0	−1.24	5.28	180	1620

表 8-10 单桩复合地基竖向静载试验汇总表

工程名称：恒基山庄（一期）16＃楼			试点编号：50＃		
设计荷载：155 kPa		压板面积：1.0		开始检测日期：2018-08-11	
级数	荷载（kPa）	本级位移（mm）	累计位移（mm）	本级历时（min）	累计历时（min）
1	38	1.30	1.30	60	60
2	77	1.04	2.34	120	180
3	116	0.95	3.29	60	240
4	155	0.68	3.97	120	360
5	194	0.79	4.76	90	450
6	232	0.75	5.51	90	540
7	271	0.83	6.34	90	630
8	310	1.36	7.70	90	720

表 8-11　单桩竖向静载试验曲线图

工程名称：恒基山庄（一期）16＃楼		试桩编号：562＃
桩径：500 mm	桩长：6.5 m	开始检测日期：2018-08-06

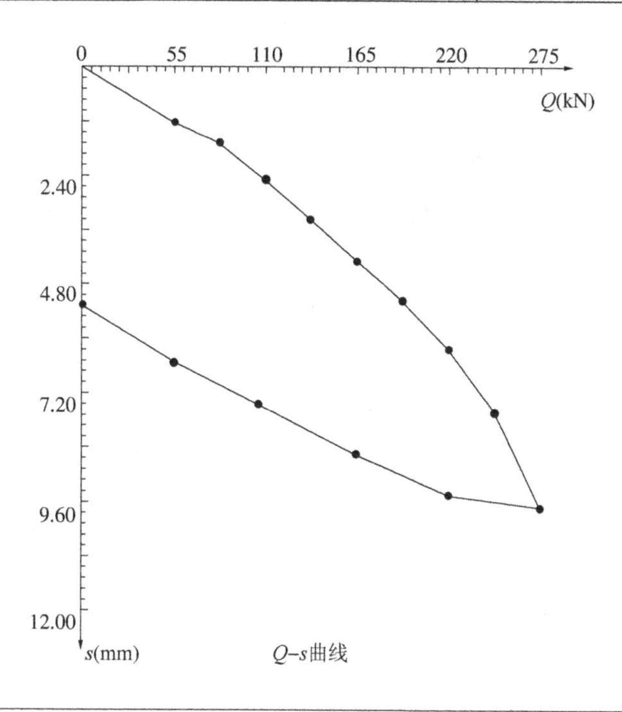

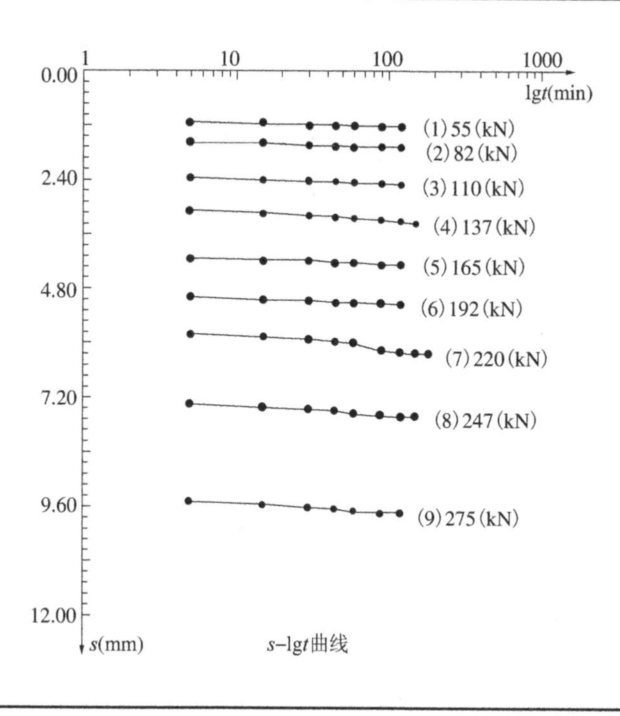

表 8-12　单桩复合地基竖向静载试验曲线图

工程名称：恒基山庄（一期）16＃楼		试点编号：50＃
设计荷载：155 kPa	压板面积：1.0 m²	开始检测日期：2018-08-11

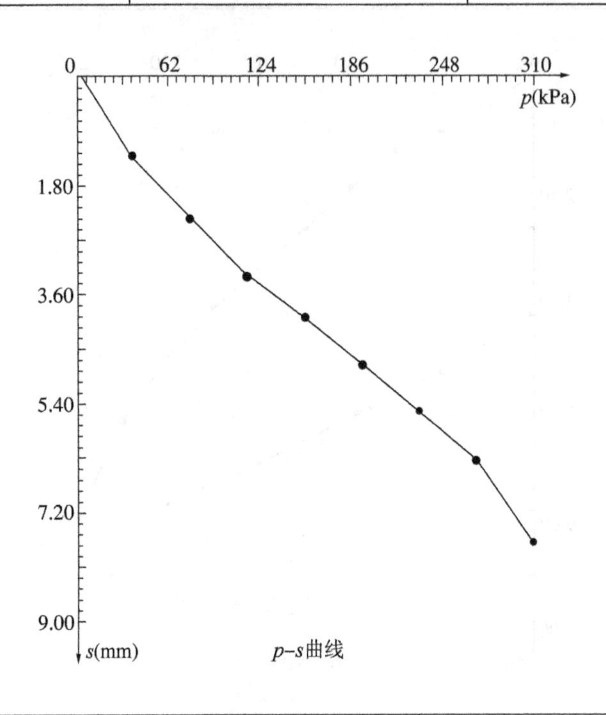

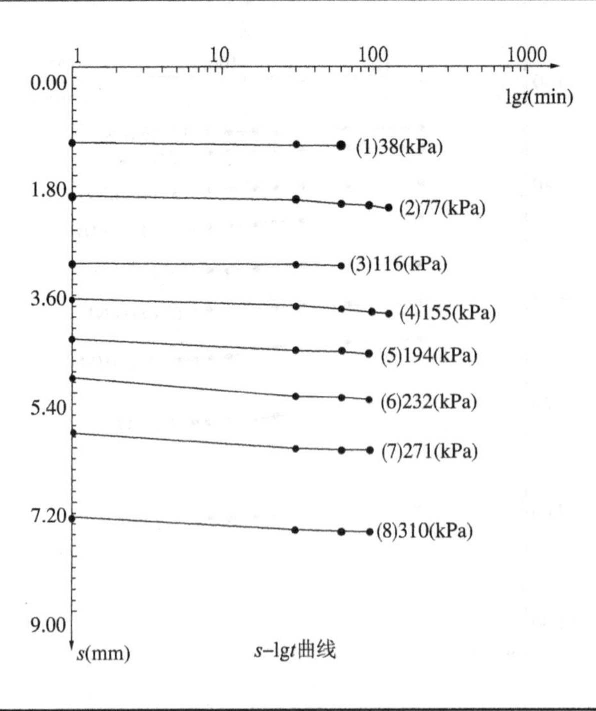

8.3 水泥粉煤灰碎石桩

8.3.1 概　述

水泥粉煤灰碎石桩的英文名称为 Cement Fly-ash Grave，英文缩写为 CFG，所以，水泥粉煤灰碎石桩又称“CFG 桩”。

水泥粉煤灰碎石桩适宜处理黏性土、砂土、粉土、素填土和已自重固结的素填土等地基，对淤泥质土应按地区经验或通过现场试验确定其适应性。水泥粉煤灰碎石桩桩体填充料为水泥、煤粉灰、碎石、石屑或砂子加水搅拌而成的高黏结强度混合料（一般不需要计算配筋），加固地基是由桩、桩间土和褥垫层一起构成的复合地基。和桩基相比，由于 CFG 桩的桩体材料可以掺入工业废料粉煤灰、不配筋并能充分发挥桩间土的承载能力，工程造价一般仅为桩基的 1/3～1/2，经济效益和社会效益非常显著。

填充混合料硬结形成的桩体连同桩间土、褥垫层共同形成复合地基。由于桩的强度和模量比桩间土大，在上部荷载作用下桩顶应力比桩间土的应力大，桩所承载的荷载向土层深度传递并相应减少桩间土承载的荷载。

CFG 桩法也是通过在地基中形成桩体作为竖向加固体，与桩间土组成复合地基，共同承担基础、回填土及上部结构荷载。当桩体强度较高时，CFG 桩类似于素混凝土桩（常称为“刚性桩”）。这样，不仅能很好地发挥桩的端阻作用，而且在全部桩长范围内，桩侧摩阻力都能发挥，不存在柔性桩或半刚性桩的有效桩长问题。因此，承载力提高幅度及处理深度都优于柔性桩和半刚性桩。

随着各类工程规模越来越大，工程等级越来越高，对软弱地基的加固处理已成为设计、施工越来越关注的环节。CFG 桩复合地基法以其经济快捷、质量可靠、效果良好等优点，在工程建设中得到了广泛应用。

8.3.2 水泥粉煤灰碎石桩的作用机理

水泥粉煤灰碎石桩加固软土地基主要有两种作用：一是桩体的置换作用，二是土层的挤密作用。

显而易见，用混合料制成桩体后，地基中的很多桩体替代了相当一部分天然土层，这些群桩使得一些地基土面积换成了桩的面积。由于桩体承载力较天然土层承载力大得多，而且桩越深，桩的荷载分担比越高，这就是在复合地基中桩体置换作用的积极意义。

水泥粉煤灰碎石桩主要采用长螺旋钻或振动沉管成孔。无论采哪种方法成孔，桩的周边土层都会得到挤压。尤其是在使用沉管成孔的过程中，由于机具锤击、下压等作用，桩孔内的土被强制侧向四周挤出，桩周一定范围内的土被压缩、扰动和重塑。同时由于在填料过程中对混合料的振实作用，也会使桩的周围土层得到挤密。原本松散的天然软土层，经过挤密作用，土颗粒结构和密实性得以改善，桩间土层的承载能力得到提高，这就是在复合地基中桩间土层挤密作用的积极意义。当然，长螺旋钻成孔时挤密作用很小，钻孔过程属于非挤密性，只是在填料过程才对孔周土层有所挤密。

由于桩越深，桩的荷载分担比越高，为了充分利用 CFG 桩的作用，通常桩长应放在相对承载力较高的土层作为持力层，这样桩端可以发挥一定的承载作用。当然，桩体与桩周土的摩擦作用也可产生一定的承载力。

水泥粉煤灰碎石桩不同于碎石桩等其他桩型，它的桩身是具有一定黏结强度的混合料，比其他桩型有更大的承载能力。在荷载作用下，其桩身压缩量明显比周围软土小，因此，基础传给复合地基的附加应力随地基的变形逐渐集中到桩体上，出现应力集中现象，充分体现了桩体的作用。根据工程资料，在复合地基中，CFG 桩的单桩桩土应力比 $n_0=24.3\sim29.4$，四桩桩土应力比 $n_0=31.4\sim35.2$，而碎石桩复合地基的桩土应力比 $n_0=2.2\sim4.1$，足见 CFG 桩的复合地基桩土应力比明显大于碎石桩，具有更显著的桩体承载作用。

8.3.3 水泥粉煤灰碎石桩的设计计算

8.3.3.1 加固布桩范围

水泥粉煤灰碎石桩在加固处理复合地基时，通常结合基础形状和尺寸，按照计算桩距进行布桩，一般情况下布桩范围不超过基础面积。

(1) 当为局部处理时，如独立柱基础等局部处理，通常布桩不得少于 3 根。

(2) 当为条形基础时，CFG 桩布孔不少于 2 排。

(3) 当为十字交叉基础时，CFG 桩布孔不少于 2 排。

(4) 当为筏形、肋板或箱形基础时，布桩范围不小于基底面积范围，必要时可在基底面积范围外布桩 1～2 排。

(5) 对于可液化地基，基础内可采用振动沉管水泥粉煤灰碎石桩与振动沉管碎石桩相间的处理加固方案。这时，基础以外需布设 2～3 排碎石桩。

8.3.3.2 一般技术要求

(1) 桩径：可根据成孔机械、施工工艺、场地土质等具体情况确定桩径大小，水泥粉煤灰碎石桩的桩径范围是 350～600 mm。

(2) 桩长：采用长螺旋钻或振动沉管成孔，通常情况下应优先选用长螺旋钻钻机成孔螺。旋长钻的钻孔深度可达 30 m，振动沉管的成孔深度通常为 8 m。

（3）桩距：桩距应依承载力、变形和土质要求通过计算确定，通常桩距为 3～5 倍桩径，宜采用等边三角形、正方形、矩形布孔。

选用桩距时应考虑承载力的满足、充分发挥桩的作用、基础形式、方便施工、地质条件、工程造价等因素（见表 8-13）。

表 8-13　桩距选用参考表

序号	布桩形式	下列土质情况时的桩距		
		挤密性好的土，如砂土、粉土、松散填土等	可挤密性土，如粉质黏土、非饱和黏土等	不可挤密性土，如饱和黏土、淤泥质土等
1	单、双排布桩的条基	$(3\sim5)d$	$(3.5\sim5)d$	$(4\sim5)d$
2	9 根桩以下的独立基础	$(3\sim6)d$	$(3.5\sim6)d$	$(4\sim6)d$
3	满堂布桩的整块基础	$(4\sim6)d$	$(4\sim6)d$	$(4.6\sim7)d$

注：表中 d 为桩径，以成桩后的实际桩径为准。

（4）布桩形式：根据建筑物基础的要求，布桩形式可采用满堂布桩，如整体式房屋基础、水池基础、罐体基础、公路路基、铁路路基、渠堤基础等，也可以带状布置，如条形房屋基础、挡土墙基础等，还可以块状布置，如独立柱基础、桥墩基础等，块状基础有正方形、长方形、圆形。

布桩可采用三角形、长方形、正方形等不同形式，但最常用的是等边三角形和正方形。独立基础下，可采用等腰三角形、等边三角形或正方形；带状基础下，可采用等腰三角形、等边三角形、长方形或正方形；筏形、肋板和箱形基础下大面积满堂布桩，可采用梅花形、正方形、长方形等，以梅花形最为常用。

（5）充填料：桩体填充料为水泥、煤粉灰、碎石、石屑或砂子加水搅拌而成的高黏结强度混合料，密度大于 2000 kg/m^3。

规范没有给出桩体填充料的配比要求，但在工程实践中，水泥粉煤灰碎石桩的桩身材料以同混凝土相同的强度标准进行评价，填充料则根据土质和承载大小的不同，依照与混凝土相同的强度等级进行配比，实用范围为 C5～C20，而一般性多层楼房复合地基工程多用 C15、C20 作为配比标准，高层及特高层楼房工程多用 C25～C35 作为配比标准。

桩体填充料应严格控制配比，长螺旋钻钻孔、管内泵压混合料灌注成桩的混合料施工研落度为 160～200 mm，振动沉管成孔灌注混合料成桩的混合料施工坍落度为 30～50 mm。也可以说，混凝土泵车压力灌注混合料时，坍落度为 160～200 mm；通过料管自落卸料灌注混合料时，坍落度为 30～50 mm。

在工程设计中，应根据桩体的强度等级进行配比试验，决定各种材料的掺量。为了参考，现介绍三个工程CFG桩浆液建议配合比：

工程一：每立方米浆液中的含量为：水189 kg、水泥175 kg、粉煤灰207 kg、石屑492.8 kg、碎石1236.2 kg，早强剂采用三乙醇胺，掺入量为水泥重量的0.2%。

工程二：泵送商品混合料，坍落度为160～200 mm，重量比为：水泥：砂子：碎石：粉煤灰：外加剂：水＝1：4.75：6：0.76：0.033：1。

工程三：现场搅拌混合料，坍落度为30～50 mm，重量比为：水泥：砂子：碎石：粉煤灰：水＝1：4.15：5.5：0.5：0.9。

(6) 垫层：为保证复合地基的整体性，使建筑物基础与桩体能够有效联合受力，在桩顶与建筑物基础之间要铺设一层厚度为15～30 cm的褥垫层，垫层材料可为中砂、粗砂、级配碎砂石、级配碎石等，垫层材料粒径不大于30 mm。垫层夯填度（夯实厚度与虚铺厚度的比值）不得大于0.9，通常按0.87～0.90控制采用。

褥垫层将建筑物基础与桩连为整体，形成良好的传力系统，如不设垫层，复合地基与普通的桩基础受力情况相似，只能利用桩的承载能力，桩间土的承载能力难以发挥，所以就不是复合地基。只有在基础下设置垫层，才能发挥桩间土的承载作用，使桩与桩间土形成复合地基。

8.3.3.3 水泥粉煤灰碎石桩的主要计算

1) 复合地基承载力计算

群桩与处理后的桩间土形成复合地基，水泥粉煤灰碎石桩复合地基承载力特征值应通过现场单桩或多桩复合地基载荷试验确定。当无试验资料时，初步设计可按下式进行估算：

$$f_{spk} = m\frac{R_a}{A_p} + \beta(1-m)f_{sk}$$

式中：f_{spk}——桩技术加固处理后的复合地基承载力特征值（kPa）。

f_{sk}——桩技术加固处理后的桩间土承载力特征值（kPa），按当地经验取值，当缺少实际资料时可取天然地基承载力特征值 f_k。

R_a——单桩竖向承载力特征值（kN）。

m——桩土面积置换率，$m=\frac{A_p}{A}$。

A_p——单桩截面积（m^2）。

A——单桩承担的处理面积（m^2）。

β——桩间土承载力折减系数，按当地经验取值。如无经验时可取0.75～0.95，天然地基承载力较高时取大值。

2）单桩竖向承载力计算

水泥粉煤灰碎石桩的单桩竖向承载力特征值 R_a 的计算，必须符合下列规定。

（1）当采用单桩载荷试验时，应将单桩竖向极限承载力除以安全系数2，即：

$$R_a = \frac{q_u}{2}$$

式中：R_a——单桩竖向承载力特征值（kN）。

q_u——载荷试验时单桩竖向极限承载力值（kN）。

（2）当无单桩载荷试验资料时，按下式估算：

$$R_a = u_p \sum_{i=1}^{n} q_{si} l_i + q_p A_p$$

式中：R_a——单桩竖向承载力特征值（kN）。

u_p——桩的周长（m）。

n——桩长范围内所划分的土层数，

l_i——第 i 层土的厚度（m），

q_{si}——桩周第 i 层土的侧阻力特征值（kPa），

q_p——天然土层桩的端阻力特征值（kPa），

A_p——单桩截面面积（m^2）。

对于上述两式的结果，设计中应取小值。

8.3.4　水泥粉煤灰碎石桩的施工

8.3.4.1　施工机具

水泥粉煤灰碎石桩施工的机械主要是成孔机械和灌注机械。成孔机械有长螺旋钻机及振动沉管机，灌注机械有混凝土泵、混凝土泵车、高压输送管。

辅助设备有强制式混凝土搅拌机、溜槽或导管。

混合料运输设施有手推车、机动翻斗车、小容量装载机、混凝土搅拌输送车等，其中混凝土搅拌输送车只用于远距离或商品混合料的运输。

采用长螺旋钻或振动沉管成孔，泵压（混凝土泵车）或灌注混合料成桩。

长螺旋钻具有无噪声、无污染、无振动、无冲击的特点，通常情况下应优先选用长螺旋钻钻机。长螺旋钻的钻孔探度可达30 m。混凝土泵车的自动化程度好，工作效率高，施工简单，无振动和噪声，尤其适用于城市建筑工程。

长螺旋钻是以钻杆上布有连续的螺旋状叶片而得名，由动力头、钻杆、导向架、钻头等构成，被安装在柴油打桩架导杆上，行走机构是履带式起重机或汽车式起重机。

部分振动沉管打桩机的成桩深度受钻架高度限制，一般成桩深度不大于 8 m。

混凝土输送泵运送混凝土，质量能保证、效率高，可减轻劳动强度，特别适用于场地狭窄处的施工。根据移动方式，混凝土泵分为拖行式、固定式、车载式和臂架式。臂架式混凝土泵通称“混凝土泵车”，是将混凝土泵装在汽车底盘上，采用液压折叠式臂架管道输送，臂架具有变幅、曲折、回转三个动作，输送管道沿臂架铺设，在臂架活动范围内，可以任意改变混凝土浇筑位置，不须在现场临时铺设管道，节约辅助时间，提高工作效率，特别适用于混凝土浇筑量大和质量要求高的工程。

混凝土搅拌机按搅拌原理分为自落式和强制式两类。两者的区别在于，搅拌叶片与搅拌桶之间没有相对运动的为自落式，有相对运动的为强制式。因强制式混凝土搅拌机功率大，工程中常使用，水泥粉煤灰碎石桩施工时也多用强制式混凝土搅拌机，所以，这里只介绍强制式混凝土搅拌机。

强制式混凝土搅拌机又分立轴强制式和卧轴强制式两种，其中，卧轴强制式又有单卧轴与双卧轴之分。卧轴强制式因在技术经济指标方面优于立轴强制式而得到更广泛的应用。单卧轴混凝土搅拌机多用于一般工程施工中，双卧轴混凝土搅拌机适用于混凝土搅拌量大的工程中，如拌和楼主机、拌和站主机、大中型混凝土预制工厂等。

8.3.4.2　设备布置

通常施工所用的机械、机具、设备、设施等都要针对场地情况和主要机具台数进行合理布置，遵循方便施工、互不干扰、提高速度、节约资金的原则。

成孔机械是制桩的主要机械，应布置在有利位置，便于移位。控制操作台（或称“电气操作台”）起着指挥作用，应布置在距孔位较近的地方。运输设施要方便供料，在填料堆场与孔位之间要有较短的通顺道路，利于运料机具运行。填料堆场宜根据场地情况设置在拌和机附近，避免运输供应的麻烦。

成孔机械应视土质情况和设备台数进行布置。

8.3.4.3　施工方法

1）施工走向

施工进退走向视机械台数和施工任务大小而定。当施工量很大时，可分成 3～4 块用 3～4 台机械同时施工；当施工现场距已有围墙或建筑物很近时，应先在靠近已有围墙或建筑物处制桩；当施工量一般时，可采用 2 台机械同时从中部开始，向两端逐渐行进；当 1 台机械施工时，可以由一端向另一端行进。

2）成孔方法

水泥粉煤灰碎石桩的成孔、成桩方法有三种。

(1) 长螺旋钻钻孔灌注成桩，适用于地下水位以上的黏性土、粉土、素填土、中等密实以上的砂土。该方法是用长螺旋钻成孔，运料车通过受料斗和溜管灌注混合料成桩。

(2) 长螺旋钻钻孔、管内泵压混合料灌注成桩，适用于地下水位以下及地下水位以上的黏性土、粉土、砂土以及对噪声或淤泥污染要求严格的场地。该方法是用长螺旋钻成孔，混凝土泵车通过高压输料管灌注混合料成桩。

(3) 振动沉管成孔灌注混合料成桩时，不受地下水位限制，适用于黏性土、粉土、素填土及松散的饱和粉细砂等地基。该方法是用振动沉管打桩机（振动沉拔桩锤）成孔，运料车通过受料口和桩管灌注混合料成桩。

上述三种成孔、成桩方法中，前两种属于非挤土成桩工艺，即长螺旋钻成孔对孔周土层不产生挤密作用，而振动沉管成孔属于挤土成桩工艺，成孔过程中对孔周土层将产生有效的挤密作用。

长螺旋钻机施工的最大优点是穿透力强、成孔深度大、无振动、低噪声、无泥浆污染、施工效率高、质量容易控制等，可广泛用于城市建设中，但它的不足是成孔时对孔周土层没有挤密作用，并且要求桩长范围内无地下水，以保证造孔时不塌孔。

振动沉管法成孔是用打桩机将带有特制桩尖的钢管打入土层中，并达到设计深度，然后缓慢拔出桩管后成孔，方法简单易行，孔壁光滑平整，挤密效果较易控制，但处理深度受桩架高度限制，一般不超过 7～9 m。振动沉管成孔灌注成桩法的优点是可用于地下水位以下、对孔周土层会产生较好的挤密作用，但难以穿透厚的硬土层、砂层和卵石层等，在饱和黏性土中成桩，会造成地面隆起，挤断已打桩，并且振动与噪声污染严重，在城市居民区施工受到限制。在夹有硬的黏性土层时，可先用长螺旋钻机引孔，再用振动沉管打桩机制桩。

由上可知，CFG 桩是采用振动沉管机和螺旋钻机施工成桩，而选用哪一类成桩机和什么型号，要视工程的具体情况而定。如在我国北方大多数存在的、夹有硬土层地质条件的地区，单纯使用振动沉管机施工，会对已打桩形成较大的振动，从而导致桩体被振裂或振断。对于灵敏度和密实度较高的土，振动会造成土的结构强度破坏，密实度减小，引起承载力下降，故不能简单地使用振动沉管机。此时宜采用螺旋钻预引孔，然后再用振动沉管机制桩。这样的设备组合避免了已打桩被振坏或扰动导致桩间土的结构被破坏而引起复合地基的承载力降低。所以，在施工准备阶段，必须详细了解地质情况，从而合理地选用施工机械。这是确保 CFG 桩复合地基质量的有效途径。

在工程建筑中，已有采用泥浆护壁钻孔灌注混合料成桩的实例，适用于地下水位以下的黏性土、粉土、砂土、人工填土、碎石（砾）石土及风化岩层分布的地基。由于泥浆护壁钻孔灌注成桩的施工工艺比较复杂、成本较高，所以，工程实践中较少采用。

3）填料与夯实

机械成孔后，将搅拌好的混合料用混凝土泵车打入孔中，在拔管过程中利用高差产生的重力自振捣效果，使混合料自振密实的同时还挤密了桩间土，从而使处理后的复合地基的强度和抗变形能力明显提高。因此，CFG 桩实际是水泥粉煤灰与碎石料搅拌混合而成的近似混凝土桩，在基础开挖前用钻机打孔造桩。

螺旋钻机的钻杆是空心的，先把钻杆打到地下规定的深度，然后再往上拔出钻杆。在拔钻杆的过程中，用混凝土泵车把混合料注入钻杆空心内，混合料随着钻杆的拔起落入土中就形成了桩，并以落差自重力实现已灌注混合料的密实。

8.3.4.4　施工准备

水泥粉煤灰碎石桩的施工准备主要有：

（1）施工技术、施工人员、施工机具、材料供应、生产物资、生活物资、施工用房等的准备。

（2）三通一平准备，主要是水通、电通、路通和施工场地平整。水通指供水质量和数量应满足工程生产、生活需要，供水设施齐全，输水管路畅，通排水系统畅通，防止污水乱排乱泄。电通指供电设施齐全，电压、电流、电量应满足工程生产、生活负荷要求，输电线路的规格符合规定。路通指场内外交通畅通无阻，满足材料供应、生产物资、生活物资的运输要求。场地平整主要指铲除施工场区的土丘、树根、孤石等障碍，填平坑洼，确保施工场地基本平整，便于机械移动、材料运输，使施工能够顺利进行。

（3）制定技术供应保障措施、生产安全保障措施、施工质量保障措施。

（4）做好施工场地布置，主要是供电线路、交通道路、填料堆场。另外，还应考虑机械停放场、配电室、机修房、工人休息室、生产用房、生活用房、办公用房等的合理布设。

（5）桩的定位。平整场地后，测量地面高程并符合设计要求。桩的定位主要是根据设计图纸的布桩要求，将各桩定点到实地位置，并在桩位打小木桩标出，桩位偏差应符合设计要求。

8.3.4.5　制桩工艺流程

1）长螺旋钻钻孔灌注成桩

用长螺旋钻成孔，运料车通过受料斗和溜管灌注混合料成桩。此方法只适用于地下水位以上的作业，施工中必须配置混凝土搅拌机，现场拌制桩体混合料，由机动翻斗车等运输工具将拌制好的混合料运至孔口，卸入受料斗，并通过导溜管灌入孔中。混合料灌注靠自重力而密实。灌注过程应均匀，慢速上升，从孔底直至孔口，完成一根桩的灌注任务。由于桩顶段落差小，混合料的自重力也小，常常密实性较差，可用软轴振动器对桩顶 2～3 m 进行振捣。

为防止灌注混合料时发生离析现象，影响桩体均匀性和强度，溜管出口距混合料灌注面的高度不应大于 2～3 m。

螺旋钻机就位时，必须保持平衡，不发生倾斜、位移。为准确控制钻孔深度，应在机架上或机管上作出控制的标尺，以便在施工中进行观测、记录。

长螺旋钻机成孔灌注桩的施工步骤如下：

(1) 钻机就位，并使钻头对准桩孔中心，同时准备好混合料的供应。

(2) 启动电动机施钻，钻机边钻进边排土，并及时清理孔口周边弃土，当钻至预定深度后停钻。

(3) 提升钻杆至孔外地面。

(4) 运料车供混合料，并通过受料斗和导溜管灌注混合料，由下而上直至桩顶(高出设计桩顶 50 cm)，整桩混合料的坍落度按 30～50 mm 控制。

(5) 对桩顶段用软轴振动器进行振捣。

(6) 成桩后，桩顶封黏性土进行有效养护和保护。

(7) 移机到新的桩孔，重复上述步骤，直至全部完成工程制桩任务。

2) 长螺旋钻钻孔、管内泵压混合料灌注成桩

长螺旋钻钻孔、管内泵压混合料成桩的方法就是采用长螺旋钻成孔，混凝土泵车通过高压输料管灌注混合料成桩，是国内近几年来使用比较广泛的一种新工艺。泵车的高压输料管与螺旋钻机的钻杆内管直接连接，形成密封完整的混合料管道输送系统，既可用于地下水位以上，也可用于地下水位以下。泵车输送效率高、灌注可靠、机械化程度高，可减轻劳动强度。

长螺旋钻孔、管内泵压混合料成桩施工在钻至设计深度后，应准确掌握提拔钻杆时间，混合料泵送量应与拔管速度相配合，遇到饱和砂土或饱和粉土层不得停泵待料。

在钻机架上预先作好深度标记，利用深度标记进行成孔深度控制。钻孔开始时，要先慢后快，减少钻杆的晃动，发现钻杆摇晃或难钻进时，应放慢进度，以防桩孔偏斜、位移。按设计要求钻至设计深度后，停止钻进，开始提升钻杆、压灌混合料，边泵送混合料，边提升钻杆。

该方法一般用于地下水位以下，在钻孔深度达到要求后，应先灌注一定高度的孔底混合料（一般 2～3 m)，然后提钻并使出料管口埋入已灌混合料中约 1 m，再正式开

始泵送混合料，管内空气从排气阀排出，待钻杆内管及输送软管、硬管内混合料连续时提钻。边提钻边灌注，始终保持出料口埋入已灌混合料中1 m深左右，每打泵一次提升200～250 mm，由下而上，直至孔口。

长螺旋钻孔、管内泵压混合料灌注成桩的施工要点如下：

(1) 开始泵送混合料后，边提钻边灌注，均匀提钻并保证钻头始终埋在混合料中。

(2) 施工中应避免出现混合料搅拌不均、混合料坍落度小、成桩时间过长、混合料初凝、水泥或粗骨料不合格、外加剂与水泥配比性不好等现象，以免发生混合料堵管事故。

(3) 当遇到饱和粉细砂及其他软土地基，且桩间距小于1.3 m时，宜采取跳打的方法，以避免发生串桩现象。

(4) 施工中应控制提钻速度，避免提钻速度过快，提钻的速率与混合料的泵送速率协调一致，避免发生钻尖不能埋入混合料中的现象，从而导致缩颈、夹泥。

(5) 施工时若出现混合料灌注中断时间超过1 h或混合料产生离析现象，应重新钻孔成桩。

(6) 工程量大时应采用商品混合料，如采用现场搅拌，应计量准确，保证搅拌时间不少于规定时间，以保证混合料的和易性、研落度满足设计要求。

长螺旋钻孔、管内泵压混合料灌注成桩的施工步骤如下：

(1) 钻机就位，并使钻头对准桩孔中心，同时准备好混合料的供应。

(2) 启动电动机施钻，钻机边钻进边排土，并及时清理孔口周边弃土，当钻至预定深度后停钻。

(3) 灌注孔底混合料。

(4) 提钻与泵送混合料同步实施，管内泵压灌注混合料应均匀，拔管速度控制在1.2～1.5 m/min，不能太快，边提钻边投混合料，由下而上直至桩顶（高出设计桩顶50 cm），整桩混合料的坍落度按160～200 mm控制。

(5) 将钻杆提出孔外地面。

(6) 对桩顶段用软轴振动器进行振捣。

(7) 成桩后，桩顶封黏性土进行有效养护和保护。

(8) 移机到新的桩孔，重复上述步骤，直至全部完成工程制桩任务。

3) 振动沉管成孔灌注混合料成桩

用振动沉管打桩机（振动沉拔桩锤）成孔，运料车通过沉管顶设置的进料口和桩管灌注混合料成桩。

桩机进入现场，根据设计桩长、沉管入土深度确定机架高度和沉管长度，并进行设备组装。沉桩设备就位后必须平正、稳固，确保在施工中不发生倾斜、移动。为准确控制沉桩深度，振动沉管机沉管表面应有明显的进尺标记，并根据设计桩长、沉管入土深度确定机架高度和沉管长度。桩身必须垂直，应在机架相互垂直两面上分别设置两个 0.5 kg 重的吊线锤，并画上垂直线。

振动沉管成孔灌注混合料成桩法的施工方法及工艺流程概述如下：

(1) 设置桩尖和桩管：按照施工放样的桩位中心，先行预制钢筋混凝土桩尖，并将桩尖埋入地表以下 30 cm 左右。

(2) 桩机就位：调整沉管与地面垂直度，确保垂直度偏差不大于 1%，桩架安装必须水平，桩管应垂直套入桩尖，二者在同一轴线上。

(3) 沉管：启动马达沉管到预定深度后停机。沉管过程中做好记录，每沉 1 m 记录电流表的电流量一次，并对土层变化予以说明。在振动沉管过程中，不得有偏心，并随时检查预制钢筋混凝土桩尖有无破损、桩管有无偏移或倾斜，若有上述情况出现应立即纠正。桩管内不允许进入水或泥浆，当有水或泥浆进入时，应灌入 1.5 m 高的封底混合料后再开始沉管。

(4) 灌注混合料：沉管到达深度后，用料斗通过管顶进料口立即向管内投料，每次向桩管内灌注混合料时应尽量多灌，用长桩管打短桩时混合料可一次灌足，打长桩时第一次灌入桩管的混合料应尽量灌满。第一次拔管高度应以能容纳第二次所需要灌入的混合料量为限，不宜拔得太高。在拔管过程中应设专人用测锤检查管内混合料面的下降情况。混合料按设计配比经搅拌机加水拌和，拌和时间不得少于 2 min。加水按坍落度 30～50 mm 控制，成桩后浮浆厚度以不超过 10 cm 为宜。

(5) 拔管：当混合料灌满桩管后（混合料与桩管顶部投料口齐平），启动机进行拔管。由于采用了预制桩尖振动沉入的桩管，应使沉管在原地留振 5～10 s 再开始拔管，边振动边拔管，若填料不足，应继续补充投料。每上拔 1 m，应停拔并留振 5～10 s，如此反复操作至桩管全部拔出。根据实际情况，拔管速度应控制在 0.8～1.2 m/min以内。如遇淤泥质土，拔管速度可放快至 1.4 m/min。拔管过程中不允许反插。如上料不足，须在拔管过程中投料，以保证成桩后桩顶标高达到要求（高出设计桩顶 50 cm）。

(6) 桩管拔出地面确认成桩符合设计要求后，用粒状材料或黏性土封桩顶，进行覆盖养护。

(7) 移机到新的桩孔，重复上述步骤，直至全部完成工程制桩任务。

据此，振动沉管成孔灌注混合料成桩的施工过程可归纳为：预制桩尖→桩机就位→沉管至设计深度→满管灌注混合料→边振动边拔桩管→桩管拔出地面→成桩→黏性土封桩顶→移机到新的桩孔。

8.3.4.6 施工过程控制

(1) 在施工过程中，桩体混合料应做抽样试验，每台机械一天至少做一组（3块）试件（试块为边长150 mm的立方体），标准养护28天，测其立方体抗压强度。

(2) 为检验CFG桩施工工艺、机械性能及质量控制，核对地质资料，在工程桩施工前，应先做不少于3根试验桩，并在竖向全长钻取芯样，检查桩身混合料密实度强度和桩身垂直度等，根据发现的问题，修订施工工艺，并为设计提供设计参数。

(3) 由于桩顶卸料落差小，混合料自重压力就小，加之桩顶浮浆等因素，通常桩顶的混合料密实度差、强度低，可对实际灌注桩顶以下2～3 m范围内采用混凝土振动器进行捣固，以提高密实度。

(4) 在有地下水的土层中成桩时，为确保水下成桩质量，要求钻杆钻至设计标高后不提钻，先向空心钻杆内灌注2～3 m高的混合料，然后再提钻进行桩底混合料灌注。之后，边灌注边提钻，保持连续灌注、均匀提升，可基本做到钻头始终埋入混凝土内1 m左右。严禁采用先提钻后灌注混合料的做法。

(5) 要做好成孔、灌注、提钻各道工序的密切配合，提钻速度应与混凝土泵输送量相匹配，严格掌握混合料的输入量大于提钻产生的空孔体积，使混合料面经常保持在钻头以上1 m，以免在混合料中形成充水的孔洞和影响混合料的强度。

(6) 当采用振动沉管在饱和软土中成桩时，桩机的振动力较小，在采用连打作业时，由于饱和软土的特性，新打桩将挤压已打桩，使桩体形成椭圆或不规则形态，产生严重的缩颈和断桩，此时应采用隔桩跳打施工方案。而在饱和的松散粉土中施工时，由于松散粉土振密效果好，先打桩施工完后，桩周土体密度会有显著增加，而且打的桩越多，土的密度越大。这样，在打新桩时，会加大沉管难度，并容易造成已打桩断桩。此时，则不宜采用隔桩跳打。采用螺旋钻机引孔的方法，可以避免新打桩的振动造成已打桩的断桩。

(7) 采用长螺旋钻成孔、管内泵压混合料成桩，当钻至设计深度后，应准确掌握提拔钻杆时间和拔管速率。拔管速度太快可能导致桩径偏小或缩颈断桩，而拔管速度过慢又会造成水泥浆分布不匀、桩项浮浆过多，并形成混合料离析，导致桩身强度不足。

拔管速度与混合料泵送量要匹配，遇到饱和砂土或饱和粉土层，不得停泵待料，沉管灌注成桩施工的拔管速度应均匀，拔管速度应控制在1.2～1.5 m/min，如遇淤泥或淤泥质土，拔管速度应适当放慢。

(8) 控制好混合料的研落度。大量工程实践表明，混合料坍落度过大，会形成桩顶浮浆过厚，桩体强度也会降低。因此，需严格控制坍落度，坍落度不宜过大，在保证和易性良好情况下，一般情况应控制桩顶浮浆在10 cm左右。

(9) 设置保护桩顶。在加料制桩时，使桩体灌注比设计桩长高出0.5 m，并用插入式振动器对桩顶混合料加振3～5 s，提高桩顶混合料密实度。上部用土封项，增大混合料表面的高度即增加了自重压力，可提高混合料抵抗周围土挤压的能力，避免已打桩受振动挤压而变形，同时避免混合料上涌使桩径缩小。

(10) 拔管过程避免反插。采用振动沉管施工，在拔管过程中若出现反插，由于桩管垂直度的偏差，容易使土与桩体材料混合，导致桩身掺土影响桩身质量，因此应避免反插。

(11) 当用机械对桩顶保护土层及钻孔弃土进行挖除时，应避免超挖，并应预留不少于50 cm厚度的土层用人工清除，以免造成桩头断裂或扰动桩间土。

(12) 冬期施工时应采取有效保暖措施，避免混合料在初凝前遭到冻结，保证混合料的入孔温度大于5 ℃。如果实施材料加热，根据材料加热的难易程度，一般先加热拌和水，而后是石和砂。有条件时，水泥和粉煤灰可存放在加温的仓库内。清除完保护土层和桩头后，要立即对桩间土及桩头用草帘、保温塑料等保温材料进行覆盖，防止因桩间土冻胀而造成桩体拉断。

(13) 褥垫层宜采用静力压实法，避免扰动桩间土。当基础底面下桩间土的含水量较小时，也可采用动力压实法。对于较干的砂石料，虚铺后可先适当洒水再进行辗压或夯实。

8.3.5 水泥粉煤灰碎石桩的质量检验

水泥粉煤灰碎石桩复合地基质量检验应符合下列规定：

(1) 施工质量检验应检查施工记录、混合料坍落度、桩数、桩位偏差、褥垫层厚度、夯填度和桩体试坑抗压强度等。

(2) 竣工验收时，水泥粉煤灰碎石桩复合地基承载力检验应采用复合地基静载荷试验和单桩静载荷试验。

(3) 承载力检验宜在施工结束28天后进行，其桩身强度应满足试验荷载条件，复合地基静载荷试验和单桩静载荷试验的数量不应少于总桩数1%，且每个单体工程的复合地基静载荷试验的试验数量不应少于3点。

(4) 采用低应变动力试验检测桩身完整性，检查数量不低于总桩数的10%。

8.3.6 工程案例

8.3.6.1 盛泰·怡景城7#、9#楼工程（东营市）

1）工程概况

盛泰·怡景城7#、9#楼工程（位于东营市广饶县稻庄镇）由山东德昊房地产开发有限公司开发建设，由山东三力建筑设计有限公司设计。根据东营市海天勘察测绘有限公司提供的《盛泰·怡景城岩土工程勘察报告》，该场区地层自上而下分为：第1层，素填土；第2夹层，粉土；第2层，粉质黏土；第3层，粉质黏土；第4层，粉质黏土；第5层，粉土；第6层，粉质黏土；第7层，粉质黏土；第8层，粉质黏土；第9夹层，粉质黏土；第9层，粉土；第10层，粉质黏土；第11层，粉土；第11夹层，粉质黏土；第12层，粉质黏土；第13层，粉质黏土；第14层，粉质黏土；第15层，粉土；第16层，黏土；第17层，粉质黏土。

2）设计参数

（1）本工程地基采用CFG桩复合地基，以第9层粉土层为桩端持力层，成桩工艺为长螺旋钻孔，管内压浆混凝土灌注成桩，桩直径为500 mm，长为14 m，单桩承载力特征值R_a=500 kN，面积置换率m=3.14%。

（2）材料：桩身混凝土强度等级为C20。

（3）检测：处理后复合地基承载力特征值应通过现场复合地基荷载试验确定，要求复合地基承载力特征值为210 kPa。复合地基载荷试验应待试验桩桩身强度达到设计强度，并在施工结束28天后进行。

CFG桩总数为162根，低应变检测数量为17根，复合地基载荷试验数量为3个点。

（4）桩顶设200 mm厚7∶3级配砂石垫层，最大粒径不大于30 mm，不应采用卵石，夯填度不大于0.9，每侧出外边桩外边缘连线300 mm且出筏板外边100 mm。

（5）未尽事宜详见国家有关规范、规程。

3）复合地基承载力及桩身完整性检测

该项目复合地基承载力及桩身完整性检测由东营恒科地基基础工程检测有限公司承接，检测结论及相关数据如下（检测报告部分结论及曲线）：

（1）通过对该工程3根工程桩进行单桩复合地基载荷试验，确定该工程单桩复合地基承载力特征值为210 kPa，满足设计要求。3根检测桩单桩竖向静载试验汇总情况如表8-14至表8-16所示，对应的单桩竖向静载试验曲线图如表8-17至表8-19所示。

表 8-14　单桩竖向静载试验汇总表

工程名称：盛泰·怡景城 7#楼				试验点号：35#	
测试日期：2012-12-27		压板面积：6.25 m²		置换率：0.0314	
序号	荷载（kPa）	历时（min）		沉降（mm）	
		本级	累计	本级	累计
0	0	0	0	0.00	0.00
1	42	120	120	0.42	0.42
2	84	120	240	0.58	1.00
3	126	120	360	0.72	1.72
4	168	120	480	1.52	3.24
5	210	120	600	2.06	5.30
6	252	150	750	3.13	8.43
7	294	150	900	3.92	12.35
8	336	150	1050	4.87	17.22
9	378	180	1230	6.54	23.76
10	420	180	1410	8.82	32.58
11	336	30	1440	−0.60	31.98
12	252	30	1470	−1.67	30.31
13	168	30	1500	−2.88	27.43
14	84	30	1530	−4.05	23.38
15	0	180	1710	−5.85	17.53
最大沉降量：32.58 mm　最大回弹量：15.05 mm　回弹率：46.2%					

表 8-15　单桩竖向静载试验汇总表

工程名称：盛泰·怡景城 7#楼				试验点号：42#	
测试日期：2012-12-30		压板面积：6.25 m²		置换率：0.0314	
序号	荷载（kPa）	历时（min）		沉降（mm）	
		本级	累计	本级	累计
0	0	0	0	0.00	0.00
1	42	120	120	0.40	0.40
2	84	120	240	0.66	1.06
3	126	120	360	1.14	2.20
4	168	120	480	1.74	3.94
5	210	120	600	2.40	6.34
6	252	150	750	2.81	9.15

续表

工程名称：盛泰·怡景城7#楼				试验点号：42#	
测试日期：2012-12-30		压板面积：6.25 m^2		置换率：0.0314	
序号	荷载（kPa）	历时（min）		沉降（mm）	
		本级	累计	本级	累计
7	294	150	900	3.51	12.66
8	336	150	1050	4.56	17.22
9	378	180	1230	5.91	23.13
10	420	180	1410	7.69	30.82
11	336	30	1440	−0.67	30.15
12	252	30	1470	−1.58	28.57
13	168	30	1500	−2.97	25.60
14	84	30	1530	−4.45	21.15
15	0	180	1710	−5.86	15.29
最大沉降量：30.82 mm　最大回弹量：15.53 mm　回弹率：50.4%					

表 8-16　单桩竖向静载试验汇总表

工程名称：盛泰·怡景城7#楼				试验点号：47#	
测试日期：2012-12-31		压板面积：6.25 m^2		置换率：0.0314	
序号	荷载（kPa）	历时（min）		沉降（mm）	
		本级	累计	本级	累计
0	0	0	0	0.00	0.00
1	42	120	120	0.38	0.38
2	84	120	240	0.75	1.13
3	126	120	360	1.22	2.35
4	168	120	480	1.51	3.86
5	210	120	600	2.26	6.12
6	252	150	750	2.95	9.07
7	294	150	900	3.49	12.56
8	336	150	1050	3.98	16.54
9	378	180	1230	5.07	21.61
10	420	180	1410	6.84	28.45
11	336	30	1440	−0.88	27.57
12	252	30	1470	−1.50	26.07
13	168	30	1500	−2.61	23.46
14	84	30	1530	−3.63	19.83
15	0	180	1710	−5.07	14.76
最大沉降量：28.45 mm　最大回弹量：13.69 mm　回弹率：48.1%					

表 8-17　单桩竖向静载试验曲线图

工程名称：盛泰·怡景城 7#楼						试验点号：35#					
测试日期：2012-12-27			置换率：0.0314				压板面积：6.25 m²				
荷载（kPa）	0	42	84	126	168	210	252	294	336	378	420
本级沉降（mm）	0.00	0.42	0.58	0.72	1.52	2.06	3.13	3.92	4.87	6.54	8.82
累计沉降（mm）	0.00	0.42	1.00	1.72	3.24	5.30	8.43	12.35	17.22	23.76	32.58

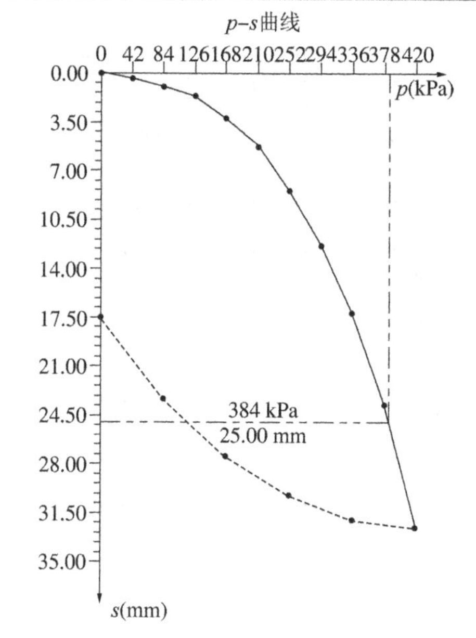

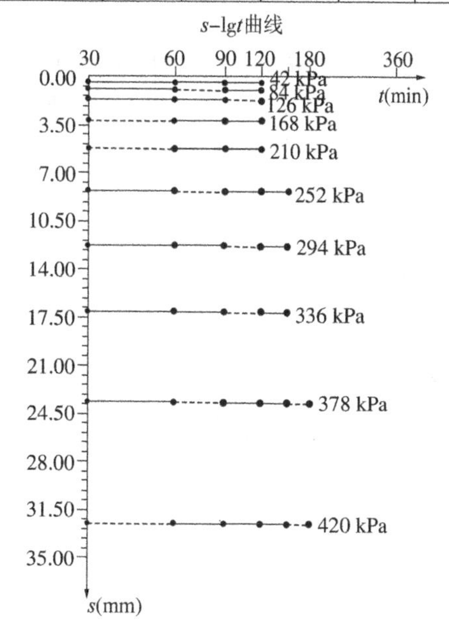

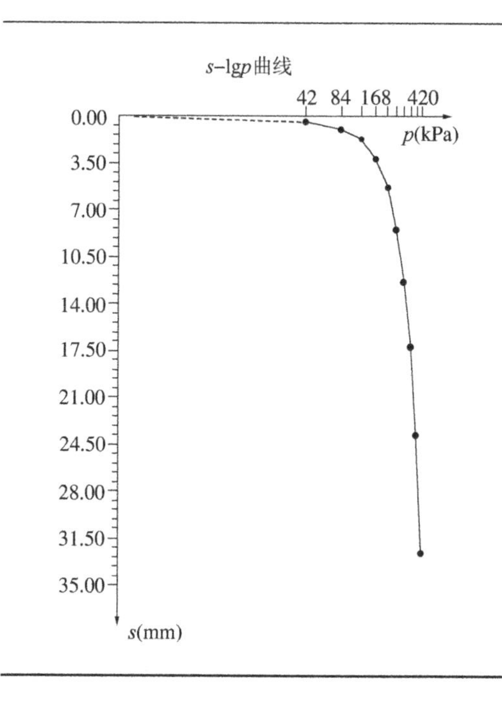

表 8-18　单桩竖向静载试验曲线图

工程名称：盛泰・怡景城 7＃楼							试验点号：42＃				
测试日期：2012-12-30			置换率：0.0314				压板面积：6.25 m²				
荷载（kPa）	0	42	84	126	168	210	252	294	336	378	420
本级沉降（mm）	0.00	0.40	0.66	1.14	1.74	2.40	2.81	3.51	4.56	5.91	7.69
累计沉降（mm）	0.00	0.40	1.06	2.20	3.94	6.34	9.15	12.66	17.22	23.13	30.82

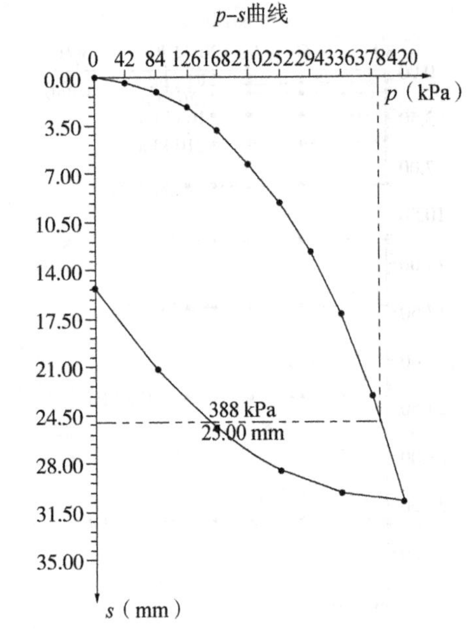

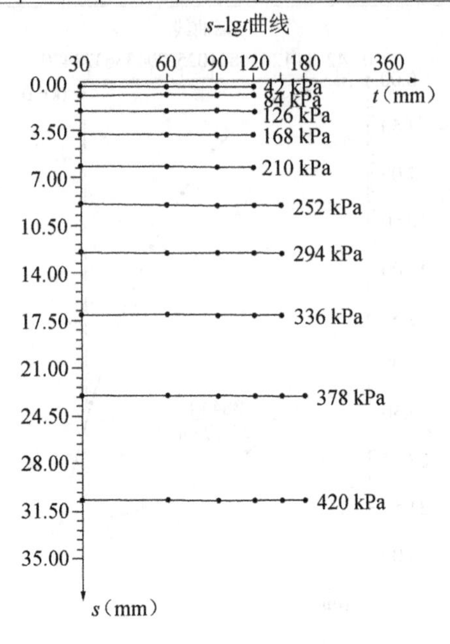

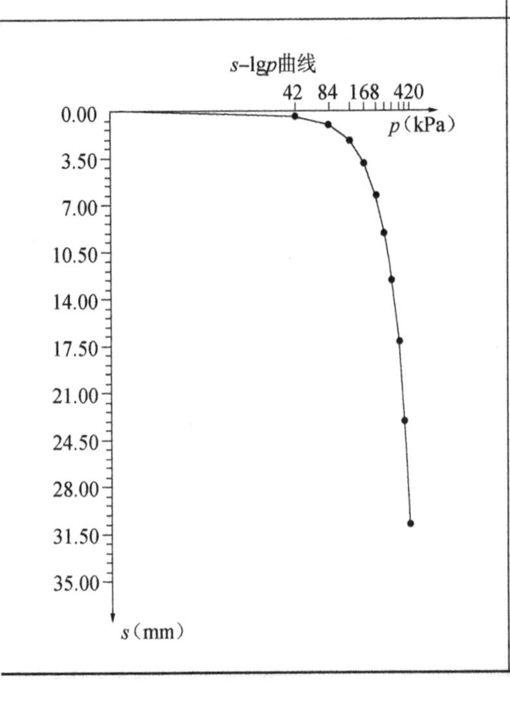

表 8-19　单桩竖向静载试验曲线图

工程名称：盛泰・怡景城 7#楼							试验点号：47#			
测试日期：2012-12-31				置换率：0.0314				压板面积：6.25 m²		
荷载（kPa）	0	42	84	126	168	210	252	294	336	378	420
本级沉降（mm）	0.00	0.38	0.75	1.22	1.51	2.26	2.95	3.49	3.98	5.07	6.84
累计沉降（mm）	0.00	0.38	1.13	2.35	3.86	6.12	9.07	12.56	16.54	21.61	28.45

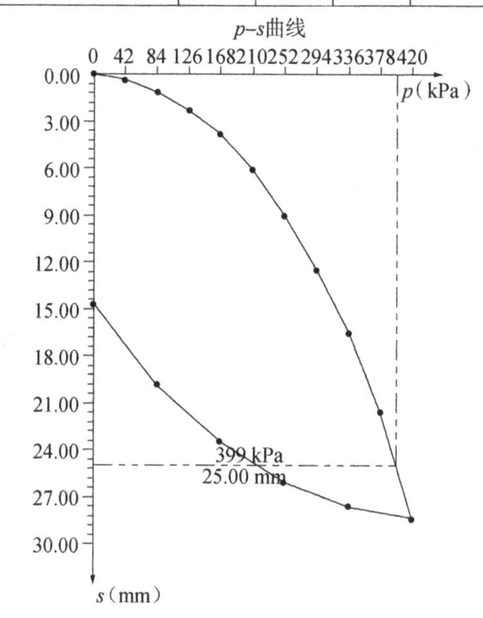

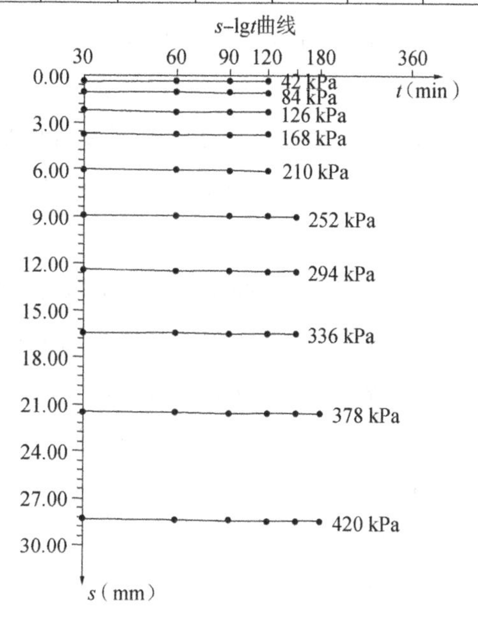

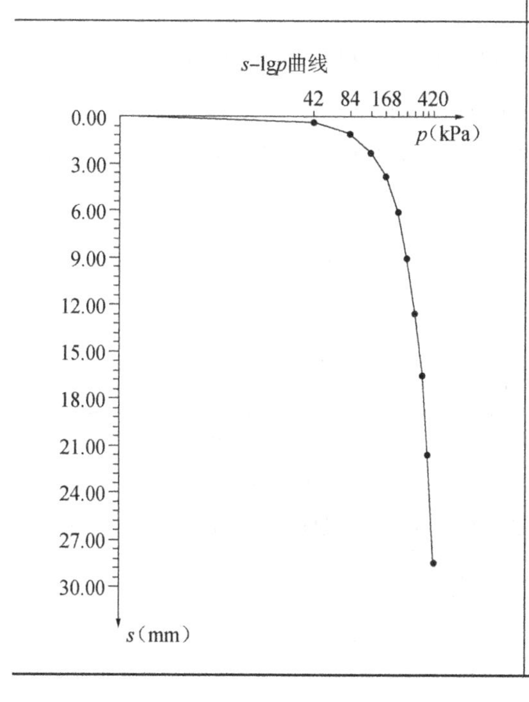

8.3.6.2　无棣县万城尚府住宅小区 13＃楼（滨州市）

1）工程概况

无棣县万城尚府住宅小区 13＃楼（位于无棣县棣新六路以西、海丰十九路以南）由无棣万城房地产开发有限责任公司开发建设，由滨州市建筑设计研究院设计。根据滨州市建筑设计研究院提供的地质勘察报告，该场区地层自上而下分为：第 1 层，素填土；第 2 层，粉质黏土；第 3 层，粉土；第 3-1 层，粉质黏土；第 4 层，粉质黏土夹粉土；第 4 层，粉细砂；第 5 层，粉土；第 6 层，粉细砂；第 6-1 层，粉质黏土；第 6-2 层，黏土。

2）设计参数

（1）本工程地基采用 CFG 桩复合地基，成桩工艺为长螺旋钻孔，管内压浆混凝土灌注成桩，桩直径为 500 mm，长为 10 m，单桩承载力特征值 R_a＝420 kN，面积置换率 m＝10％。

（2）材料：桩身混凝土强度等级为 C20。

（3）检测：处理后复合地基承载力特征值应通过现场复合地基荷载试验确定，要求复合地基承载力特征值为 220 kPa。复合地基载荷试验应待试验桩桩身强度达到设计强度，并宜在施工结束 28 天后进行。

CFG 桩总数为 1102 根，复合地基载荷试验数量为 11 点，竖向增强体静载荷试验数量为 11 点。

（4）未尽事宜详见国家有关规范、规程。

3）复合地基及竖向增强体承载力检测

该项目复合地基承载力及桩身完整性检测由滨州市诚信建设工程检测有限公司承接，检测结论及相关数据如下（检测报告部分结论及曲线）：

该工程复合地基地基承载力特征值为 220 kPa，复合地基增强体单桩承载力特征值为 420 kN，满足设计要求。

单桩竖向静载试验汇总表如表 8-20 和表 8-21 所示，对应的单桩竖向静载试验曲线如表 8-22 和表 8-23 所示。

表 8-20　单桩竖向静载试验汇总表

工程名称：无棣县万城尚府住宅小区 13＃楼				试桩编号：322＃	
桩径：500 mm		桩长：10.0 m		开始检测日期：2017-5-20	
级数	荷载（kN）	本级位移（mm）	累计位移（mm）	本级历时（min）	累计历时（min）
1	168	1.15	1.15	120	120
2	252	0.33	1.48	120	240

续表

工程名称：无棣县万城尚府住宅小区 13#楼				试桩编号：322#	
桩径：500 mm		桩长：10.0 m		开始检测日期：2017-5-20	
级数	荷载（kN）	本级位移（mm）	累计位移（mm）	本级历时（min）	累计历时（min）
3	336	0.60	2.08	120	360
4	420	0.46	2.54	150	510
5	504	0.38	2.92	150	660
6	588	0.49	3.41	120	780
7	672	0.77	4.18	120	900
8	756	1.14	5.32	150	1050
9	840	1.66	6.98	120	1170
10	672	−0.18	6.80	60	1230
11	504	−0.36	6.44	60	1290
12	336	−0.44	6.00	60	1350
13	168	−0.59	5.41	60	1410
14	0	−0.85	4.56	180	1590

表 8-21　单桩复合地基竖向静载试验汇总表

工程名称：无棣县万城尚府住宅小区 13#楼				试点编号：58#	
设计荷载：220 kPa		压板面积：1.96		开始检测日期：2017-3-22	
级数	荷载（kPa）	本级位移（mm）	累计位移（mm）	本级历时（min）	累计历时（min）
1	55	0.62	0.62	60	60
2	110	0.18	0.80	60	120
3	165	0.33	1.13	90	210
4	220	0.50	1.63	90	300
5	275	0.55	2.18	90	390
6	330	0.64	2.82	90	480
7	385	0.88	3.70	150	630
8	440	2.20	5.90	150	780

表 8-22　单桩竖向静载试验曲线图

工程名称：无棣县万城尚府住宅小区 13#楼		试桩编号：322#
桩径：500 mm	桩长：10.0 m	开始检测日期：2017-5-20

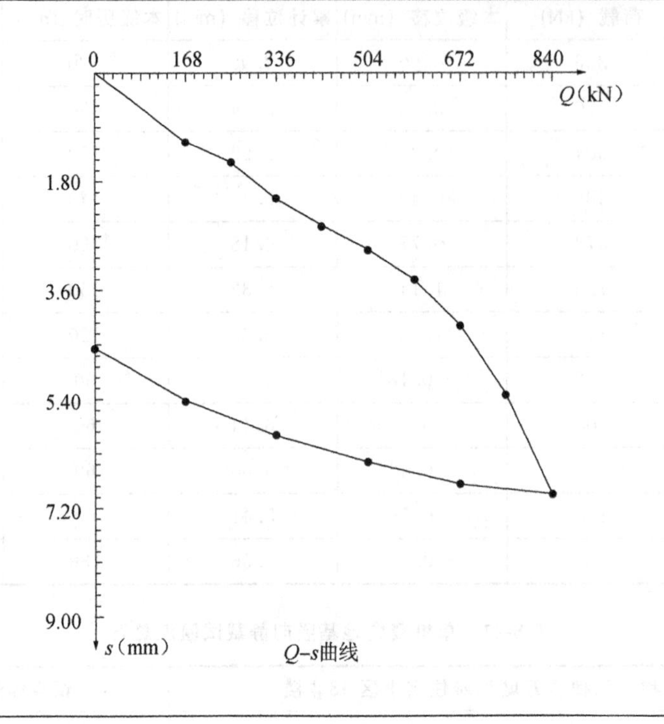

Q–s曲线

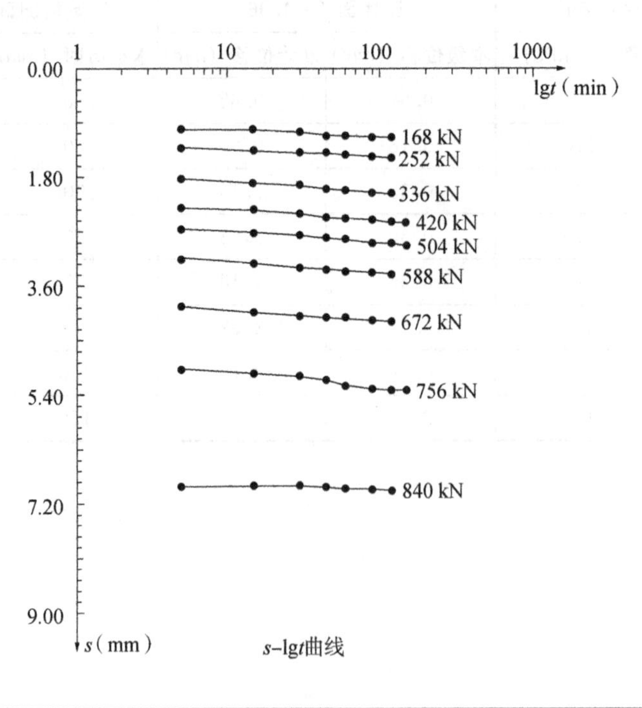

s–lgt曲线

表 8-23　单桩复合地基竖向静载试验曲线图

工程名称：无棣县万城尚府住宅小区 13♯楼		试点编号：58♯
设计荷载：220 kPa	压板面积：1.96	开始检测日期：2017-3-22

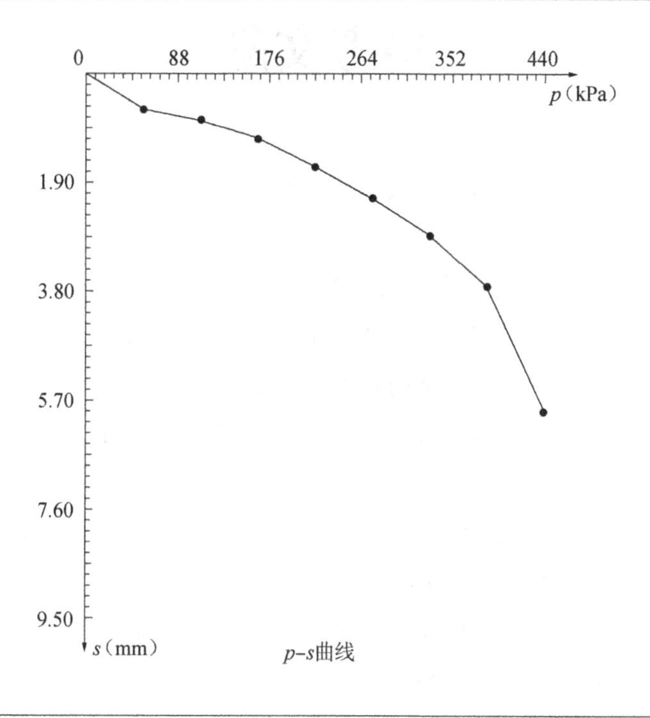

p-s曲线

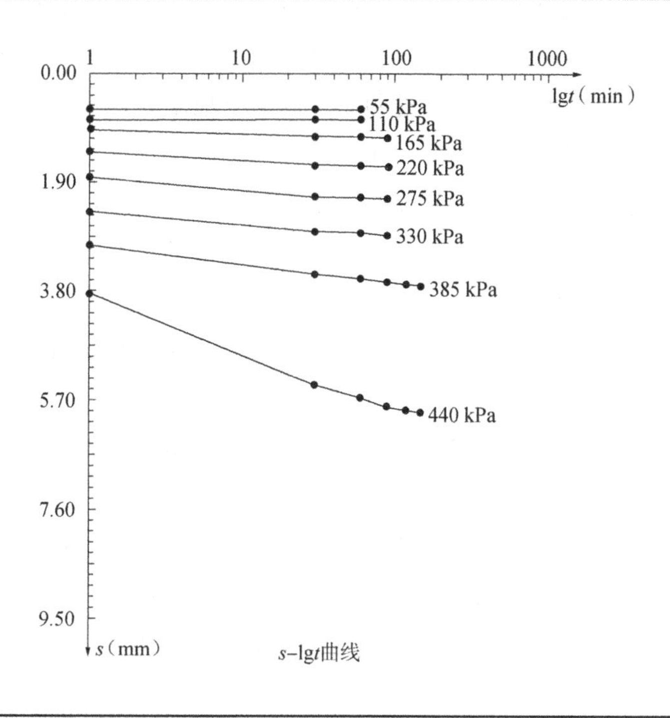

s-lgt曲线

参考文献

1.《东营市志（1996～2013）》编撰委员会. 东营市志（1996～2013）[M]. 北京：中华书局，2018.

2. 王忠林. 走向高效生态发展之路 [M]. 济南：山东大学出版社，2016.

3. 王春，李春忠. 深基坑工程降水技术研究与实践 [M]. 济南：山东大学出版社，2016.

4. 齐可友. 山东省志 [M]. 济南：山东人民出版社，2014.

5.《地基处理手册：第 3 版》编辑委员会. 地基处理手册：第 3 版 [M]. 北京：中国建筑工业出版社，2008.

6. 化建新，郑建国. 工程地质手册 [M]. 北京：中国建筑工业出版社，2018.

7. 徐至钧等. 地基处理新技术与工程应用精选 [M]. 北京：中国水利水电出版社，2013.

8. 中华人民共和国住房和城乡建设部. 建筑地基处理技术规范（JGJ 79—2012）[S]. 北京：中华人民共和国住房和城乡建设部，2012.

9. 中华人民共和国住房和城乡建设部. 建筑地基基础设计规范（GB 50007—2011）[S]. 北京：中国建筑工业出版社，2012.

10. 中华人民共和国住房和城乡建设部. 吹填土地基处理技术规范（GB 51064—2015）[S]. 北京：中国计划出版社，2015.

11. 任新红. 强夯法加固地基的机理探讨 [J]. 路基工程，2007（2）：106－107.

12. 吕秀杰，龚晓南，李建国. 强夯法施工参数的分析研究 [J]. 岩土力学，2006，27（9）：1628－1632.

13. 胡焕校等. 夯击数和夯击能对强夯地基加固效果的研究探讨 [J]. 岩土工程界，2007，10（9）：43－45，49.

14. 彭朝晖，侯天顺. 强夯法及其在工程中的应用 [J]. 建筑科学. 2008，24（3）：78－91.

15. 胡乃财. 强夯法加固地基的设计参数研究 [D]. 济南：山东大学. 2007.

16. 靳帅. 强夯加固理论探讨与工程应用研究 [D]. 北京：中国地质大学，2007.

17. 谢艳华. 管井降水联合“轻夯多遍”加固填海软基的分析研究 [D]. 桂林：桂林理工大学，2010.

附录　文中部分彩图

图 1-3　淤泥质粉质黏土层夹层出水图

图 1-4　沟塘回填土（松散，植物根系）

图 1-5　吹填土场地（不足一年）

图 1-6　吹填三年以上场地（开挖 1 m 见水）

图 6-7　清除表层土

图 6-8　开挖纵向排水沟

图 6-9　推土机碾压

图 6-10　挖掘机振冲

图 6-11　反复碾压及振冲后场地情况

图 6-12　横向排水沟排水

图 6-13　经晾晒形成表层硬壳层

图 6-14　分层回填作业

图 6-16　东营港某新建工程三通一平工程（处理前）

图 6-20　测量放线

图 6-21　开挖纵向排水沟

图 6-22　挖掘机振冲

图 6-23　碾压后液化涌水

图 6-24　排水沟清淤

图 6-25　回填整平

图 6-28　广利港某通用码头一期工程陆域地基处理工程（处理前）